THINK TANK ON CLIMATE POLICY: INTERNATIONAL CASES

魏一鸣　王兆华　唐葆君　廖　华等　主编

北京理工大学出版社
BEIJING INSTITUTE OF TECHNOLOGY PRESS

内 容 简 介

本书针对国际气候谈判的新形势，开展了气候变化智库的研究，为提高我国在气候变化科学、技术、适应、政策等方面的研究能力，并在气候谈判中争取更大话语权和影响力提供了政策参考依据。主要内容包括：通过国际调研，深入分析国际典型气候变化智库的现状和发展态势，为建立以中国为主的气候变化智库提供经验；在对国际同类机构发展现状及经验分析的基础上，结合国内已具备的资源，分别为不同类型智库的建设提供方案。

本书可以作为从事能源经济与管理、气候政策或环境管理类专业的科研人员，企业管理人员及政府部门的公务人员的参考资料。

图书在版编目（CIP）数据

气候变化智库：国外典型案例／魏一鸣等主编．—北京：北京理工大学出版社，2016.1
ISBN 978－7－5682－1431－5

Ⅰ．①气…　Ⅱ．①魏…　Ⅲ．①气候变化－咨询机构－研究　Ⅳ．①P467

中国版本图书馆 CIP 数据核字（2015）第 254655 号

出版发行／北京理工大学出版社有限责任公司
社　　址／北京市海淀区中关村南大街 5 号
邮　　编／100081
电　　话／（010）68914775（总编室）
　　　　　（010）82562903（教材售后服务热线）
　　　　　（010）68948351（其他图书服务热线）
网　　址／http：//www. bitpress. com. cn
经　　销／全国各地新华书店
印　　刷／保定市中画美凯印刷有限公司
开　　本／710 毫米×1000 毫米　1/16
印　　张／18. 75
字　　数／322 千字
版　　次／2016 年 1 月第 1 版　2016 年 1 月第 1 次印刷
定　　价／49. 00 元

责任编辑／李慧智
文案编辑／王晓莉
责任校对／周瑞红
责任印制／王美丽

图书出现印装质量问题，请拨打售后服务热线，本社负责调换

前　言

智库（Think Tank）是指以公共政策为研究对象，以影响政府决策为研究目标，以公共利益为研究导向，以社会责任为研究准则的专业研究机构。智库起步于20世纪初期，在第二次世界大战后智库数量呈现出快速增长，一批国际著名智库成长起来，在国家政治、经济、社会发展和军事竞争中发挥巨大影响力。“强国必强智库”，美国作为世界上智库数量最多的国家具有着强大的综合实力，智库在其崛起过程中发挥了重要作用。智力资源是一个国家、一个民族最宝贵的资源。纵观当今世界各国现代化发展历程，智库在国家治理中发挥着越来越重要的作用，日益成为国家治理体系中不可或缺的组成部分，为政府科学民主依法决策提供支撑，是国家软实力的重要体现，已成为国家立法、行政、司法、媒体之外的“第五种权力”。党的十八大以来，发展中国特色新型智库已成为国家战略，中国智库建设迎来了最好的时代。

智库发展的多样性催生了一批专业性很强的特色智库，气候变化智库赢得了发展先机。气候变化智库是以气候变化为主要研究对象，对全球范围内气候变化的成因、影响、预测、减缓、适应等开展跨学科综合性研究，为制定国家应对气候变化战略与政策以及参与国际气候变化谈判提供建议的专业研究机构。气候变化是21世纪人类发展面临的最不确定的重大挑战，其规模之大、范围之广、影响之深远史无前例。它会直接或间接对社会经济系统和自然系统产生影响，危害人类生存与发展，是各国共同面对的重大挑战。对中国而言，现在考虑问题的焦点已经不是“是否”开展气候变化的研究和参与国际气候谈判，而是“如何”在该过程中获得“话语权”，成为全球新规则的制定者之一。但对于复杂的全球气候变化问题，目前人们还没有完全了解其系统内部相互作用的机理，也还无法准确揭示它的演变规律。国际气候谈判的依据是科学研究，世界各国在应对气候变化领域投入了巨大力量，试图通过气候变化领域研究来提高其在国际舞台上的主动权和影响力，为本国的气候变化谈判争取更大的“话语权”和国家利益。气候变化智库在这种背景下应运而生。

本书预期目标是针对国际气候谈判的新形势，进行气候变化智库的国外典型案例分析，概括不同类型气候变化智库的特点，提炼对中国建立气候变化智库的启示并提出相关政策。主要内容包括：通过国际调研，深入分析每类智库的主要特点、工作重点和成果发布、组织结构和运行管理机制、重点案例，为建立以中国为主的气候变化智库提供经验；在对国际智库发展现状及经验分析的基础上，分别对不同类型智库的建设方案提供建议。

本书的编写由北京理工大学能源与环境政策研究中心主任魏一鸣负责总体设计、策划、组织和统稿；魏一鸣、王兆华、廖华、唐葆君、颜志军、张跃军、李果、於世为、马晓微、梁巧梅、王科、张毅翔、吴刚、刘兰翠、邹乐乐、李慷、刘蔚、张斌、张贤、殷方超、袁影、任重远、樊静丽、米志付、王坤、王琛、赵伟东、宿丽霞、白鹏飞、王一琳、刘利、熊良琼、伊文婧、郭杰、房斌、安润颖等完成了本书中的相关章节的调研资料收集以及内容撰写。米志付协助做了大量的统稿工作。

在本书的前期研究与撰写中，得到了国家973计划课题（编号：2010CB955805）的支持，出版工作得到了“中国低碳发展宏观战略研究”之“黑龙江省伊春市低碳发展研究”（201320）支持。特别感谢杜祥琬、丁仲礼、刘燕华、吕达仁、何建坤、于景元、徐伟宣、盛昭瀚、陈晓田、李一军、高自友、孙洪、郭日生、黄晶、李高、孙成永、冯仁国、苏荣辉、田成川、华中、李昕、张九天、杨列勋、刘作仪、李若筠、沈建忠、康向武、任小波、翟金良、段晓男、赵涛、吴元涛、陈纪瑛等领导和专家长期以来给予的指导和帮助。对课题组调研的所有气候变化智库，以及对这些智库分析做出贡献的专家和学者，在此一并表示衷心感谢。

限于我们的知识修养和学术水平，书中难免存在缺陷与不足，甚至是错误，恳请读者批评、指正！

魏一鸣

2015年7月1日于北京

目　　录

第一章　绪论 …… 1

1.1　智库的定义 …… 1

1.2　智库的发展 …… 3

1.3　智库的类型 …… 4

1.4　气候变化智库的特点与背景 …… 5

1.5　气候变化智库的战略意义 …… 7

1.6　本书结构 …… 9

第二章　政府设立型气候变化智库的案例 …… 10

2.1　政府设立型气候变化智库的主要特点概述 …… 10

2.2　政府设立型气候变化智库的工作重点和成果发布 …… 12

2.3　政府设立型气候变化智库的组织结构 …… 17

2.4　政府设立型气候变化智库的运行机制 …… 22

2.5　重点案例的详细剖析——哈德利气候变化研究中心 …… 25

2.6　对中国建立政府设立型气候变化智库的启示 …… 29

第三章　大学设立型气候变化智库的案例 …… 44

3.1　大学设立型气候变化智库的主要特点概述 …… 44

3.2　大学设立型气候变化智库的工作重点和成果发布 …… 47

3.3　大学设立型气候变化智库的组织结构 …… 52

3.4　大学设立型气候变化智库的运行机制 …… 54

3.5　重点案例的详细解剖分析之一——英国廷德尔气候变化研究中心 …… 55

3.6　重点案例的详细解剖分析之二——英国剑桥大学气候变化减缓研究中心 …… 62

3.7　对中国建立大学设立型气候变化智库的启示 …… 65

第四章 非政府组织型气候变化智库的案例 …………………………………… 84
4.1 非政府组织型气候变化智库的主要特点概述 ………………………… 84
4.2 非政府组织型气候变化智库的工作重点和成果发布 ………………… 88
4.3 非政府组织型气候变化智库的组织结构 ……………………………… 93
4.4 非政府组织型气候变化智库的运行机制 ……………………………… 94
4.5 重点案例的详细解剖分析——国际应用系统分析学会（IIASA） …………………………………………………………… 96
4.6 对中国建立非政府组织型气候变化智库的启示 ……………………… 104
第五章 依托研究机构设立型气候变化智库的案例 ………………………… 112
5.1 依托研究机构设立型气候变化智库的主要特点概述 ………………… 112
5.2 依托研究机构设立型气候变化智库的工作重点和成果发布 …… 113
5.3 依托研究机构设立型气候变化智库的组织结构 ……………………… 116
5.4 依托研究机构设立型气候变化智库的运行机制 ……………………… 118
5.5 重点案例的详细解剖分析——美国全球能源技术战略计划（GTSP） ……………………………………………………… 119
5.6 对中国建立依托研究机构设立型气候变化智库的启示 ………… 121
第六章 国际/区域合作型气候变化智库的案例 ……………………………… 128
6.1 国际/区域合作型气候变化智库的主要特点概述 …………………… 128
6.2 国际/区域合作型气候变化智库的工作重点和成果发布 ………… 128
6.3 国际/区域合作型气候变化智库的组织结构和运行管理体制 …… 129
6.4 重点案例的详细解剖分析——亚太经济合作组织（APEC）…… 131
6.5 对中国建立国际/区域合作型气候变化智库的启示 ……………… 141
第七章 论坛型气候变化智库的案例 ………………………………………… 150
7.1 论坛型气候变化智库的主要特点概述 ………………………………… 150
7.2 论坛型气候变化智库的工作重点和成果发布 ………………………… 151
7.3 论坛型气候变化智库的组织结构 ……………………………………… 153
7.4 论坛型气候变化智库的运行机制 ……………………………………… 154
7.5 重点案例的详细解剖分析——斯坦福大学能源建模论坛（EMF） ………………………………………………………… 156
7.6 对中国建立论坛型气候变化智库的启示 ……………………………… 159

第八章 公司型气候变化智库的案例 …… 166
8.1 公司型气候变化智库的主要特点概述 …… 166
8.2 公司型气候变化智库的工作重点和成果发布 …… 169
8.3 公司型气候变化智库的组织结构 …… 171
8.4 公司型气候变化智库的运行机制 …… 171
8.5 对中国建立公司型气候变化智库的启示 …… 173
第九章 气候变化智库影响力评估 …… 178
9.1 评估背景 …… 178
9.2 评估方法 …… 178
9.3 评估结果 …… 179
9.4 气候变化国际智库的成功经验对我国的启示 …… 182
附录一 气候变化智库名录 …… 184
附录二 314家气候变化智库的评估排名 …… 216
参考文献 …… 290

第一章

绪　　论

1.1　智库的定义

智库又称智囊团，广义上是指专门从事开发性研究的咨询研究机构。不同机构对其定义略有不同。联合国发展计划署将智库定义为持续从事公共政策相关事务研究和宣传的组织。宾夕法尼亚州立大学出版的《公共政策分析手册》（Handbook of Public Policy Analysis：Theory，Politics，and Methods）将智库定义为从事社会政策、政治战略、经济、军事、科技和文化等领域研究和宣传的组织。其主要受到非政府组织和政府组织的资助。牛津大学网站将智库定义为致力于制定和影响全球、区域和国家政策的公共政策研究机构。上海社会科学院智库研究中心发布的《2013 年中国智库报告》将智库定义为以公共政策为研究对象，以影响政府决策为研究目标，以公共利益为研究导向，以社会责任为研究准则的专业研究机构。其主要职能是提供高质量的思想产品，为公共决策者解决经济、政治、社会、外交等方面的问题出谋划策。

智库具有客观性、独立性、稳定性、非营利性、现实针对性以及广泛影响力等特点。虽然不同智库拥有特定的功能和定位，但绝大多数智库都希望提高自我影响力，成为新思想和新研究的源头。智库试图影响公众舆论和公共政策，由此在很多方面区别于传统学术研究团队、风险咨询公司或志愿组织。这主要表现在以下六个方面：

第一，智库通常具有鲜明立场，如“左”倾、右倾、绿色或自由。

第二，智库尽管从事一些社会和经济事务的深入研究，但其重点在于政治和政策影响。

第三，智库不是公开的竞选组织或政策制定组织。它们的目的是影响公共政策，并不会为了改变政策而直接竞选。

第四，智库直接或利用媒体与政治家、公务员以及其他政策界组织接触，传播它们的成果，试图影响政府和公共辩论。

第五，智库普遍开展原创性工作，并为之寻求资助。

第六，智库普遍受到慈善机构和企业的资助。

2015 年，宾夕法尼亚大学发布最新的《全球智库报告 2014》（2014 Global Go to Think Tank Index Report），调研了全球 6 681 家智库，其中美国 1 830 家、中国 429 家、英国 287 家，是世界智库数量最大的三大国家。图 1－1 展示了全球智库的区域分布情况。美国布鲁金斯学会、英国皇家国际事务研究所、美国卡内基和平基金会分列全球最好智库前三名。报告指出，全球智库发展存在以下趋势：全球化、民主化、独立的信息与分析需求、大数据与超级计算机应用、政策问题复杂化、政治两极化等。

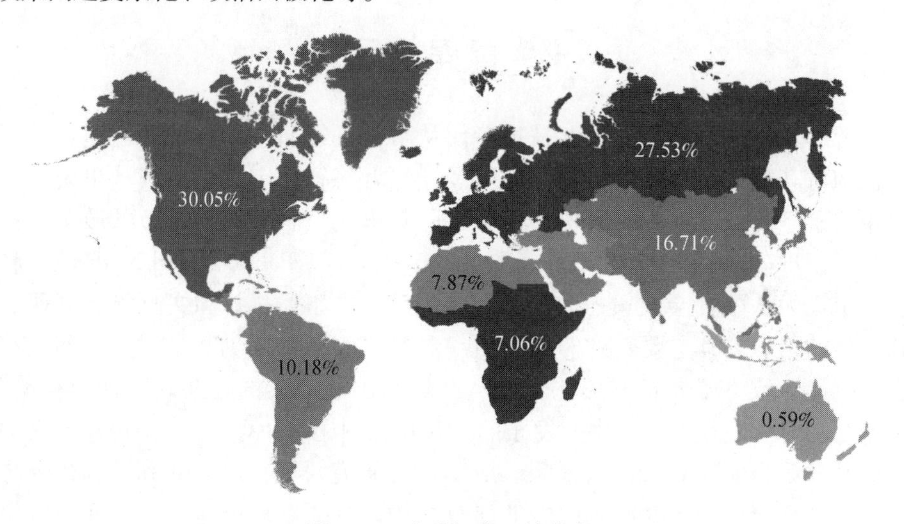

图 1－1　全球智库区域分布

注：亚洲智库数量 1 106，占全球 16.71%；中美洲和南美洲智库数量 674，占全球 10.18%；欧洲智库数量 1 822，占全球 27.53%；中东和北非智库数量 521，占全球 7.87%；北美洲智库数量 1 989，占全球 30.05%；大洋洲智库数量 39，占全球 0.59%；撒哈拉以南非洲智库数量 467，占全球 7.06%。

党的十八大以来，发展中国特色新型智库已成为国家战略。党的十八届三中全会明确提出，“加强中国特色新型智库建设，建立健全决策咨询制度”。习近平总书记多次对智库建设做出重要批示，指出智库是国家软实力的重要组成部分，要高度重视、积极探索中国特色新型智库的组织形式和管理方式等。2015 年 1 月 20 日，中共中央办公厅、国务院办公厅联合公开印发《关于加强中国特色新型智库建设的意见》，中国特色新型智库的建设迎来了最好的时代。

积极开展中国特色新型智库建设对中国有重要意义。首先，中国特色新型智库是党和政府科学民主依法决策的重要支撑。其次，中国特色新型智库是国家治理体系和治理能力现代化的重要内容。最后，中国特色新型智库是国家软实力的重要组成部分。

1.2 智库的发展

尽管“智库”一词出现于20世纪50年代，但智库的形成可追溯到19世纪。智库的发展历史大体分为三个阶段。

第一阶段，从工业革命开始到第二次世界大战，是智库产生并开始发展的时期。在工业革命使专业化分工越来越细、发展所面临的现实问题越来越复杂的情况下，公共决策预期达到良好的决策效果，就不得不更多地仰仗科学、知识、专业和理性的力量。统治者仅靠以往习惯的以一己之力扭转乾坤的做法，已无法应付层出不穷的社会问题。在这样的情况下，专门为决策服务的各类咨询研究组织应运而生。

一般来说，英国被认为是智库的发祥地。1831年成立于伦敦的国防与安全研究机构以及1884年成立的英国费边社是较早的智库代表。美国最早的智库为卡内基国际和平基金，它是于1910年由慈善家安德鲁·卡内基在华盛顿创立，试图“加快消除国际战争这一人类文明最肮脏的污点”。随后，布鲁金斯学会在1916年成立。它是一个致力于解决美国联邦政府问题的学术研究机构。

这些组织产生后，很快就在政府决策等方面产生了积极作用，并对智库以后的发展形成了重大的积极影响，第一次世界大战后的智库也被认为是智库得到真正发展的时期。

第二阶段，从第二次世界大战结束到20世纪90年代，是智库实现实质性发展的时期。1945年之后，世界各国各种社会矛盾层出不穷，国际政治中形成两大阵营对峙的态势，都对综合性、前瞻性决策研究提出了需求，这使智库发展获得了前所未有的客观条件。在这种背景下，世界各国智库的发展如雨后春笋。它不仅囊括了各种交叉学科和边缘学科及其专家，专业分工的精细化和综合分析的系统化也有机地契合于一体，智库研究成果在政府决策中的作用越来越突出，政府委托性课题在智库研究中的比重也更为加大。

这一时期，智库发展的最大亮点是，美国成为西方国家智库发展的中心。第二次世界大战期间，由于战争的需要，美国政府组织大批专家、学者参与到相关的决策与研究工作中，并收到明显的成效。战争结束后，专家与官员、知识与政治结合产生的效益，使美国政府对智库发展有了更为深刻的认识。同时，美国分权制衡的政治制度、战争中崛起的巨大财团维护各自利益的需求，加之美国个人主义、自由主义文化传统中对权力不信任而造成的社会各界对社会生活的广泛关注和参与，都对智库发展提供了外在需求与必要的经费支持。在此背景下，美国政府通过签订合同进行委托研究，促进了像兰德公司和城市研究所这类智库迅速崛起，智库成为社会生活，特别是政治与社会管理领域不可缺少的内容。

美国的传统基金会、美国企业研究所、威尔逊研究中心、卡特中心、尼克松中心，英国的政策研究中心、亚当·斯密研究所、公共政策研究所和德国的经济研究所等智库都成立于这一时期。一大批智库的出现，在西方几个主要发达国家，特别是美国，形成了规模可观的智库市场。

第三阶段，从20世纪90年代到目前，是智库改革创新、力求实现新的突破的时期。20世纪90年代之后，国际政治格局发生重大变化，不同国家也面临着政治生态的调整过程。在这个过程中，智库的作用逐渐在全世界范围为人们所认可，智库已经成为现代国际政治与社会发展的一大特征。

结合世界范围内的发展情况，这一时期智库发展呈现出一些趋势。一是全球化发展态势越来越突出。二是专业化竞争越来越激烈。三是多学科并用越来越明显。四是现代传播与推广方式、手段的应用越来越广泛。

20世纪90年代后，世界范围内的智库在不断根据形势变化与发展的要求调整、完善自身的过程中，推进智库本身进入了新的发展阶段。无论是发达国家，还是发展中国家，大都开始重视智库的作用，积极发展智库。智库的发展赢来了新的发展机遇。

1.3　智库的类型

不同智库在规模、组织结构、意识形态观点、资金来源、关注焦点以及潜在客户等方面都有所差异。目前，一些学者试图从不同的角度对智库进行分类。

亚洲开发银行报告《智库：定义、发展和多样化》（Think Tanks: Definitions, Development and Diversification）根据隶属关系将智库分成五大类：

（1）民间独立社团成立的非营利性智库。

（2）属于或附属于高等院校的政策研究机构。

（3）政府建立或资助的智库。

（4）企业建立或附属于企业的智库。

（5）政党或候选人智囊团。

宾夕法尼亚大学发布的《全球智库报告2014》根据研究领域的差异将智

库分为 12 类：

（1）国防和国家安全智库。

（2）国内经济政策智库。

（3）教育政策智库。

（4）能源和资源政策智库。

（5）环境智库。

（6）外交政策和国际事务智库。

（7）国内卫生政策智库。

（8）国际卫生政策智库。

（9）国际发展智库。

（10）国际经济政策智库。

（11）科学与技术智库。

（12）社会政策智库。

此外，还有其他的一些分类方法。例如，耶鲁大学出版的《美国政治的转变：新华盛顿和智库的兴起》（The Transformation of American Politics：The New Washington and the Rise of Think Tanks）根据商业模式将智库分为独立研究智库、合同工作智库以及宣传智库。

1.4 气候变化智库的特点与背景

气候变化是当前最重要的全球性问题之一。它会直接或间接对社会经济系统和自然系统产生影响，危害人类生存与发展，是各国共同面对的重大挑战。观测到的证据表明，全球气候变化已经影响到多方面，包括海平面上升、威胁农业发展、加剧洪涝干旱及其他气象灾害、危害人类健康等。鉴于气候变化的巨大潜在风险，世界各国积极采取措施减缓与适应气候变化。

气候变化是典型的全球性问题，气候具有公共产品属性，因而应对气候变化具有很强的外部性。如果其他国家都不采取减缓气候变化行动，单一国家就没有主动减少温室气体排放的动力。因此，应对气候变化需要国际社会携手合作。然而，化石能源消费与经济增长密切相关，控制温室气体排放意味着限制了发展权。世界各国一方面努力树立应对气候变化的负责任形象；另一方面，在气候变化谈判中积极争取更多的发展权。

气候变化智库在这种背景下应运而生。它是以气候变化为主要研究对象，对全球范围内气候变化的成因、影响、预测、减缓、适应等开展跨学科综合性研究，为制定国家应对气候变化战略与政策以及参与国际气候变化谈判提供建议的专业研究机构。

中国已经意识到智库的重要性，并积极进行中国特色新型智库建设。习近平总书记在中央全面深化改革领导小组第六次会议上强调："要从推动科学决策、民主决策，推进国家治理体系和治理能力现代化、增强国家软实力的战略高度，把中国特色新型智库建设作为一项重大而紧迫的任务切实抓好。"他同时指出，要"重视专业化智库建设"。所谓专业化智库，一般专注于某一领域，以专业知识为背景，致力于该领域的政策研究，提供客观的分析和具体的解决方案。气候变化智库正是一种专业化智库。中国目前是世界上最大的碳排放国和能源消费国，面临着来自国际和国内的双重减排压力，正需要气候变化智库的支持。

国际方面，中国碳排放随着经济快速发展呈现出指数增长态势，其碳排放路径对全球2℃目标的实现有着决定性影响。根据IPCC第五次评估报告，在非常可能实现2℃目标情景下，全球温室气体排放到2030年需要控制在30～50GtCO_2当量。1990—2012年，中国CO_2排放呈快速增长，全球新增CO_2排放的55.4%来自于中国。2012年，中国化石燃料导致的CO_2排放为8.2Gt，占全球总排放的25.9%；当年，中国人均CO_2排放是世界人均水平的1.3倍。中国如果不采取减排措施，其CO_2排放到2030年可能达到19.7Gt，占全球总排放空间的65%。这种情景下，2℃目标基本不可能实现。

在国内方面，中国面临着减排难度增大、能源供应不足及环境污染严重等问题。

首先，中国温室气体减排难度加大。中国仍处在工业化、城镇化和农业现代化进程中，能源需求和碳排放还在继续增长，但是中国能源强度和碳强度都在持续下降。1980—2012年，中国能源强度从2.66吨标准煤/万元下降至0.77吨标准煤/万元，年均下降3.81%。随着中国能源强度和碳强度越来越接近发达国家水平，节能减排难度也逐渐增加。一些较容易实现的减排措施（如淘汰落后产能等）很难继续发挥较大作用。

其次，中国能源供应压力较大，可再生能源相对匮乏。1980—2012年，中国国内生产总值（GDP）迅速增长，年均增长率约为10%。能源是经济发展的物质基础，因此中国能源消费量也快速增长。中国2012年能源消费量为36亿吨标准煤，是1980年能源消费量的6倍多。然而，中国能源供应能力相对不足，能源生产量增速低于能源消费量增速，这导致中国能源对外依存度不断攀升。2012年，中国能源对外依存度达到15%，石油对外依存度达到58%。2014年中国能源消费总量达到42.6亿吨标准煤。此外，中国可再生能源相对匮乏。2012年，中国可再生能源生产量为3.42亿吨标准煤，占一次能源生产量的10.3%。

最后，中国环境污染形势严峻，大气污染已引起社会广泛关注。长期以来，由于“先污染、后治理”的经济发展模式，中国环境受到严重污染。媒体关于大气污染、水污染、耕地污染、矿山污染甚至沙漠污染的报道层出不穷。近些年，空气污染危机开始爆发，雾霾引起了社会的广泛关注，甚至损害了国家形象。根据《2014年国民经济和社会发展统计公报》，在监测的161个城市中，2014年城市空气质量未达标的城市占90.1%，达标的城市仅占9.9%。2015年，柴静的纪录片《柴静雾霾调查：穹顶之下》分析了雾霾的构成以及应对措施，引起了社会的广泛关注。能源消耗既排放出大量的CO_2，也是其他众多污染物（如二氧化硫、氮氧化物等）的主要来源。因此，减少碳排放具有减轻环境污染物的协同效应。根据国际应用系统分析研究所的研究表明，全球气候政策对降低大气污染的协同收益有1/3在中国。

1.5　气候变化智库的战略意义

第一，建立气候变化智库有利于探索中国低碳发展道路。作为负责任的发展中大国，中国积极采取措施减少温室气体排放。2009年11月，中国在哥本哈根气候大会之前宣布2006—2020年期间碳排放强度下降40%～45%。2011年3月，中国政府在“十二五”规划中提出了能源强度下降16%以及碳强度下降17%的约束性目标。2014年11月，中国和美国共同发布《中美气候变化联合声明》，宣布了两国2020年后各自应对气候变化的行动，认识到这些行动是向低碳经济转型长期努力的组成部分，并考虑到2℃全球温升目标。中国计划2030年达到CO_2排放峰值且努力早日达峰，并将非化石能源占一次能源消费量比例提高至20%。2015年6月，中国向《联合国气候变化框架公约》秘书处正式递交了中国新的国家自主贡献方案，提出2030年碳排放强度相比2005年下降60%～65%。虽然中国提出了明确的减缓气候变化目标，但是如何最优地达到目标，实现社会福利最大化仍是亟待解决的难题。气候变化智库以思想库和参谋助手的角色，努力探索符合中国国情的发展经济与应对气候变化双赢的可持续发展之路，为中国制定气候变化战略提供政策思路和建议方案，并对有关行动方案和实施效果做出论证、评估，为政策实施向社会做出必要的说明和引导。

第二，建立气候变化智库有利于提高应对国际气候变化谈判能力。气候变化已经从一个有争议的科学问题，转化为一个涉及政治、经济、文化、环境与道德的综合性问题。应对气候变化具有很强的外部性，如果没有强制的共同减排机制，则必然出现“搭便车”现象。全球各国的共同合作成为解决气候变化问题的重要前提。然而，各国在社会发展阶段、气候变化易损性及文化传统等方面均存在很大差异，导致各国在应对气候变化责任的分配问题上存在较大争议。联合国每年都召开气候变化谈判会议，探讨如何减缓与适应气候变化。世界各国在气候变化谈判中都努力为本国争取利益，在很多焦点问题上存在争议，包括长期减排目标，各国中期减排目标，资金、技术转让和能力建设，透明度等。全球气候变化谈判已经开展了20余年，未来谈判走向如何，尚取决于世界各国之间以及各国内部利益集团之间的博弈结果。但是，利益诉求多样化、政治化、透明化、分散化已成定局，各国对自身发展权以及综合竞争实力的追求则是永恒的推动力。总之，气候变化谈判已成为新的全球性政治问题，政治利益会影响谈判形势的发展，而经济利益更是背后的推手。中国作为世界第一大能源消费国和碳排放国，面临的国际压力将逐渐增大。因此，气候变化智库积极开展气候变化研究，评估气候变化对不同区域的影响，分析中国温室气体减排潜力，为中国应对国际气候变化提供政策建议，一方面维护中国负责任大国的形象，另一方面积极争取更多的发展权。

第三，建立气候变化智库有利于启迪民众对气候变化的认识。气候变化是当前国际社会的重点问题之一，人类需要大幅减排温室气体以应对全球变暖已经成为主流观点和联合国谈判的理论依据。但质疑气候变化的声音从未停止，特别是2009年英国气候学界的“气候门”事件使气候变化“怀疑论”引起了国际社会极大关注。气候变化相关知识的宣传还有待提高，大多数民众对气候变化的成因以及危害一知半解，也不知如何行动有助于减缓与适应气候变化。气候变化智库通过深入广泛的调研和听取社会各界的意见，以专家学者的角色撰写文章、出版论著、发表评论、开展研讨，传播和普及气候变化相关知识，提高社会公众的节能、低碳、环保意识。

第四，建立气候变化智库有利于聚集与培养气候变化领域的专业化人才。人才是智库可持续发展的核心力量及创新源泉。气候变化智库通过建立和完善人才引进的优惠政策、激励机制和评价体系，吸引国内外研究组织、学者参与气候变化智库，特别是吸收具有国际视野和能够引领学科发展的学术带头人和中青年人才加入智库。气候变化智库本身也通过高层次人才的培养，在扩充研究实力、提升研究水平的同时拓宽青年人才的视野，为气候变化领域人才培养和学科建设奠定坚实的人才基础。此外，气候变化智库可以充分发挥人才“旋转门”作用。政府可以在智库中选拔气候变化领域专业化高级官员，而离任的政府高级官员也可以进入智库中开展政策研究工作，继续发挥专长和影响力。官员在政府和气候变化智库之间的角色转换，进一步密切了政府与智库的联系，强化了智库对政府决策的影响力。

1.6 本书结构

本书通过国际调研，深入分析国际典型气候变化智库的现状和发展态势，为建立以中国为主的气候变化智库提供经验，并注重突出拟建智库的资源整合、组织协调、国际交流和服务气候谈判的功能定位。为进一步剖析调研案例，了解其发展现状和管理运行机制等问题，比较分析这些智库在气候变化领域的研究经验，本书将所调研的案例分为七类，分别是：

第二章 政府设立型气候变化智库；

第三章 大学设立型气候变化智库；

第四章 非政府组织型气候变化智库；

第五章 依托研究机构设立型气候变化智库；

第六章 国际/区域合作型气候变化智库；

第七章 论坛型气候变化智库；

第八章 公司型气候变化智库。

本书深入分析了每类智库的主要特点、工作重点和成果发布、组织结构和运行管理机制、重点案例。在此基础上，总结了对中国建立各类型气候变化智库的启示。

第二章

政府设立型气候变化智库的案例

2.1 政府设立型气候变化智库的主要特点概述

政府设立型气候变化智库是指主要由政府出资设立或经费主要来源于政府财政拨款的气候变化智库，主要包括政府部门所属的科研院所、国家实验室、研究中心等。它通常是着眼于国家经济、社会、环境的重大战略需求，以维护国家利益和国家安全为研究目的，针对气候变化关键科学问题展开基础研究和相关关键技术研发，并积极为政府提供气候变化决策支持的研究组织。该类型智库通常由国家出资筹建，属国家所有，大都行政上独立存在，经济上独立核算，运行经费大部分来自国家预算拨款、国家科技基金等。

政府设立型气候变化智库一般在各自国家乃至全球应对气候变化的基础研究、技术研发、国际谈判等诸多领域中居于主导地位，发挥着不可替代的作用。这类智库在气候变化领域的成果和地位具有典型的代表性，分析这些智库的工作重点、研究领域、任务来源、经费支持、成果发布、运行机制等，可以为我国建设具有国际影响力的气候变化智库提供重要参考。国际典型政府设立型气候变化智库情况简介如表2－1所示。

表2－1　国际典型政府设立型气候变化智库总览

序号	智库名称	成立时间	隶属组织	研究特色
1	哈德利气候变化研究中心(Hadley Centre)	1990年	英国气象局	最权威、最具影响力的气候变化科学研究中心之一； 致力于扩大英国在气候变化领域的国际影响力，为英国政府提供决策依据，为气候变化科学提供世界一流指导； 居于世界气候变化研究及将气候科学转化为政策建议领域领先地位

续表

序号	智库名称	成立时间	隶属组织	研究特色
2	国家海洋和大气管理局（NOAA）	1970 年	美国商务部	对美国甚至全球可持续发展起到重要作用； 维护美国在全球组织中的话语权和影响力； 研究地学、海洋学、气象学、气候学等诸多学科的世界领先者
3	波茨坦气候变化研究所（PIK）	1992 年	德国政府	加强德国在气候变化领域的国际影响力； 综合自然科学和社会科学研究全球变化及其对生态、经济、社会系统的影响
4	斯德哥尔摩环境研究所（SEI）	1989 年	瑞典政府	致力于通过对环境及发展等方面开展严格且客观的分析，提供综合分析用以支持决策者，结合科学与政策来实现可持续发展
5	东西方研究中心	1960 年	美国国会	致力于通过合作研究、培训和探索，促进美国与亚太地区国家之间的关系和相互了解，对美国处理亚太地区事务起到不容忽视的作用。近年来，能源、环境及气候变化问题逐渐成为研究重点
6	日本国立环境研究所（NIES）	1974 年	日本环境厅	环境科学研究硕果累累，已成为世界上少数几个著名的环境研究智库之一，为日本解决环境污染和可持续发展做出了重大贡献
工作重点和研究领域： （1）气候变化的重大基础性、战略性研究； （2）气候预测、气候模型、气候模拟、数据库建设； （3）采用多学科交叉方法，研究关于当代应对气候变化政策的重要性议题				
任务来源及经费支持： 任务及经费主要来自于各国政府及相关部门，部分来源于外部项目。这些任务及经费旨在保障智库能够为各国政府提供气候变化相关科学问题的深入分析及信息				
研究成果及发布： 论文、研究报告、著作、模型工具、咨询服务方案等				
发布方式： （1）公开出版或报告提交； （2）网络、电视、报纸等媒体宣传； （3）举办区域/国际会议、论坛或研讨会				

2.2 政府设立型气候变化智库的工作重点和成果发布

2.2.1 政府设立型气候变化智库工作重点和研究领域

政府设立型气候变化智库主要围绕应对气候变化的关键科学问题和关键技术开展研究工作，跟踪分析国内外应对气候变化政策的发展动向，参与本国气候变化政策的谋划与制定工作，并积极为政府应对气候变化提供决策支持。这一战略定位决定了不同国家的该类型智库在开展研究时的工作重点和研究领域既存在共同之处又各具特色。

1. 气候变化的重大基础性及战略性研究是工作重点

综观世界各国成立的气候变化智库，政府设立型智库是必不可少的，其最大的优点是资金及科研力量雄厚。由于其在运营管理上得到政府的大力支持，故在研究过程中，无须担心项目和经费来源。该类型智库的属性决定其主要任务不是为维持正常运行而到处筹措资金，做一些短期、小规模的项目，而是放眼于长远，从事与国家利益相关的长期、大型的项目。在人类面对的各种严重的环境和发展的挑战中，气候变化是最紧迫和最难以解决的问题之一。纵观各大智库，对气候变化的基础性研究始终是它们的工作重点，也是开展其他研究的基础。

英国哈德利气候变化研究中心着眼现实需求，致力于为气候变化科学提供世界一流的指导，并主要为英国政府制定气候变化相关政策提供科学依据。该研究中心最重要的任务是气候变化预测、监测和相关数据库建设。即该研究中心能够预测全球的气候变化情况，监测并记录全球气候变化数据。

德国波茨坦气候变化研究所（PIK）通过数据分析、计算模拟与模型等多学科交叉技术，致力于研究全球气候变化对生态系统、经济系统和社会系统的影响。地球系统分析是 PIK 的一个重要研究领域，它是基于过去、现在和将来气候变化的分析。

瑞典斯德哥尔摩环境研究所（SEI）充分认识到气候变化引起的一系列问题及其对人类生存发展的破坏性影响，创立了适应气候变化的合作平台，提供分析框架以支持应对气候变化的全球行动，支持社会和相关机构在能源供应、安全、发展和适应方面的学习和能力建设。它针对发达国家和发展中国家，对气候风险、适应和减缓进行政策支持。SEI 的四大研究领域分别是减小气候风险、气候系统管理、环境系统管理、治理改造和发展反思。

美国国家海洋和大气管理局（NOAA）通过了解并预测地球环境的变化，保存并管理海岸与海洋资源，满足国家的经济、社会、环境需求，在扮演环境信息产品的供给者、环境服务的供应者和应用科学研究的引导者等方面发挥独特作用。它是生态系统、气候、天气与水、商业与运输等方面的精确、客观科学信息的一个可靠来源。其重点研究领域包括：海洋与海岸生态系统管理，主要是监控和预报基于气候观测和模拟的生态系统状况以及研究气候变化的适应策略，尤其是与海洋生物资源管理相关的问题；环境数据与信息服务，主要包括强天气系统和水事件、天气信息服务、水信息服务、海洋信息服务、航空气象服务和建立灾害恢复组织及商业机构；环境知识和技术，主要包括探究气候变化的原因及后果，提高气象预报精确度。研究重点在于探究气候年际变化的驱动因素和突发气候变化、理解气候和区域影响之间的联系、探究海洋生态系统的交互作用、理解多空间与时间尺度的海洋生态学和环境教育与决策支持；观测、数据管理与模拟系统，主要包括性能良好、可靠的观测基础设施、观测资料综合利用和数据管理以及海洋和陆地系统模拟。

2. 气候预测、气候模型、气候模拟及数据库建设受到各智库的共同关注

各大智库在气候变化研究的基础上对与其相关的多项领域进行研究，其中气候的预测和模拟、相关数据库的建设以及气候模型的建立是它们共同研究的重点领域。

英国哈德利气候变化研究中心开发了基于计算机技术的气候模型，用以预测未来气候变化情景以及未来数世纪的气候演变情况。该研究中心所使用的气候变化预测模型能够从三维角度详细描述气候系统（包括：海洋和冰川的三维系统、交互的碳循环模型、交互的大气化学模型，以及将这些模型和系统耦合而成的地球系统模型）。气候变化监测和预警是哈德利气候变化研究中心的另一项重要任务。该研究中心监测着全球气候变化的部分指标和变量，用来开展全球气候变化预警和气候模拟，同时也为气候变化的成因提供数据基础。这些数据在政府间气候变化专门委员会（IPCC）评估报告、著名的气候变化著作《斯特恩报告》及其他研究项目中得到了广泛应用。值得一提的是，中心的气候变化数据可供学术界和个人免费使用。

德国波茨坦气候变化研究所（PIK）通过对气候变化下社会环境系统的模拟开展气候影响和脆弱性研究，为不同层次的政策制定者提供气候变化对环境和社会结构影响的战略分析和先进的理论概念模型。PIK 对可持续解决方案的研究主要朝着能源系统模拟、政策工具模拟、土地利用管理、宏观经济模拟等方向开展，同时其开展的大多数研究都是进行模型研究，如 COSMO 区域

气候模拟模型、波茨坦排放路径概率集成实时评估模型、4C 预见模型等。

美国国家海洋和大气管理局设有观测、数据管理与模拟系统，用以向政府提供环境数据与信息服务。而日本国立环境研究所也设有环境信息中心，用来建立数据库，收集、整理、储存、管理各类环境信息。

3. 不同智库的研究领域各具特色

不同的气候智库对某些问题的研究是存在共性的，但其研究领域却各有不同，各具研究特色。

英国哈德利气候变化研究中心侧重于气候模型建立，代表性成果是全球气候模型。该模型主要基于温室气体排放情景（如二氧化碳排放量）和不同的社会经济发展情景，从三维角度详细描述气候系统。全球气候模型可用于世界各地的气候变化研究，预测未来气候变化情景以及未来数世纪的气候演变情况。

德国波茨坦气候变化研究所从可持续解决方案角度开展研究，其研究更具有发展的眼光。其可持续解决方案主要是设计减缓和适应气候变化的战略，包括通过全球能源系统降低温室气体排放、提高能效、发展可再生和核能等替代能源以及消费模式的结构性转变。

瑞典斯德哥尔摩环境研究所的系统化气候变化研究使整个研究所的研究更加整合，使气候变化的研究与其他研究的联系更加紧密。它的目标是通过对环境及发展等方面进行严格且客观的分析，为决策者提供综合分析，结合科学与政策实现可持续发展。其战略定位是应用科学知识应对各种环境变化，连接科学决策和公共政策。研究所内部的高度协作和利益相关者的积极参与，始终是它的工作核心。通过项目的实施，帮助各类机构进行能力建设，同时建立长期的合作关系。

美国国家海洋和大气管理局是研究大地测量学、地球物理学、计量学、海洋学、气象学、气候学、海洋生物学、海洋生态等学科的世界领先者，它为 IPCC 报告的形成做出了重要贡献。其地球物理流体动力学实验室的研究成果为 IPCC 提供了 20 种预测模型，以模拟地球的气候系统。

东西方研究中心采用多学科交叉方法研究关于当代政策重要性的议题，着重研究亚太地区和美国共同关注的问题和面临的挑战。该研究中心与亚太地区许多研究机构进行合作研究，旨在促进各国或地区与美国之间的相互理解，改善它们之间的关系，有助于双方的能力和机构构建。该研究中心的重点研究领域包括经济，环境变化、易损性和治理，政治治理与安全，人口与健康等。

日本国立环境研究所（NIES）主要从事环境综合科学研究，其环境科学研究硕果累累，现已成为世界上少数几个著名的环境研究智库之一。它为日本解决环境污染和可持续发展做出了重大贡献。2001 年，该研究所重组，成为独立的行政研究机构。同年，实施其第一个五年计划，发布了一系列研究成果和出版物。目前处于第二个五年研究计划中。其研究领域包括地球环境，水、土壤环境，废弃物与回收研究，环境与社会研究，大气与生态、健康及亚太环境研究等。

2.2.2　政府设立型气候变化智库任务来源及经费支持

政府设立型气候变化智库隶属于政府，因此它的任务及经费大多来自于各国政府及相关部门，部分来源于外部项目。这些任务及经费旨在保障智库能够为各国政府提供气候变化相关的深入分析及信息。

哈德利气候变化研究中心由英国环境、食品和农村事务部（DEFRA）和国防部和能源和气候变化部共同资助支持。该研究中心还为不同用户提供了大量气候变化影响的咨询服务。波茨坦气候变化研究所经费主要来自德国联邦政府和勃兰登堡州政府，还从欧盟和其他国际组织、基金会、企业等外部项目中获得资金支持，2009 年各类经费达到 1 810 万欧元；东西方研究中心项目经费主要来源于美国能源部、美国国家科学基金会、国家海洋和大气管理局、美国宇航局、国际资源集团、美国国际发展部门、美国国立卫生研究院及其他机构和组织，日常运行经费主要来源于美国国会；美国国家海洋和大气管理局与日本国立环境研究所的项目经费均来自于政府及有关部门拨款。

2.2.3　政府设立型气候变化智库研究成果及发布

截至 2014 年，哈德利气候变化研究中心共发表了 500 余篇气候变化领域的学术论文。波茨坦气候变化研究所从 20 世纪 90 年代初开始，已发表气候变化领域的 600 余篇学术论文，这些文章在业界都引起了广泛关注。

哈德利气候变化研究中心参与了多个气候变化报告的撰写，包括 IPCC 评估报告和英国气候变化预测报告等。波茨坦气候变化研究所发表了百余篇咨询报告和学术报告。日本国立环境研究所自 1994 年起每年发表各种年报及专题报告数十种，出版专题业务报告集百余册，包括日本国立环境研究所年报，日本国立环境研究所英文年报，日本国立环境研究所特别研究计划、特别研究报告、业务报告、地球环境研究报告等。美国国家海洋和大气管理局发表了大量的政策报告、会议报告、工作报告，并为 IPCC 国际气候科学报告的形成做出了重要贡献。东西方研究中心则公布了特别报告，对亚太地区和美国现有的或者即将颁布的政策进行深度分析和阐述，并提出独特的见解。

这些智库在著作方面，成果也非常丰富。美国国家海洋和大气管理局在气候变化研究领域发表了一系列的著作，如 *Human Contributions to Global Change*（Robert Simmon，David Herring）、*Global Climate Change Impacts in the United States*（Susan Joy Hassol，Anne Waple，Paul Grabhorn）、*Global Climate Models*（Keith Dixon，Marian Westley）等。

模型工具是研究气候变化应用最广泛的方法，对这些方法、工具本身的研究有着与研究内容同等重要的地位。哈德利气候变化研究中心的代表成果是其开发的全球气候模型，可用于世界各地的气候变化研究。斯德哥尔摩环境研究所设计的模型工具，如 DO3SE、LEAP、GAP、REAP、WEAP、weADAPT、IPAT－S 等，可以解决气候变化情景模拟、实验设计、决策选择等研究，被诸多学者和研究机构引用。美国国家海洋和大气管理局地球物理流体动力学实验室的研究成果则为 IPCC 提供了 20 种预测模型，以模拟地球气候系统，为 IPCC 报告的形成做出了重要贡献。

一些智库如哈德利气候变化研究中心，还通过为不同用户提供大量气候变化影响的咨询服务，进而达到提供相关决策支持的目的。美国国家海洋和大气管理局则以服务社会为宗旨，大部分研究成果都向社会公开、免费提供。

政府设立型气候变化智库的成果发布方式包括以下 3 种：

1. 公开出版或报告提交

该类型智库如美国东西方研究中心、哈德利气候变化研究中心、美国国家海洋和大气管理局、日本国立环境研究所等的研究成果主要发布于各类权威出版物，包括期刊、政策报告、会议报告、工作报告、论文集、年报、专著、信息简报等。以东西方研究中心为例，其系列出版物有亚太公告、亚太专刊、东西方对话、亚太地区现存问题、亚洲安全研究、政策研究、太平洋岛屿政策、东西方研究中心特别报告、东西方研究中心工作论文等。此外，该类型智库还在具有一定学术影响力的国际知名期刊和会议论文集中发表论文或向政府和相关部门提交研究报告，以此途径将研究成果进行发布。

2. 网络、电视、报纸等媒体宣传

该类型智库大多都建有自己的信息发布网站，将网站作为平台来发布各机构的研究成果，实现交流与共享，如英国气象局和哈德利网和波茨坦气候变化研究所网站等。哈德利气候变化研究中心的某些研究成果还会通过网络视频等快捷方式来发布。美国东西方研究中心则主要发布在自己以及与其合作的研究机构的出版物上。

3. 举办区域/国际会议、论坛或研讨会

典型政府设立型气候变化智库还会通过举办区域或国际会议、论坛或研讨会等形式来展示自己的研究成果。东西方的研究所以 1979 年一次研讨会为契机，提出合作研究项目，将亚太地区主要国家，包括澳大利亚、加拿大、中国、印度、日本、马来西亚、菲律宾、韩国和美国的高层决策者和专家汇聚到一起，通过首次在亚太地区针对解决能源环境问题做出的努力，提高了自身知名度和声誉。1989 年，东西方研究中心和阿贡国家实验室合作在夏威夷举办了全球气候变化大会。其他智库也普遍通过参与相关会议等形式向外界传递或发布自己的研究成果。英国哈德利气候变化研究中心在英俄气候变化合作项目中通过大量的研讨会进行沟通合作并发布成果。此外，由多个该类型机构共同参与完成的 IPCC 综合报告也是通过国际会议进行成果发布的一种形式。

2.3 政府设立型气候变化智库的组织结构

组织结构的设计应服从于智库的战略定位。国际知名政府设立型气候变化智库在明晰其战略目标的基础上，通过设置适合其自身需要的机构框架与相应的运行管理体制，实现了智库的高效运行。对比与分析这些智库在组织结构设计上的特点，可为我国提供有益借鉴。政府设立型气候变化智库的人员组成有以下几种情况：

（1）以政府官员或资深专家等作为智库的领军人物（德国、美国）。该类型智库的主任或主席大多由相关领域专家或政府官员担任，他们在气候变化相关领域具有深厚的研究基础及丰富的工作经验。

（2）研究人员比重高，且呈现明显的专家化特征。美国国家海洋和大气管理局雇员总数约 2/3 是科学技术人员，其中气象学家 3 119 人，占 40.2%；生物学家和计算机专家，分别有 1 221 人和 1 096 人，占 15.7% 和 14.1%；还有物理学家、冶金技术人员、电子技术人员、水文学家、海洋学家、电子工程师等。日本国立环境研究所 173 名研究人员中博士比率占 93.5%，研究领域遍布物理、化学、生物、工程学、农业科学、医学、药物学、水产学、经济学、法学、兽医学、技术等。

（3）研究人员学科背景多元化、国际化。横向比较世界上众多知名的政府设立型气候变化研究所，它们都具有多元化的人员组成结构，研究人员广泛来源于国内外社会各界，从各级政府、企业、高校到民间组织、科研机构等都有分布。比如：瑞典斯德哥尔摩环境研究所采用董事会运营管理制。董事会成员的背景涵盖了大学教授、基金总裁、议会成员、研究所主任、别国政治人员等科研、政治、经济各领域人才。美国国家海洋和大气管理局的 4 位董事会成员中既有科学家（局长）、法律专家（首席副部长）、管理专家

（常务副部长），还有政策专家（法律顾问），这种多元化结构可以充分发挥各自特长，各司其职，共同为美国国家海洋和大气管理局服务。

（4）政府任命或指派智库领导成员。该类型智库的主要领导大多由政府任命，他们都非常熟悉气候变化关键和热点问题。哈德利气候变化研究中心主任、首席科学家等均由政府任命。斯德哥尔摩环境研究所的十余名董事会成员均由瑞典政府任命，任期不超过 4 年。作为美国联邦机构，美国国家海洋和大气管理局的 4 位董事会成员均为政府官员。东西方研究中心的 18 人董事会中有 17 人由执政党指定，董事会主席则由夏威夷大学校长指定。

（5）人员组织形式灵活。在人员组织形式上，此类型智库大多采用固定人员与流动人员相结合的模式，这样的人员组成结构较为灵活，既能够提升智库的科研能力，又能够在一定程度上减少运营成本。比如：美国国家海洋和大气管理局现有大约 12 500 个全日制工作岗位，在全美各州共有 128 000 名雇员。日本国立环境研究所 716 名研究人员中有 218 名为合同制研究人员，其余为客座研究人员、合作研究人员、博士生等。

政府设立型气候变化智库的人员组成特点包括以下 5 个方面：

1. 政府任命或指派智库领导成员

该类型智库的主要领导大多由政府任命，他们都非常熟悉气候变化关键和热点问题。哈德利气候变化研究中心隶属英国气象局，中心主任、首席科学家等均由政府任命。斯德哥尔摩环境研究所的十余名董事会成员均由瑞典政府任命，任期不超过 4 年。作为美国联邦机构，美国国家海洋和大气管理局的 4 位董事会成员均为政府官员。东西方研究中心的 18 人董事会中有 17 人由执政党指定，董事会主席则由夏威夷大学校长指定。

2. 以政府官员或资深专家等作为智库的领军人物

该类型智库的主任或主席大多由相关领域专家或政府官员担任，他们在气候变化相关领域具有深厚的研究基础及丰富的实践经验。波茨坦气候变化研究所主任 Hans Schellnhuber 教授为马克斯普朗克学会会员、德国国家科学院院士、美国国家科学院院士。与此同时，他还在多个国家和国际科学战略环境与发展问题的政策咨询小组开展工作。此外，他还是欧盟委员会巴罗佐主席在能源及气候变化领域的高级别专家小组成员。美国国家海洋和大气管理局局长卢布琴科博士，是一名海洋生物学家和环境科学家，她在人类与环境相互作用、生物多样性、气候变化、可持续性发展科学、生态功能、海洋保护、沿海海洋生态和地球海洋状态等学科上的贡献已被广泛认可，在国内外相关领域享有盛誉。难能可贵的是，卢布琴科博士善于将自己的研究成果与人类社会发展，特别是政府决策和公众认知相结合，有效地利用科学活动成果带动社会的发展。东西方研究中心主席 Morrison Charles 长期致力于组织和资助日本和美国以政策为导向的教育研究和对话，积极推动亚太地区一体化进程。2005 年 9 月，他当选为太平洋经济合作委员会主席。此外，他还是美国亚太理事会创始人，美国国家委员会亚太安全合作部成员，前任美国国家联盟亚太经济合作研究中心主任。

3. 研究人员比重高，且呈现明显的专家化特征

作为科研机构，行政管理部门是为研究部门服务的，研究人员是智库的核心，在数量上占据较大比重。波茨坦气候影响研究所共有 270 名员工，其中日常行政管理团队，负责日常管理（人事、财务、采购、预算管理等）、对外公共关系、IT 和网站等支持性服务，共有成员近 20 名。美国国家海洋和大气管理局雇员约 2/3 为科学技术人员。日本国立环境研究所 248 个固定人员中近 200 人为研究人员。

政府设立型智库在人员结构上具有明显的专家化特征，从中心主任到基层研究人员都具有深厚学术背景和较强研究能力，且广泛来自于不同领域，具有多元化的学科背景。这样不仅有利于纵向细致深入的研究，也有利于学科间方法、成果的借鉴与互补，形成交叉性、全面性的研究力量，以满足对气候变化研究的需要。美国国家海洋和大气管理局雇员总数约 2/3 是科学技术人员，其中气象学家 3 119 人，占 40.2%；生物学家和计算机专家，分别有 1 221 人和 1 096 人，占 15.7% 和 14.1%；还有物理学家、冶金技术人员、电子技术人员、水文学家、海洋学家、电子工程师等。日本国立环境研究所 173 名研究人员中博士占 93.5%，研究领域遍布物理、化学、生物、工程学、农业科学、医学、药物学、水产学、经济学、法学、兽医学、技术等。

4. 研究人员学科背景多元化、国际化

横向比较世界上众多知名的政府设立型气候变化智库，它们都具有多元化的人员组成结构，研究人员广泛来源于国内外社会各界，从各级政府、企业、高校到民间组织、科研机构等都有分布。这样的设置不仅使研究所能够及时得到政府政策信息，也使世界上最新的研究成果能够最及时地反映到研究所中，对于研究所把握研究方向、改进研究方法等都具有积极的作用。

波茨坦气候影响研究所由主任委员会、理事会、科学顾问委员会共同领导，主任委员会由全所大会监督和制约。其理事会成员共有 9 名，分别来自联邦政府、州政府、高校、企业和其他研究所。科学顾问委员会设有主席和副主席，分别来自德国发展研究所和斯德哥尔摩环境研究所。科学顾问委员会中还有其他 10 名成员，来自世界各地，如美国、英国、奥地利等相关研究机构。瑞典斯德哥尔摩环境研究所采用董事会运营管理制。董事会成员的背

景涵盖了大学教授、基金总裁、议会成员、研究所主任、别国政治人员等科研、政治、经济各领域人才。美国国家海洋和大气管理局的4位董事会成员中既有科学家（局长）、法律专家（首席副部长）、管理专家（常务副部长），还有政策专家（法律顾问），这种多元化结构可以充分发挥各自特长，各司其职，共同为美国国家海洋和大气管理局服务。

5. 人员组织形式灵活

在人员组织形式上，此类智库大多采用固定人员与流动人员相结合的模式，这样的人员组成结构较为灵活，既能够提升智库的科研能力，又能够在一定程度上减少运营成本。美国国家海洋和大气管理局现有大约12 500个全日制工作岗位，在全美各州共有128 000名雇员。日本国立环境研究所716名研究人员中有218名为合同制研究人员，其余为客座研究人员、合作研究人员、博士生等。

经过分析，政府设立型气候变化智库的组织结构和特征如表2－2所示。

表2－2　政府设立型气候变化智库的组织结构及其特征

<table>
<tr><td>组织结构特征</td><td colspan="4">直线职能制兼具项目式组织的扁平结构</td></tr>
<tr><td>4个核心部门</td><td>科研部门</td><td>行政管理部门</td><td>沟通协调部门</td><td>教育培训机构</td></tr>
<tr><td>组织模式</td><td>项目式组织结构特征</td><td>直线职能制组织结构</td><td rowspan="4">设有科学协调顾问，或专门的国际协调研究员，建立专门的追踪和分析体系</td><td rowspan="4">是实现专业人才培养的可行路径；提供博士生培养项目；美国国家海洋和大气管理局成立了大气科学研究大学联盟（UCAR）</td></tr>
<tr><td>职能分工</td><td>从事科学研究</td><td>辅助科研部门</td></tr>
<tr><td>人员结构</td><td>以项目为组建单位，随项目自由流动</td><td>人员按照职责相对固定</td></tr>
<tr><td>组织效率</td><td>提高人员利用率以及组织效率</td><td>明确职责与分工，结构扁平，高效率</td></tr>
<tr><td>人员来源</td><td colspan="4">政府、企业、高校、研究机构、基金会、国际组织、杰出校友、博士生，采用弹性人才政策</td></tr>
</table>

（1）直线职能型与项目小组式结构相结合

在组织的架构上，政府设立型气候变化智库大多将直线职能型组织与项目小组式组织有机灵活地结合起来。整体上来看，该类型智库可划分为科研部门与行政管理部门。其中作为核心的科研部门具有项目式组织的特征，即以项目为单位组建研究小组，各研究小组除了少数固定的研究人员外，大部分的研究人员在各研究小组之间流动，根据科研任务和个人专业特长的不同，合理分配科研任务，这有利于提高人员利用率以及组织效率。而行政管理部门作为科研部门的辅助机构，其核心工作围绕科研部门的工作展开，为科研部门的工作提供服务和硬件上的支持，它的组织机构多采用职能式，有利于明确职责与分工。这种组织结构的缺点是层级较少，结构相对扁平与简化；优点是效率较高，各项目组既能独立运行，又能相互联系与合作，一方面有利于发挥人员的技术优势，另一方面也有较强的适应性与灵活性。这种直线职能型组织，科研部门兼具项目式组织的特征，既充分考虑了研究工作和行政工作各自的特点，又能顺应该类智库的运行特点，具有很高的借鉴价值。

（2）合作机构多样化、国际化

气候变化研究不是孤立的，而是涉及政治、经济、环境、技术等多方面的全球性问题，与相关机构展开全面深入的合作既有利于研究工作的细致深化，也有利于提升研究成果的应用性及实用价值。德国波茨坦气候变化研究所在国家给予充分经费支持以及弹性人才政策支持的同时，发动社会力量，鼓励全社会企业、高校、研究机构、基金会、国际组织、国外资助的不同资源，以各种渠道来支持研究中心；瑞典斯德哥尔摩环境研究所在全球设有六个分部；东西方研究中心与亚太地区众多政府、民众组织、学校、科研机构等有良好的合作关系，这在很大程度上提升了东西方研究中心的国际知名度和影响力；美国国家海洋与大气管理局也建立了与众多机构间的合作关系，充分利用多种机制与其他政府机构和大的科学团体开展合作研究活动，如国家科技委员会环境与自然资源委员会、国家海洋学联盟计划以及其他联邦部门和众多科研机构。

（3）设有保障机构间及时有效沟通的专门协调机构及反馈体系

由于气候变化智库的运行涉及从国际到地区的不同机构间合作，所以协调沟通是非常必要的。各机构间的协调有利于减少信息传递中产生的偏差，提高工作效率；来自于微观行动主体的反馈则有利于研究人员理实结合，及时调整、修正研究方向及方法。德国波茨坦气候变化研究所设有科学协调顾问。日本国立环境研究所也设有专门的国际协调研究员。美国国家海洋和大气管理局则建立了专门追踪和分析体系，它十分重视统计和分析全国天气和气候灾害造成的各种人员伤亡和经济损失，同时也会对气象信息服务的效益进行有说服力的数据整合，并与美国商务部共同发布《美国国家海洋和大气管理局经济效益统计》，这不仅能够在国会等场合为争取气象投入提供支撑，也为民众认识气象效益给出事实依据。这种反馈也为美国的极端天气快速反应机制提供了历史数据以及新的研究判断依据。

（4）普遍设有相关的教育培训机构

人才是智库可持续发展的核心力量及创新源泉，设立教育培训机构是实现专业人才培养的可行路径之一。有些此类智库提供博士生培养项目。来自不同机构和不同背景的博士研究生广泛地参与具体科研项目，其研究成果为政府相关政策的制定提供了决策支持。智库本身也通过博士研究生的培养，在扩充研究实力、提升研究水平的同时也拓宽了博士研究生的视野，为气候变化领域人才培养和学科建设奠定了坚实的人才基础。东西方研究中心设有教育及培训中心，每年都会培养出一批日后在亚太事务中发挥重要作用的毕业生。杰出的校友是一个研究中心增强影响力的重要推动力。每年固定培养出一批关注气候变化问题、研究气候变化问题的科研人员，更有助于中心的长远发展。美国国家海洋和大气管理局发起成立了大气科学研究大学联盟（UCAR），致力于教育与研究以丰富我们对地球系统的理解，培养出了许多专业人才。日本国立环境研究所则设有环境培训机构。

2.4 政府设立型气候变化智库的运行机制

政府设立型气候变化智库的运行特征如表 2－3 所示。

表 2－3 政府设立型气候变化智库的组织运行特征

特征	内容		
	特点	优势	领导模式
多元的组织领导核心组成	多元化的领导核心	及时得到政府政策信息；能够最及时获取世界上最新研究成果	波茨坦气候变化研究所由主任委员会、理事会、科学顾问委员会共同领导；哈德利气候变化研究中心则由首席科学家统领中心的研究工作；瑞典斯德哥尔摩环境研究所采用董事会运营管理制
强大的运行保障服务团队	专职的服务保障部门	拥有强大、高效的运行服务团队，节省科研团队的精力损耗和时间损耗，提高科研出产率，保证科研质量	直线职能制的组织结构
稳定的项目资金来源	资金来源以政府直接拨付为主，项目则是直接为政府政策制定提供决策支持	拥有稳定的项目、资金保障；智库也与国际基金等组织合作，获得一些项目和支持资金	
广泛的国内国际合作研究	科学应对气候变化问题是一项十分复杂的系统工程，大量事实证明，仅仅依靠任何一个机构都无法对气候变化相关领域进行全面深入的研究。因此，广泛而深入地开展国内国际合作研究是非常重要的		

智库运行机制包括该类型智库所采用的运行制度和机制，以维持该类型机构所需要的保障体系内容等，具体涉及组织、部门、项目、资金等方面的协调与管理。同时，对于政府设立型的气候变化研究组织，如何在保证行政领导的同时，还能兼顾组织的独立性，使组织能够有效、有机地运转，值得我们学习借鉴。

1. 多元的组织领导核心组成

横向比较世界上众多知名的政府设立型智库，其中一个重要的共同特点，同时也是保证组织有机运行的关键，就是拥有多元化的领导核心组成。波茨坦气候变化研究所由主任委员会、理事会、科学顾问委员会共同领导。主任委员会由全所大会监督和制约；理事会成员共有 9 名，分别来自联邦政府、州政府、高校、企业和其他研究所；科学顾问委员会设有主席和副主席，分别来自德国发展研究所和斯德哥尔摩环境研究所，该委员会中的其他 10 名成员来自世界各地，如美国、英国、奥地利等相关研究机构。这样的设置不仅使研究所能够及时得到政府政策信息，也使世界上最新的研究成果能够最及时地反映到研究所中，对于研究所把握研究方向、改进研究方法等都具有积极的作用。隶属英国气象局的哈德利气候变化研究中心则由首席科学家统领中心的研究工作，并设有中心主任。哈德利气候变化研究中心的管理层设置没有波茨坦气候变化研究所复杂，但由于管理层人员的分工明确，工作有条不紊，使得哈德利气候变化研究中心依然成为国际知名的气候变化科学研究中心。瑞典斯德哥尔摩环境研究所采用董事会运营管理制。虽然董事会成员由政府直接任命，但是首先董事会成员的背景涵盖了大学教授、基金总裁、议会成员、研究所主任、别国政治人员等科研、政治、经济各领域人才；其次，该研究所是一个总部位于斯德哥尔摩，共有六个分部的研究簇群。因此，斯德哥尔摩环境研究所不仅在领导核心上保证了多元性，在组织结构上同样保证了多元性，从而使得研究所能够及时得到最新的研究成果，了解到最新的研究动向。如此一来，斯德哥尔摩环境研究所成了世界知名的环境、气候变化智库。

2. 强大的运行保障服务团队

在日常运行管理中，拥有强大、有效率的运行服务团队能够节省科研团队的精力损耗和时间损耗，提高研究所的科研产出率，并保证科研质量。波茨坦气候变化研究所拥有日常行政管理团队，负责日常管理（人事、财务、采购、预算管理等）、对外公共关系、IT 和网站等支持性服务，拥有近 20 名成员。哈德利气候变化研究中心分设了中心副主任一职，下辖气候变化顾问、气候变化项目、时域气候变化、气候变化预测、气候变化认识、气候变化影响、气候变化预警、气候变化减缓、气候变化系统 9 个具体部门。美国国家海洋和大气管理局共有大约 344 个大小业务、管理和研究分支机构，拥有 18 艘船只和 13 架飞机。除文职人员外，管理局还有一个 300 人的着统一制服的队伍，执行为管理局工作的飞机、船只、车辆的驾驶、保卫等任务。日本国立环境研究所设立专职的服务保障部门——总事务部来保障各项研究任务顺利开展。

3. 稳定的项目资金来源

如果说组织结构是一个研究所的躯干，那么项目来源、资金来源就可以说是供给研究所生命的血液。拥有稳定的项目、资金是研究所工作具有战略性的必要条件。对于政府设立型气候变化智库，其资金来源多是政府直接拨付，项目则是直接为政府政策制定提供决策支持。此外，智库也与国际基金合作，主持或参与一些项目的研究，获得一些项目和支持资金。但总体上，都是以政府拨付和支持为主。

哈德利气候变化研究中心由英国环境、食品和农村事务部、国防部和能源和气候变化部共同资助，其主要为英国政府提供气候变化相关的深入信息。波茨坦气候变化研究所是莱布尼茨协会成员，其经费主要来自德国联邦政府和勃兰登堡州政府，这两个机构出资额度基本相同。2009 年，研究所获得 860 万欧元的机构资金，并从德国联邦政府的经济刺激计划和欧洲区域发展基金中获得 210 万欧元的资助。此外，研究所还从外部项目中获得 740 万欧元的研究经费支持，来源包括欧盟和其他国际组织、基金会、企业。东西方研究中心设立董事会主席职务，任期 5 年，主要职责是实现中心中长期的财政稳定。其他国际知名的气候变化智库如美国国家海洋和大气管理局、日本国立环境研究所等，项目和资金也都主要来自于政府的财政拨付。而这些机构均以地球模型、气候模型、政策研究、政策决定等政治导向或是需要长期研究的方向作为主要研究方向，从而使得机构的研究深度大大超过短期的、应用的研究，并使得研究工作具有稳定性、战略性，能够为政府、国际组织提供长远的、有价值的研究成果。

4. 广泛的国内国际合作，提高科研水平

科学应对气候变化问题是一项十分复杂的系统工程，需要成千上万的人员、机构共同努力才能达到预期目的，大量事实证明仅仅依靠任何一个机构都无法对气候变化相关领域进行全面深入的研究。因此，广泛而深入地开展国内国际合作研究是很有必要的。

美国国家海洋和大气管理局不仅自身下设了众多实验室和研究中心，还与其他联邦部门和众多科研机构都有合作关系。它十分善于利用多种机制与其他政府机构和相关科学团体开展合作研究活动，其合作的范围涵盖了它的大多数研究领域。这种合作关系既提高了美国国家海洋和大气管理局的研究能力，也在向美国国会和民众提供准确、及时的环境评估和预测方面发挥了关键作用。同时，合作研究所还承担着教育和培训下一代海洋和大气方面研究人才的任务。美国国家海洋和大气管理局与合作伙伴的许多合作协议均提供了正式的学生奖学金发起文件。斯德哥尔摩环境研究所在全球设有六个分部共同开展研究。哈德利气候变化研究中心在国内与英国自然环境研究理事会联合研究，以保证英国能够维持并强化其在气候科学领域的领先地位；在国外则与欧盟66家单位合作开展长达5年的气候变化研究项目，还与俄罗斯开展为期3年的气候变化战略合作项目，为相关政策制定提供决策支持。东西方研究中心早在1979年就联合澳大利亚、加拿大、中国、印度、日本、马来西亚、菲律宾、韩国和美国等亚太地区主要国家开展能源与环境问题合作研究；1989年又与阿贡国家实验室合作在夏威夷举办了全球气候变化大会，开始在国际层面制定相关政策，以应对全球气候变化的挑战。

2.5　重点案例的详细剖析——哈德利气候变化研究中心

2.5.1　哈德利气候变化研究中心概况

英国哈德利气候变化研究中心隶属英国气象局，是英国最权威、最具影响力的气候变化智库之一。哈德利气候变化研究中心以乔治·哈德利名字命名，位于埃克塞特英国气象局总部。在哈德利气候变化研究中心成立之前，英国气象局就有分支机构从事气候变化方面的研究。

哈德利气候变化研究中心的成立有着现实需求。1988年，气候变化部长级会议在加拿大召开。同年11月，IPCC第一次会议在日内瓦召开。世界各地的代表们同意开展国际性气候变化科学、气候变化影响以及政策选择的评估。在此背景下，1988年12月英国政府宣布将致力于扩大其在气候变化领域的国际影响力，并为提供气候变化有关信息而支持开展适当的研究。1989年11月，英国气象局宣布成立哈德利气候预测与研究中心。1990年，经时任英国首相撒切尔夫人批准，哈德利气候变化研究中心成立。

哈德利气候变化研究中心为气候变化科学提供世界一流的指导，并主要为英国政府提供气候变化相关科学问题的决策依据。其主要目标有：深入理解气候变化系统内物理、化学和生物过程，并开发前沿的气候变化模型来模拟这种过程；利用气候模型来模拟过去100年内全球和区域气候的变化，并预测未来100年的变化；监测全球和国家气候变化；研究具体某种因素对近期气候变化的影响；为预测气候变化，研究自然的不同时期的气候变化情况。

2.5.2 哈德利气候变化研究中心重点研究领域和研究特色

气候变化预测是哈德利气候变化研究中心的科学家和研究人员的一项重要科研任务。他们开发了基于计算机的气候模型，来预测未来气候变化情景以及数个世纪的气候演变情况。哈德利气候变化研究中心的预测模型主要基于温室气体排放的情景，比如二氧化碳排放量。同时还考虑了不同的社会经济发展情景。哈德利气候变化研究中心所使用的气候变化预测模型能够从三维角度详细描述气候系统，包括海洋和冰川的三维系统、交互的碳循环模型、交互的大气化学模型、以及将这些模型和系统耦合而成的地球系统模型。

气候变化监测和预警是哈德利气候变化研究中心的另外一项重要的任务。中心监测着全球气候变化的一些指标和变量，用来开展全球气候变化预警和气候模拟，同时也为气候变化的成因提供数据基础。这些数据在IPCC评估报告、《斯特恩报告》以及其他研究项目中得到广泛应用。哈德利气候变化研究中心的气候变化数据可供学术界和个人免费使用。

哈德利气候变化研究中心在气候变化领域开展了大量科学研究，具有代表性的项目有以下几种：

1. 集成项目（Ensembles）

集成项目是欧洲66家单位合作长达5年的气候变化研究项目。项目由英国气象局牵头，受欧盟委员会资助，主要研究气候变化对欧洲整体的潜在影响。项目包括气候预测系统，气候变化影响评估系统，气候变化的物理、化学、生态以及人类行为的耦合系统。

2. 英俄气候变化合作项目

在英国外交部的资助下，英国和俄罗斯就气候变化开展了一项为期3年的战略合作项目。该项目的主要目的是推动低碳全球经济增长模型的发展，加强英俄两国在气候变化领域的相关合作。该项目的主要内容包括双方气候变化科学研究的回顾、气候变化科学和政策制定之间的关联、双方机构建立气候变化合作关系等。

3. 天气和气候联合研究项目（JWCRP）

天气和气候联合研究项目是英国气象局和英国自然环境研究理事会之间

的联合项目。项目目标是保证英国能够维持并强化其在气候科学领域的领先地位，比如天气预报、气候预测和为相关政策制定提供决策支持等。

4. PRECIS 项目

PRECIS 系统是基于哈德利气候变化研究中心的区域气候模拟系统，用来产生世界各区域的详细的气候变化信息。这些信息可用于不同区域气候变化情景下脆弱性以及适应能力的研究。

2.5.3 哈德利气候变化研究中心研究成果

哈德利气候变化研究中心是世界上气候变化研究领域最领先的中心之一，其科学家发表了大量同行评议的文章，参与了多个气候变化报告的撰写，包括 IPCC 的评估报告。其气候预测结果是 IPCC 评估报告和《斯特恩报告》的数据基础。2007 年，英国环境、食物和农村事务部以及国防部委托的独立审查委员会指出，“英国气象局哈德利气候变化研究中心在世界气候变化的研究及将气候科学转化为政策建议的领域占据了巅峰地位”。

哈德利气候变化研究中心的代表成果是其开发的气候模型，称为全球气候模型，可用于世界各地的气候变化研究。此外，该研究中心还为不同用户提供了大量气候变化影响的咨询服务，对 20 世纪气候变化成因的研究具有卓越贡献。哈德利气候变化研究中心是英国气候变化预测报告的主要完成单位，为英国政府气候变化政策的制定提供大量依据。

2.5.4 哈德利气候变化研究中心研究人员

英国气象办公室雇用逾 1 500 名员工，大约有 200 多人从事气候研究工作。目前中心主任为 John Mitchell 教授，首席科学家为 Julia Slingo 教授。

2.5.5 哈德利气候变化研究中心项目来源和经费来源

哈德利气候变化研究中心资金大部分来自英国环境食品和农村事务部以及英国政府其他部门和欧盟委员会。该研究中心由英国环境食品和农村事务部、国防部和能源和气候变化部共同资助，主要为英国政府提供气候变化相关的深入信息。

2.5.6 哈德利气候变化研究中心组织结构和运行管理体制

哈德利气候变化研究中心设有主任和副主任以及首席科学家，下设气候变化顾问等 9 个具体部门。其组织结构图如图 2-1 所示。

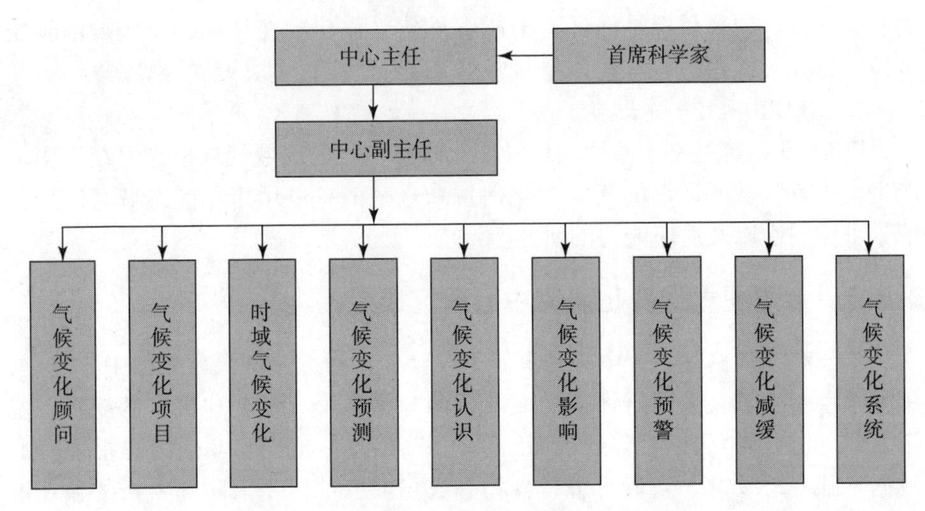

图 2－1 哈德利气候变化研究中心组织机构图

2.5.7 哈德利气候变化研究中心影响气候谈判的案例和经验

哈德利气候变化研究中心多名研究人员参与 IPCC 评估报告的撰写和气候变化模型的开发。自 20 世纪 90 年代以来，IPCC 评估报告的很多数据来自于该研究中心的监测和模型数据。

2.5.8 哈德利气候变化研究中心的发展经验

哈德利气候变化研究中心是一个学术性很强的气候变化智库，隶属于英国气象局。其开发的气候变化模型为 IPCC 报告以及其他有影响力报告的撰写提供了重要的数据支撑，从而使之成为国际知名的气候变化智库。这对我国建立一个专业性很强的气候变化智库具有参考意义。

首先，哈德利气候变化研究中心隶属于英国气象局，属于政府下属单位，直接为政府政策制定提供决策支持。

其次，哈德利气候变化研究中心主要资金来源于英国环境食物和农村事务部、国防部、能源与气候变化部等英国政府其他部门以及欧盟。这需要政府资金有充裕的保障。

最后，哈德利气候变化研究中心开发的模型不仅为英国气候变化政策的制定提供了重要的决策支持，还为 IPCC 以及其他重要的气候变化相关报告提供了支撑。在 IPCC 综合报告的撰稿人核心团队中，有 4 名来自于该研究中心。

从哈德利气候变化研究中心的特点可以看出，建立一个政府设立型气候变化智库有助于开展高水平的气候变化科学研究，并为国家制定相关政策提供决策支持。

2.6　对中国建立政府设立型气候变化智库的启示

2.6.1　政府设立型气候变化智库着眼于国家应对气候变化重大战略需求

政府设立型气候变化智库通常是着眼于国家经济、社会、环境的重大战略需求，以维护国家利益和国家安全为研究目的，围绕气候变化关键科学问题展开基础研究和相关关键技术开发，跟踪分析国内外应对气候变化政策的发展动向，参与本国气候变化政策的谋划与制定工作，并积极为政府应对气候变化提供决策支持的研究组织。

该类型智库通常是由国家出资筹建，属国家所有，并且大都行政上独立存在，经济上独立核算，运行经费大部分来自国家预算拨款、国家科技基金等。

拟建智库需要国家的长期大力投入，应避免急功近利。其总体功能定位如下：

（1）结合当今应对气候变化的科学发展，突出学科交叉和综合研究的特点，以应对气候变化关键科学问题研究和关键科学技术研发为基础，以全球气候变化综合观测数据平台为支撑，以人类活动与全球气候变化的相互影响机制为纽带，以全球气候变化经济学为重点突破方向，结合我国国民经济和社会发展应对气候变化的要求，增强全球及区域性应对气候与环境变化的预测能力，以服务国民经济健康发展为目标，开展应对气候变化系统科学的集成研究，建设成为具有国际水准的科学研究中心和创新人才培养基地。

（2）提升我国在气候变化研究领域的话语权和影响力，树立我国在国际气候变化研究领域的权威地位，冲破发达资本主义国家在气候变化方面的话语权垄断，探索出更符合亚洲区域利益、更适合发展中国家经济社会可持续发展的气候改善模式和道路，维护我国的国家利益。

2.6.2　政府设立型气候变化智库在国家应对气候变化领域中居主导位置

综观世界各国成立的气候变化智库，政府设立型气候变化智库是必不可少的，其最大的优点是资金及科研力量雄厚。由于其在运营管理上得到政府的大力支持，故在研究过程中能够放眼于长远，从事与国家利益相关的长期、大型的项目。

世界各国目前代表性的政府设立型气候变化智库主要有：英国哈德利气候变化研究中心、德国波茨坦气候变化研究所、瑞典斯德哥尔摩环境研究所、美国国家海洋和大气管理局、美国东西方研究中心、日本国立环境研究所等。这些政府设立型气候变化智库一般在各自国家甚至全球应对气候变化的基础研究、技术研发、国际谈判等诸多领域中居于主导位置，发挥着不可替代的作用。

一直以来，化石燃料的使用带来大量的 CO_2、SO_2、NO_X气体以及其他污染物，导致了严重的环境污染；同时，由于化石燃料的不可再生性和储量的有限性，人类面临严重的能源危机。

近年来，我国通过加大技术进步和强化能源管理，能源利用效率得到大幅提高，但实现的成果却被工业结构重型化抵消。随着气候不稳定性的不断增强，由此引发的气候灾害对我国经济、社会造成的损失日益严峻。同时，西方国家利用其在气候变化方面的研究成果和其在国际气候谈判和国际气候政策制定方面的话语权和影响力，不断在全球气候变暖等问题上向我国施加压力，这对我国工业化方式带来了严峻挑战。

2014 年，中美两国发布《中美气候变化联合声明》。中国计划 2030 年左右二氧化碳排放达到峰值且将努力早日达峰，并计划到 2030 年非化石能源占一次能源消费比重提高到 20% 左右。但我国产业结构的重型化格局仍在强化，从工业内部结构看，高耗能工业的增速明显高于工业平均增速。

在这种背景下，成立一个政府设立型气候变化智库，借助于政府雄厚的资金实力，广泛开展与气候变化领域的高层次国际组织的合作研究，长期致力于我国国家利益和全球气候模拟、预测、评估与改善，加强我国在国际气候谈判和气候政策热点话题方面的研究以及全球应对气候变化的实务工作。为解决国际气候变化谈判难题提供方案，增强我国在国际气候谈判中的话语权和影响力，这不仅非常必要，而且具有十分重要的战略意义。

由于我国目前还缺乏一个全国性、高层次、统一的政府设立型气候变化智库，从而导致我国应对气候变化的研究能力和研究成果，尚不能很好地满足国家开展应对气候变化工作和参与国际气候变化谈判的需求。

我国应对气候变化的基础研究还比较薄弱。由于没有一个高层次的政府设立型气候变化智库的统一协调，我国应对气候变化的研究力量分散，研究成果难以得到很好的整合。目前我国无论是对气候变化不利影响的脆弱性评估，还是在减排行动的社会经济成本的判断上都存在能力方面的局限性。我国的智库和研究人员不能很好地给予气候变化谈判者和政府决策者强有力的研究支持，决策和谈判人员也缺乏谈判经验。总体上讲，我国在气候谈判中还倾向于采用被动防御的外交策略，在气候谈判中还未能处于主体支配地位。同时，由于缺乏这样一个智库的推动，我国目前还缺乏应对气候变化的中长期整体规划以及法律法规保障。

中国气候政策的主要决策者是跨十几个部门的国家气候变化对策协调小组。中国气候变化谈判代表团由国家发展和改革委员会与外交部牵头，代表团成员主要来自国家气候变化协调小组的成员单位，同时吸收了少数学术机构的学者直接参与。但是由于缺乏一个政府应对气候变化智库对相关各领域研究学者的广泛召集，以及对其研究成果的整合集成，使得应对气候变化工作的研究性、学术性还存在不足，气候变化问题的研究还没有成为政策优先领域，因此目前我国政府仍将气候变化更多地视为外交问题。我国对支撑气候谈判的科学研究的重视程度，亟待通过建立一个政府设立型的高层次、统一的研究与协调机构来进行提升。

政府间气候变化专门委员会（IPCC）目前已经推出的五次气候变化评估报告，为气候变化提供了越来越多的科学研究依据，报告的主要结论也在气候变化谈判中发挥越来越重要的作用，各方争夺 IPCC 话语权的斗争也越来越明显。凭借气候科学研究中的领先地位，一些西方发达国家一直试图主导 IPCC 评估报告的内容，进而控制气候谈判的进程和走向，而我国在 IPCC 评估报告中的贡献还相对不足。我国缺少一个政府设立的气候变化智库，不能很好地推动中国学者和智库深度介入国际合作研究，是造成这个现象的重要原因之一。

2.6.3 政府设立型气候变化智库采取理事会管理体制

2.6.3.1 政府设立型气候变化智库采取主任负责制、首席科学家责任制和监事会监督制

根据我国的国情，借鉴发达国家的经验，综合我国社会管理体制的特点要求，体现为国家应对气候变化战略目标提供管理决策支持的功能定位，对拟建智库的管理体制和组织架构设计提出以下设想与建议：

1. 采取理事会领导下的智库主任负责制、首席科学家责任制和监事会监督制管理体制

拟建智库的管理体系由理事会及其下设的统筹协调管理部门组成。理事会是智库的最高决策机构，受国家科技部的直接领导，理事会成员由科技部、国家发展和改革委员会、教育部、环境保护部、国家气象局、中国科学院等

多个国家部委单位组成。智库实行理事会领导下的智库主任负责制和首席科学家责任制，首席科学家领导项目团队开展具体研究。监事会公正履行理事会赋予的监督职责，对智库的业务与管理工作进行全面的检查和监督。

理事会是智库的决策机构，应由科技部主管部门、相关国家部委、智库机构本身、外聘专家、相关科研基金管理机构以及研究成果的用户单位，如应对气候变化政策制定相关决策机构、直接参与国际气候谈判的相关部门等成员组成。理事会中包含主管部门的代表，一方面便于协调各种关系和资源；另一方面能够体现国家政府的意志，把智库的发展纳入经济社会发展整体规划中，纳入国家应对气候变化的整体规划中，实现整体的最优资源配置，发挥最大的社会经济效益，为科学应对气候变化和支撑气候谈判发挥直接作用。理事会作为权力机构的主要职责是：审定智库的发展规划、年度工作计划，审定智库的规章制度和资源分配制度，审定智库的年度资金预算和决算并监督执行，确定智库主任和首席科学家的任免事宜，审议智库的任务完成情况等。

智库主任负责制是指智库主任履行日常管理职能。其主要职责包括：贯彻执行理事会决议，定期向理事会报告工作，提出需要理事会讨论的重大问题和解决方案，领导智库的各项工作，负责解决智库运行过程中的重大问题，协调各分智库的主任任免和科研人员的聘用，定期组织人员绩效测评，整体规划研究经费的筹集，提出研究经费使用方案，检查和监督科研计划的执行情况，确保研究成果的质量和研究的按期完成，负责研究资源的购置和调配使用，建设和维护智库的组织文化氛围，临时处理应由理事会决策的紧急问题等。

首席科学家负责制是首席科学家负责指挥智库的日常科研工作，并对智库全部科研工作负责的制度。首席科学家的任职资格应包括：在职研究员、教授、教授级高级工程师，在气候变化研究相关领域具有很高的声望和显著的学术成就，有丰富的科研工作经验和管理经验，具备较强的问题解决能力、组织和协调能力，学风正派、办事公正。首席科学家的遴选应由科技部主管部门直接提名，组织同行专家评议，由智库理事会讨论决定聘任。首席科学家的主要职责有：对智库的科研工作负责，协助智库主任完成科研管理工作，根据国家科技应对气候变化的研究需求和科技支撑气候谈判的具体任务，提出智库的研究方向，确定研究内容，制订研究工作计划和技术路线，对研究进度和研究成果的水平、质量和创新负责，组织各分智库对关键研究进行攻关，协调各环节研究工作，对研究计划的事实负责，建立健全科研管理责任制，制定和执行科研管理规章制度，建立规范的科研工作秩序，制定执行贯彻国家科技政策和上级有关研究工作的指示，选择和协调智库的研究人员，组织学习交流和研讨，培养科研骨干和带头人才，对科研经费的合理使用负责等。

监事会是公正履行理事会赋予的监督职责的常设机构。其主要职责是：对智库的业务与管理工作进行全面检查和监督，随时了解科研计划执行情况和财务状况；定期向理事会报告，智库向理事会提交工作报告的主要事实应由监事会事先核查并签署意见；监事会有权建议召开理事会，提出应予讨论的重大问题，监事会应列席智库的理事会。

2. 采用顶层智库负责统筹协调和宏观管理，基于现有研究机构挂牌成立分智库的形式，组建政府设立型气候变化智库

国家科技部主管部门是智库的直接领导，理事会在科技部领导下对智库的建设和发展进行总体规划，统筹智库的建设和管理工作。智库拟采取基于现有气候变化研究相关科研院所、实验室、研究中心等机构，整合资源，以挂牌方式成立并以分智库为主、建立新设智库为辅的方式进行组织构建。作为分智库的各科研机构受拟建智库理事会和智库主任，以及各自原依托单位的共同领导，理事会和智库主任统筹各分智库的发展规划，负责研究课题的设置和研究任务下达、科研经费和研究资源的分配、研究成果的审核和发布、统筹协调智库内部各分智库的工作、推动国际合作等工作，依托单位实施各分智库的具体建设运行管理，为分智库在创新研究目标和内部管理、创新研究文化氛围等方面的自主探索提供支持和基础条件，为分智库提供必要的后勤保障及配套条件，负责推荐分智库主任以及学术委员会主任，聘任学术委员会和管理委员会的成员，配合拟建智库理事会、智库主任、首席科学家和监事会完成各项科研任务。另外，拟建智库也应根据开展科学研究和政策研究的实际情况，围绕科技应对气候变化、科技支撑气候谈判的需求，新成立一些针对性强的研究部门，面向应对气候变化领域的新问题、气候变化谈判的新需求，开展科研工作。

智库的设立要在自愿的基础上，由科技部主管部门联合现有相关科研单位及其依托单位共同组建，成立由科技部等相关国家部委和拟挂牌各分智库的研究人员组成的理事会，在各分智库挂牌成立和组建智库时，应该采取鼓励联合、适度竞争的方式选择分智库的依托单位，使各分智库在有实力完成委托课题的基础上，鼓励分智库开展应对气候变化相关的自主设立课题的研究工作，充分利用各分智库的研究条件，发挥各分智库的优势和积极性，形成研究簇群的网络合作式研究体系，促进气候变化研究成果和相关信息共享。

3. 基于分布式研究簇群网络合作的模式选取和构建各分智库，并建立完善的信息采集与反馈机制

我国国土面积约960万平方公里，地域广袤，气候特征多样。因此，我国气候变化智库的物理结构可以参考斯德哥尔摩环境研究所，根据我国气候特征大致分为西北干旱区、东部季风区、南部季风区、青藏高原区等的特点，在相应区域选取合适的既有研究机构，挂牌成立各分智库，基于各分智库已有的研究基础条件，收集气候变化信息，开展针对不同地域特征下的应对气候变化的具体研究，根据各区域的特点通过网络进行研究任务的分配和研究成果的整合，为政府制定气候变化应对政策和对外谈判提供决策信息支持。

4. 智库及其分智库采取职能型与项目式相结合的组织结构

智库的管理体系由理事会及其下设机构组成。智库在理事会之下设立一名智库主任和若干名副主任（行政副主任、学术副主任等），负责开展智库统筹协调和日常管理工作。在职能型组织架构部分，智库下设科研管理、交流合作、教育培训、行政管理、财务管理、人事管理等管理、协调、服务、辅助部门。在项目式组织架构部分，基于各分智库的科研部门构建矩阵式科研项目小组，具体开展应对气候变化科学和政策研究工作。

智库的组织结构如图2－2所示。

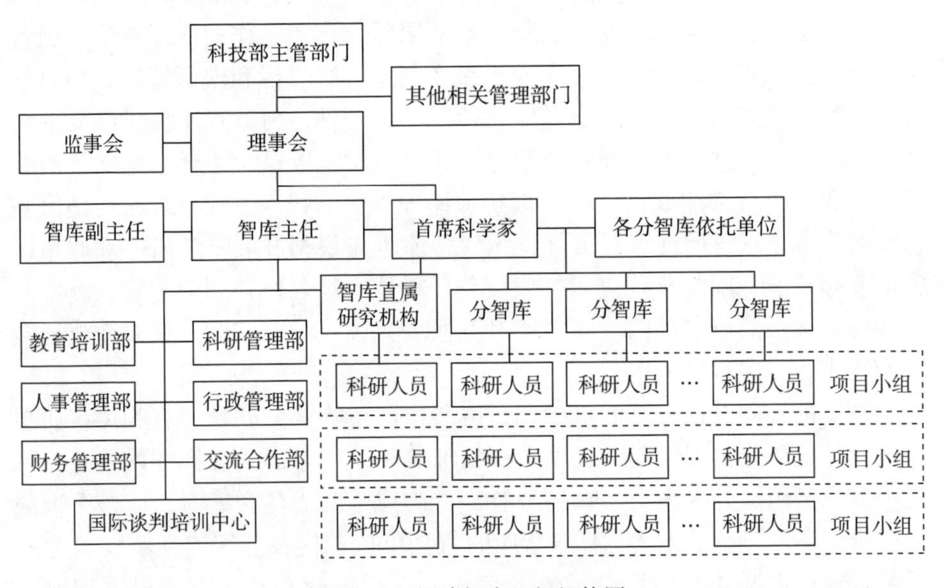

图2－2　拟建智库组织机构图

智库的科研管理部是在智库主任领导下的管理部门，负责统筹协调智库各研究机构、各分智库的科研管理职能机构。科研管理部负责制定智库的科

技政策，统筹负责智库所有科研项目的管理，扩展科技信息渠道，组织科技项目的申报；负责组织日常科研业务的开展和合作项目的实施管理，科技成果的鉴定和成果奖励的申报；负责智库直属研究机构的科研设备和实验室管理协调；负责建立科研管理规章制度；负责科研管理工作中的各类相关文件的收发、保管、存档和各类信息的统计、汇总、上报。

智库的行政管理部协助智库主任对有关工作进行综合协调和督办：承担智库行政及公共事务的管理和服务工作；承担智库的公文审核、印刷和分发工作；承担智库文书档案等内容的管理工作；承担智库办公会议、各分智库联合办公会议的会务组织、会议纪要撰写等工作；负责智库的固定资产管理工作，承担采购任务；负责智库的安全保卫工作；承担基建的协调和物业管理工作。

智库的人事管理部是负责人力资源管理的职能机构，主要负责智库组织机构和岗位的设置及调整，人员规划的编制、人才队伍的建设和人事制度的完善；负责科研人才和管理人员的招聘选拔和引进、人员聘用的相关管理工作；承担智库固定人员的日常管理工作；负责人员考核、定级、技术职称聘任工作；负责智库人员的工资福利、社会保险的相关管理工作；负责访问学者、交流人员的交流管理和临时人员的聘用管理工作。

智库内设立交流合作部，以便内外沟通与多元合作。与政府决策部门合作，在帮助决策者制定相应政策的同时，也为相关研究明确了方向。与企业合作的同时，一方面，企业可以提供更多项目；另一方面，企业作为应对气候变化的行动主体，在应对气候变化的实际过程中遇到的问题和困难也给相关研究带来新的思路和视野。与基层研究机构、研究人员合作，以了解当地的气候特点及气候需求，对症下药。同高校及国内外科研机构合作，既有利于研究方法和研究技术的进步与更新，也有利于专业研究人才的培养。

智库还应包含教育培训部，以实现学研结合，培养专业化人才，从而实现研究的专业化和可持续化。在设立教育培训部门时可借鉴国际相关机构做法，设立硕士生、博士生培养项目或与高校等单位建立教育联盟，举多方之力培养专业化人才，为智库的后续发展储备力量。另外，可在智库下设立专门的国际谈判培训中心，为参与国际气候谈判的人员提供培训服务。

2.6.3.2 政府设立型气候变化智库坚持中国特色运行机制

我国是一个以公有制为主体的社会主义国家，因此既要借鉴国际上知名智库的优点，又必须结合我国自身国情和机构运行方式，坚持自身特点。

1. 建立高效的集体领导和磋商机制

确保领导管理层人员组成的多元性，是保证智库前沿性，以及智库有机、有效运行的必要条件。智库成立理事会，其成员不仅包括科技部主管部门和相关国家部委，还应包括智库本身及其分智库科研管理人员，以及外聘专家、相关科研基金管理机构人员、用户单位人员等。理事会对智库实行共同领导。

在领导成员的背景选择上，可以采用国际惯例，设置国际知名研究机构、国际知名气候变化支持基金的重量级人物席位，以方便与国际先进科研课题、科研经验以及科研成果同步，同时扩大我国智库在世界的知名度。在领导成员选择上，宜聘请在该领域内具有资深背景的政府官员作为智库主任，国内知名专家、政策研究人员和熟悉国际谈判规则的政府官员作为智库副主任，智库主任和副主任负责日常工作运行，并定期开展协商会议进行磋商。

2. 建立多渠道的研究资金筹措机制

气候变化的研究是一个长期性、基础性的工作，不能急功近利，需要国家长期投入。稳定雄厚的资金来源是保证研究所开展科学研究、贯彻政府方略和维持组织运行的必要条件。

因此对于我国政府设立的气候变化智库，应该在科学预决算体系的前提下由政府财政提供强大的资金支持（如国家气候变化专项基金）。在此基础上，加强与国际和国内主流基金的合作，建立多元化的资金筹措机制，确保资金来源充足。同时智库的经费应该将国家直接的财政拨款和申请的项目基金相结合。鼓励分智库开展应对气候变化相关的自主设立课题的研究工作，各分智库可以自行申请相关自然科学或社会科学基金、973 和 863 项目课题。这样既能保证智库的有效运行，也能吸引海内外各个学科的人才和培养国内新一代储备人才，进而对智库的人员起到激励作用，为智库的可持续发展奠定基础。

在充分发挥政府作为气候变化科技投入主渠道的作用，加强国家各科技计划对气候变化科学研究和技术开发的支持力度，引导各部门、行业和地方加大对气候变化科技工作投入的同时，智库可以多渠道、多层次向社会筹集资金，增加对气候变化科技的投入。充分发挥企业作为技术创新主体的作用，引导企业加大对气候变化相关技术研发的投入；积极利用金融及资本市场，将科技风险投资引入气候变化领域；积极鼓励国内社会各界为气候变化科技工作提供资金支持；积极拓展国际资金渠道，充分利用国际条约的资金机制。

逐步建立起捐赠筹资机制，通过聘请具有特定社会影响力的知名人士专门负责开展捐赠筹资活动，依靠他们的社会影响力筹集捐赠资金。此外，政府可以通过税收优惠和减免来鼓励社会各界对智库进行捐赠。

为保障经费的合理使用，必须建立严格、完善的财务制度，通过智库的监事会加强对科研经费的预算决算监督管理，建立项目资金专款专用制度，提高资金的使用效益。

3. 开展广泛的学术交流，以建立开放协同的项目合作机制

广泛的学术交流是促进研究所科学研究和服务能力的重要途径。为此，需要建立开放式、动态性的学术交流机制，加强与国际国内各级政府、学校、科研机构、企业链条的深度交流，及时了解国际气候变化研究的最新趋势和政策，把握气候变化谈判的国际规则和动态。与此同时，需要积极开展与国际国内同行、主流基金、主流机构以及各类企业的项目合作，及时反映政府和企业的需求，为国内各类研究机构输送新颖的研究方法和运作模式，提供权威的数据和信息，从而提高国内各类研究机构的科研能力和国际影响力，和它们培养长期的、良性的合作关系。

4. 完善绩效评估体系，以建立科学的考核和激励机制

应对气候变化研究是一项长期而艰巨的任务。一方面要吸引全球气候领域的优秀人才，保持研究队伍相对稳定；另一方面是任务繁重，资金紧张，压力巨大。为此，智库人事制度必须打破常规，实行灵活、有效的聘任制（如“双轨制”可以实现人才共享，或以学术假期交流方式吸引更多国际人才的加盟等），加大气候变化领域海外优秀人才和智力的引进力度，建立和完善人才引进的优惠政策、激励机制和评价体系；完善人才、智力、项目相结合的柔性引进机制，鼓励采取咨询、讲学、技术合作等灵活方式引进海外优秀人才。定期进行绩效考核，科学设置人员绩效考核指标，对研究人员、行政人员采取分类考核，运用因子分析法对科研成果进行综合评估，并按照贡献率大小对工作人员进行相应奖惩。

2.6.3.3　政府设立型气候变化智库成员多元化、国际化和专家化

1. 智库领导层由科技部政府官员或具有官员背景的资深领域专家出任

智库接受科技部主管部门的直接领导，在智库的理事会和领导层中安排来自于政府的官员，使智库与政府沟通顺畅，保证智库的研究方向与我国长期战略、政策研究需求一致。同时，气候变化研究相关部门的政府官员对该领域的政策法规以及研究进展相对熟悉，有利于科研方向与方法的双重把握。理事会成员在15人左右，设一名理事长，理事长一般由科技部部长或副部长担任，智库主任（副主任）应由相关部门政府官员或具有行政背景的该领域资深专家出任。

2. 理事会成员的多元化、国际化和专家化

理事会成员除包含科技部主管部门、相关国家部委、智库机构本身及其分智库、外聘专家、相关的科研基金管理机构的人员外，还应包括熟悉相关

领域、能够提供技术支持的各级政府、企业、高校、科研院所的相关专家，实现人员的专家化、多元化。另外还应覆盖研究成果的用户单位，如应对气候变化政策制定的相关决策机构、直接参与国际气候谈判的相关部门的成员。在理事会中设置国际知名研究机构、国际知名气候变化支持基金的重量级人物席位，以方便与国际先进科研课题、科研经验以及科研成果同步，从而扩大我国智库在世界的知名度。

3. 组建以专家化和多元化为特征的研究人员队伍

研究人员应广泛来自于各学科领域，具有多元化的学科背景，包括基础研究学科（物理、化学、生物等）、气候变化相关研究学科（气象、大气科学、生态环境、地理信息等）、应用技术研究学科（通信电子类、遥感应用、计算机及应用、统计分析等）以及经济管理等领域的专家学者，形成交叉性、综合性的研究团队。

4. 构建开放的管理和通畅的科研人员交流机制

原则上智库应对国内外开放，建立开放的管理思想和管理制度，在不侵犯国家应对气候变化研究成果版权和不损害国家气候谈判的利益前提下，尽可能开放智库和各分智库的科学研究设施和条件，以及各类研究成果和信息数据。

智库可以设立开放合作基金和开放课题，定期向国内外公开发布研究课题指南，建立合作研究关系，共享研究成果和知识产权。在合作研究的基础上，智库建立固定人员有序的流进和流出机制，充实研究队伍，保持研究的活力，同时逐步扩大流动研究人员的数量，促进学科的交流与发展。另外还应扩大人员交流规模，以交流访问的形式引进国际组织和国外研究机构的学者，同时派遣智库国内学者赴外进入相关合作组织机构，开展长期联合研究。

2.6.3.4 政府设立型气候变化智库建立形式丰富的成果发布方式

拟建智库要建立健全形式丰富的成果发布方式，以向政府递交研究报告、公开出版发行各类报告、专著、论文为主，同时通过各种媒体进行宣传，以及举办国际和区域会议或研讨等。

1. 报告提交和公开出版

智库的研究成果发布以向政府或相关部门提交研究报告的形式为主，也可以发布于各类权威的出版物，包括期刊、政策报告、会议报告、工作报告、论文集、年报、专著、信息简报等。此外，还可以在有一定学术影响力的国际知名期刊和会议论文集中发表论文。

2. 网络、电视、报纸等媒体宣传

智库可以建立自己的信息发布网站，将网站作为平台以发布各智库的研究成果，实现信息的交流与共享。一些研究成果还可以通过网络视频、网络论坛等快捷方式发布。智库还可以在自己以及与其合作的其他研究机构的出版物上发表研究成果。

3. 举办区域/国际会议、论坛或研讨会

智库可以通过举办区域/国际会议、论坛或研讨会等形式来展示自己的研究成果。利用国际会议和论坛，扩大研究成果的宣传力度，提升智库的影响力。

4. 利用合作机构平台发布研究成果

智库应该尽可能利用合作的国际组织和国外研究机构平台，发布智库研究成果，以扩大宣传面，提升话语权。

2.6.4 政府设立型气候变化智库服务国家发展战略以及经济社会发展

2.6.4.1 政府设立型气候变化智库的工作重点

1. 达到世界一流研发与管理水平，以更好地服务国家发展战略

政府设立型气候变化智库的主要任务是跟踪并分析国内外应对气候变化的科技与政策发展动向，并积极参与其规划制定工作。该气候变化智库应当具有国际视野和世界一流研发与管理水平，有能力通过研究，为国家乃至国际相关组织制定相关政策提供高水平的决策支持，在国际组织中争取更大的话语权和影响力，以提升我国在应对气候变化研究与应用领域的国际地位，冲破西方发达国家在气候变化应对方面的话语权垄断，探索符合亚洲地区利益和发展中国家经济社会可持续发展的气候改善模式和道路，切实维护我国的根本利益。

2. 开展学科交叉与综合集成的研究，以服务经济社会发展

智库注重应对气候变化的科学研究和实务工作，突出学科交叉和综合研究的特点，以应对气候变化关键科学问题研究和关键科学技术研发为基础，具备建立核心模型和坚实数据基础的建设能力；具备较高的预测能力、反应能力和长期积累能力，能够及时预报气候灾害，及时应对各种突发性的气候变化，探索出减缓气候恶化的有效途径，为我国政府及各地方政府制定相关政策提供强有力的支持和依据，逐渐实现气候效益与经济、社会效益的整合，使经济与社会的发展真正步入健康、可持续的良性循环中。

3. 不断创新管理模式并构建长期合作关系

在运作模式方面，拟建智库应当打破传统科研管理模式，探索开放型、服务型、面向市场、面向全人类的科研管理模式，具体体现在：加强科研的

透明度；加强与国内外各级政府、学校、科研机构、企业等相关研究组织与实体的深度合作，及时了解政府和企业需求，有效地反馈信息与技术；重视与气候变化领域的高层次国际组织开展合作研究。以这种开放模式为依托，能够为国内各类研究机构提供前沿的研究方法和权威的数据与信息，从而提高国内各类研究机构的科研管理能力，并建立起相互间的长期合作关系。

4. 进行前瞻性研究并重视理论与实践的结合

注重气候变化与自身可持续发展研究相结合，重点进行环境污染问题及其治理的研究、气候和人类关系的研究；针对能源与环境战略、能源政策中的关键科学问题开展研究；推动能源经济、能源环境、能源政策与管理等学科的应用与发展；加强对气候变化适应能力的研究、气候变化对实体经济和生态环境的影响研究，包括气候变化的应对策略、国家安全、生态系统稳定等适应能力的建设研究。

2.6.4.2 政府设立型气候变化智库工作任务（课题）来源

由于政府设立的气候变化智库的主要资金来源于政府财政的支持，相应的工作任务和研究课题也主要来源于政府的委托，如科技部、国家发展和改革委员会、教育部、环境保护部、国家气象局等的科研课题任务。同时，智库也可以自行申请相关自然科学或社会科学基金、973 和 863 项目等课题。此外，智库还可以多渠道、多层次承担社会各界和企业委托的应对气候变化相关课题项目，以及国外研究机构、高校、企业的合作科研课题。

2.6.4.3 政府设立型气候变化智库参与（服务）气候谈判方式

拟建政府设立型气候变化智库在参与（服务）气候谈判方面应体现如下几个方面的特征：

1. 积极参与国际和区域合作计划

按照“以我为主、互利共赢、自主创新”的原则，积极参与气候变化领域国际和区域科学研究计划与技术开发计划，充分利用全球资源，分享国际前沿科技成果。

2. 进行富有前瞻性的问题研究

针对当前学术界对气候变化适应能力研究还处于探索阶段的特征，积极开展气候变化对实体经济和生态环境影响的研究，从气候变化的应对策略、国家安全、生态系统稳定等不同角度诠释气候变化的适应能力建设，争取在国际上形成较大影响。

3. 积极开展在国际气候谈判和气候政策方面的研究工作

积极参与全球应对气候变化的科学研究和实务工作，为解决国际气候变化谈判难题提供方案，从而提高自身影响力。积极开展在国际气候谈判和气候政策方面的研究工作，关注人类对气候变化的适应性、气候金融、滥伐森林、联合国气候变化框架公约、气候变化领域可测量可报告可查证、国际气候政策等相关问题。对于这些国际气候谈判热点话题的研究和可行解决方案的提供，将在一定程度上影响国际气候谈判和国际气候政策的制定，以增强我国在国际谈判中的话语权和影响力。

4. 开展与气候变化领域高层次国际组织的合作

重视与气候变化领域的高层次国际组织开展合作研究，以提高智库的知名度和影响力。积极开展与联合国环境规划署（UNEP）、世界野生动物基金（WWF）、世界银行、政府间气候变化专门委员会（IPCC）、美国能源部、加拿大国际发展署、国际发展研究中心等的合作研究，以提高研究水平，扩大自身影响；鼓励和支持智库人员到重要国际组织任职并竞争高级职位；适时举办重要的气候变化国际学术会议和专题研讨会，争取在重要的国际科学组织中建立分部；每年举办“气候变化与科技国际论坛”，促进国际应对气候变化的对话与交流；举办专利成果发布会，出版专刊/著作，向企业提供服务信息，开展并推动各种形式的环境与气候变化知识普及活动，及时进行成果的宣传、推广和应用，以进一步增强影响力。

2.6.4.4 政府设立型气候变化智库服务政府决策方式

1. 开展应对气候变化的公共政策研究

以公共政策研究为对象，通过运用政策分析工具以及严谨的科研方法，为政府、企业或者其他组织提供科学可行的政策建议，尤其是针对发展中国家的环境保护、经济发展问题的政策探讨。向公众、政府宣传自己的研究成果，增加公众对于公共政策问题的理解度和参与度，从而使学术研究成为促进社会发展的有力武器，为政府决策提供参考依据，扩大自身影响。

2. 研究重视理论与实践的结合，从而为政府部门决策服务

注重气候变化与自身可持续发展研究相结合，重点进行环境污染和治理的研究、气候变化和人类应对的研究、能源有效利用和循环利用的研究、新能源开发的研究等；在研究方法的选择上，注重理论联系实践，围绕具有政策意义的重大问题，结合自然科学和社会科学的方法和模型，开展多学科交叉研究，为有关政府部门提供决策服务。这也将成为我国政府设立型气候变化智库的研究特色。

2.6.5 政府设立型气候变化智库的支持保障体系及政策建议

2.6.5.1 政府设立型气候变化智库所需基础设施分析

智库的办公和研究场所可以通过租赁或者少量购买现有写字楼的方式实

现。另外，行政办公场所应设立在现有相关政府部门或相关研究院所。科学研究和实验场所可以采取分散分布的方式，通过租赁高校或者科研单位的研究室实现。

智库设置初期，除研究所必需的新仪器设备、办公用品可以通过购买的方式获得外，其他硬件设施均可通过对现有的分布在各个单位的仪器设备以及其他科研资源进行整合而实现。通过建立合理的管理体制和高效运行机制，充分发挥现有的科研硬件资源作用，为拟建智库提供科研基础条件和信息平台。

2.6.5.2 政府设立型气候变化智库所需法律政策分析

拟建智库成立面临的挑战不仅来自于气候研究本身的复杂性和多学科交叉性，还来自于与科研相关的运行管理和合作协调方面的困难。为保障智库的顺利建设和运行，相关的政府法规政策支持必不可少。所需法律政策支持主要体现在以下三个方面：一是需要政府出台相关的鼓励和协调政策，引导相关政府部门和科研院所积极参与拟成立智库的工作，开展气候变化合作研究；二是需要政府出台法规，规范拟成立智库的组织结构和人员构成，以构建完善的领导机构、专家委员会、科研和管理部门，保证人员稳定，广泛吸引人才；三是需要政府出台相关规定，明确拟成立智库的主要经费来源和任务来源，建立智库长效工作的资金保障。

2.6.5.3 建立政府设立型气候变化智库的政策建议

（1）智库的建立应分步实施。考虑到当前国家在国际气候谈判中急需相关数据信息支持，由此智库建立的第一阶段应首先整合现有国内各类相关研究机构已有的研究团队和研究成果，尽快做到及时为气候谈判提供服务支持；在智库建立的第二阶段，再重点进行组织机构完善、人员扩充、研究领域拓展等工作，以加强应对气候变化的基础科学研究和政策研究的能力。

（2）政府应进行应对气候变化研究工作的宏观管理和政策引导，相关领域应考虑出台相关文件鼓励、统筹和协调气候变化研究合作，密切协调 973 计划、863 计划、国家科技支撑计划、科技基础条件平台建设计划、国际科技合作计划和国家自然科学基金等国家科技计划、基金和专项，以及科研院所、高校和企业相关的科技资源。

（3）通过相关法律法规的颁布，建立和完善气候专家委员会和专家工作组的跨学科型的长效工作机制，完善全球环境科技协调领导小组下专家委员会和专家工作组建设，充分发挥专家委员会对气候变化重大科技问题的决策咨询作用和专家工作组对具体科研工作的学术带头作用。

（4）通过政策倾斜和引导，多渠道、多层次增加科技投入，加大对智库的基础研究与技术开发的资金支持。在发挥政府作为气候变化科技投入主渠道作用的同时，利用优惠政策、相关法规引导各部门、行业和地方加大对气候变化科技工作的投入。

（5）建立和完善人才引进的优惠政策、激励机制和评价体系，吸引国内外研究组织、学者参与气候变化智库，特别是具有国际视野和能够引领学科发展的学术带头人和中青年人才加入智库。

（6）推进气候变化科技资源共享体系和机制建设，以保障智库成立过程中的基础设施和数据平台建设。把共享和整合作为重点，全面加强气候变化领域科学数据平台建设，以及大型科学仪器设备共享平台与机制建设。

（7）通过建立政府、媒体、企业与公众相结合的宣传机制，加强科学普及，提高公众的气候变化科学意识。有计划地开展政府引导、媒体宣传配合、企业及公众具体行动的气候变化宣传科普活动。

（8）加强与权威国际组织和知名的国外智库的交流合作，联合具有相同或类似利益诉求的国家共同应对气候变化智库开展研究，并联合发布维护中国核心利益、反映合作国家关切问题的国际化研究成果，从而提升中国在国际气候谈判中的话语权。

第三章

大学设立型气候变化智库的案例

3.1 大学设立型气候变化智库的主要特点概述

大学设立型气候变化智库是指依托于一所或多所著名大学，并借助于所依托高校优势学科的研究活动及成果，致力于对全球范围内气候变化的成因、影响、预测、减缓、适应等开展跨学科综合性研究的气候变化领域智库。

该类气候变化智库的主要特点包括以下几个方面：

(1) 依托高校资源，立足优势学科，在现有成果的基础上开展对气候变化领域的科学研究。该类气候变化智库在组织结构上隶属于一所或多所高校，这使得其在利用高校优势学科资源方面具有得天独厚的优势。格兰瑟姆气候变化研究所用以实现对海洋动态建模的帝国理工海洋模型（ICOM）便是由帝国理工大学首先开发并将该研究成功应用于各项研究活动并发挥重要作用的典型代表。

(2) 研究内容上致力于气候变化的综合性研究，并力争为区域或全球范围内的气候变化政策、应对措施、公众引导等方面提供支持。由于此类智库与高校的紧密联系，使得其更关注于对气候变化的科学性研究，并常常采用模型模拟预测的方式开展气候变化经济学研究等。剑桥大学气候变化减缓研究中心重点关注气候变化经济学和减缓战略研究，目标是开发和测试有效减缓气候变化过程中的措施、定义和政策；阐述和量化不同减缓战略导致的后果，并确保研究成果传播到适当的关键利益相关者，最大限度地提高对气候变化决策的信息支持。

(3) 研究方法上多侧重于定量研究，结合多学科交叉优势，通过开发具有世界影响力的气候变化模型等方式形成智库的核心优势。由剑桥大学气候变化减缓研究中心开发的全球能源－环境－经济模型（E3MG），用以探讨全球经济中能源与环境的相互依存关系，评价气候变化政策的短期和长期影响。该模型作为IPCC减缓模型中的中心模型，在国际上具有极高的影响力，并且在气候变化其他领域得到广泛应用。

（4）组织结构上以智库主任负责制为主，同时又以项目的形式组织科研人员开展研究工作。该类气候变化智库除了部分管理人员外，大部分研究人员来源于所依托学校的教授和知名学者，同时该领域内与智库相关的其他知名学者、政府人员等也参与进来，因此其组织结构和运行机制较为灵活：既有依托高校设立的专门智库，如格兰瑟姆气候变化研究所、剑桥大学气候变化减缓研究中心；也有松散型的网络式智库，如英国廷德尔气候变化研究中心等。

（5）注重人才培养，为气候变化研究领域做好人才储备。大学的主要目的之一是培养人才，因此大学设立型气候变化智库非常重视研究生的培养。帝国理工的格兰瑟姆气候变化研究所通过与企业合作提供奖学金的方式加强对博士生的培养；剑桥大学气候变化减缓研究中心有专门的博士生培养项目，用来培养气候变化减缓等相关领域的年轻人才；英国廷德尔气候变化研究中心为了加强人才培养和学科交叉设置了专门的博士生培养项目，不仅扩充了研究实力、提升了研究水平，同时也拓宽了博士研究生的视野，为气候变化领域人才培养和学科建设奠定了坚实的基础。

（6）经费来源多元化，以政府科学基金资助和基金会、企业、非营利性组织等社会力量为主。政府及政府间机构的科学基金资助在气候变化智库的经费中具有举足轻重的作用。剑桥大学气候变化减缓研究中心项目经费主要由欧洲委员会、三畿尼受托基金组织（Three Guineas Trust）、工程和物理科学研究委员会（EPSRC）和欧洲框架计划（EUFP）资助。

大学设立型气候变化智库在国际气候变化智库中占有重要的地位和作用。1972年成立于东英吉利亚大学环境科学学院的东英吉利亚大学气候研究小组是在自然和人为导致的气候变化研究方面世界领先的机构之一。同时，该类气候变化智库整合资源优势，通过开发气候变化领域的关键模型，发布科学准确的研究报告、学术论文等，形成智库的核心优势，提升其国际影响力。IPCC减缓模型中的关键模型即是由剑桥大学气候变化减缓研究中心开发的、用以探讨全球经济中能源与环境相互依存关系，评价气候变化政策的短期和长期影响的全球能源－环境－经济模型（E3MG）。

另外，大学设立型气候变化智库中的众多知名学者参与到《IPCC气候变化评估报告》的撰写和评稿工作中。

经过比较分析，国际典型大学设立型气候变化智库情况如表3－1所示。

表3-1 国际典型大学设立型气候变化智库比较

机构名称	组织结构		研究特色及优势领域	人员组成		经费主要来源	成果主要发布方式			
	结构类型	保障机制		人员结构	人员规模		论文/著作/研究报告	学术会议/论坛	新闻/公众演讲	网络途径
格兰瑟姆气候变化研究所	中心主任负责制；项目型	政策主任等	地球系统科学（创新海洋建模）	管理人员、研究成员、博士研究生	100人左右	格兰瑟姆环境保护基金	√		√	√
MIT全球变化科学和技术联合项目	中心主任负责制；项目型	行政助理等	MIT的集成系统建模框架IGSM	教职工、研究人员、博士后、学生和访问学者	100人左右	政府、企业、基金会、私人	√			
东英吉利亚大学气候研究小组	中心主任负责制	学术委员会	数据库、模型	科学家、工作人员	30人左右	欧盟	√	√		√
哈佛大学国际气候协议项目	中心主任负责制；项目型	指导委员会	国际气候政策框架研究	教授、学生	400人左右	桃瑞丝·杜克慈善基金会	√		√	
哈佛大学国际事务研究中心	主任负责的项目管理制		国际政治经济、全球问题	教职员工、访问学者、各国官员和留学生	300人左右	学校和基金会、政府	√		√	
剑桥大学气候变化减缓研究中心	中心主任负责制		E3MG模型	教授、讲师、博士后、学生	50人左右	政府及政府机构	√			
英国廷德尔气候变化研究中心	松散型		气候变化安全问题、能源	核心负责人、研究员、附属成员、博士研究生、支持性工作人员	100人左右	政府机构	√	√	√	√

3.2　大学设立型气候变化智库的工作重点和成果发布

3.2.1　大学设立型气候变化智库的工作重点和研究领域

大学设立型气候变化智库，致力于推动与气候变化领域相关的科学研究，力图提升对气候变化的历史成因、21 世纪气候变化的过程和原因以及未来气候变化趋势的科学认知，增强公众对气候变化的关注，并努力将研究成果转化为能够帮助适应和减缓气候变化的新方法或新技术。

大学设立型气候变化智库致力于从科学准确性、经济可行性和政治务实性等方面，帮助国际社会和各国政府明确和提出减缓全球气候变化的公共政策选择，制定有效的气候变化应对措施，加强气候变化政策制定领域的国际合作，为气候变化政策决策者提供详尽准确的科学研究支持。

大学设立型气候变化智库致力于为气候变化领域的科学研究提供人才培养和研究平台，注重气候变化领域本科生和研究生的培养，增强该领域的人才储备，搭建众多研究平台，切实为气候变化研究工作的持续开展提供动力。麻省理工学院全球变化科学和技术联合项目在其战略定位中明确提出，通过对经济、地球科学分析和政策评价方法等相关学科的研究生和本科生教育，增加这一领域的人才储备。

大学设立型气候变化智库着重探讨全球范围内气候变化的机理、适应、减缓和应对等方面的内容，努力为公共政策的制定提供科学支持，并力图通过开发研究模型等研究工具来对这些领域加以阐释。该类气候变化智库的研究领域主要集中在以下几个方面：

1. 气候变化的机理

对气候变化的成因、发展、影响、预测等机理的研究一直是大学设立型气候变化智库的重点研究领域，旨在为人类社会更好地应对气候变化提供基础研究数据支持。东英吉利亚大学气候研究小组通过建立全球温度数据集和数据库、树木年轮数据库等，为许多气候变化领域研究人员提供了重要的基础数据，成了世界上最重要的气候数据源之一。自 20 世纪 80 年代末，该智库开始探索相关“指纹”检测方法，实现了利用计算机模拟二氧化碳排放和气候变化之间的关系，并促使相关机构、社会公众和政府部门逐步接受温室气体排放是造成气候变化的重要原因。

2. 气候变化的减缓与适应

减缓和适应气候变化是应对气候变化的两个有机组成部分。因此，这也是大学设立型气候变化智库的一个主要研究领域。在这一领域，智库主要关注于比较不同的技术水平和路径的选择对气候变化的影响，从而为采取适当的措施以完成适应和减缓的目标提供决策支持。

剑桥大学气候变化减缓研究中心重点关注气候变化经济学和减缓战略研究。研究的目标是开发和测试有效减缓气候变化过程中的措施、定义和政策；说明和量化不同减缓战略的后果，并确保研究成果传播到适当的关键利益相关者，最大限度地提高对气候变化决策的信息支持。

英国廷德尔气候变化研究中心在其关于减缓和适应气候变化相关研究的描述中明确提出拟解决的关键问题：全球稳定温室气体浓度的不同路径的政策建议。这种稳定的水平和路径对区域的适应和减缓有什么启示？为了减缓气候变化，各部门的技术选择的范围和规模有多大？这种技术轨迹的机构、行为和经济障碍是什么？为应对温室气体的稳定水平和路径而带来的区域和部门的适应战略的规模和范围有多大？这些战略和潜在减排措施的协同和冲突有哪些？如何能让不同层次的政策和管理促进缓解和适应战略协同进化？在不同的途径和稳定水平下，是否对不同的战略做适当更改？如何动员个体和集体行动来实现减缓和适应战略？如何对这些战略进行调整，使个人和集体行动的利益一致？这些行动如何随时间变化与“严重程度”的变化而变化？

3. 气候变化的政策与制度

大学设立型气候变化智库在气候变化的政策与制度领域的研究主要指为应对气候变化而采取的政策工具的制定和实施、利用科学证据去影响气候变化政策的制定以及复杂政策系统的形成。

哈佛大学国际气候协议项目持续开展关于2012年后京都时代可供选择的全球气候变化制度研究，注重于全球气候变化政策制定者和利益相关者（主要是大公司和非政府组织的领导）的接触，通过与他们沟通和交流相关研究结果，进而学习这些全球气候变化政策方面的实践者的思想和理念。英国廷德尔气候变化研究中心通过下属的气候变化治理项目，从政策、政治和政府的角度来研究气候变化政策的制定和实施。

4. 气候变化的研究方法与工具

由于大学设立型气候变化智库依托具有优势学科资源的著名大学，其气候变化相关领域的研究水平较高。因此，该类智库往往具有较强的跨学科合作研究能力，能够充分整合和利用大学的优势资源，开发并应用气候变化模型、数据库等工具来辅助开展研究工作。目前，已经建立或开发的气候变化模型、数据库主要包括以下几种：

（1）麻省理工学院全球变化科学中心：集成系统建模框架（IGSM）。该框架用于对全球变化进行模拟，以及对政策影响进行评估，同时还提供了一个对全球变化问题各组成部分进行研究的平台。

（2）东英吉利亚大学气候研究小组：全球温度数据集和数据库、树木年轮数据库。东英吉利亚大学气候研究小组提供了自1978年延续到现在世界陆地网格温度数据集。1986年，该数据集将海洋部门数据纳入进来（在1989年开始与哈德利气候变化研究中心合作），从而实现了真正的全球气温记录。另外，树木年轮数据能够分析长时间跨度的气候变化。该智库开发了第一个根据年轮数据推测过去1 000年的气温时间序列，并因此而被视为世界上最重要的年轮气候学研究机构之一。

（3）剑桥大学气候变化减缓研究中心：降低全球经济碳排放的新经济模型（NewEDEG）和综合模型。该项目主要是用来开发第一个大规模全球能源－环境－经济（E3MG）模型，用来解释全球碳排放的历史原因。该模型还将用来检测降低全球经济碳排放的不同政策组合的有效性、效率和公平性。同时，剑桥大学气候变化减缓研究中心还牵头开发了廷德尔中心的社区综合评估模型系统。

大学设立型气候变化智库的研究特色包括如下几种：

1. 注重核心优势的形成

大部分大学设立型气候变化智库的建立都是基于所依托高校的优势学科和核心研究领域的已有研究成果，因此在气候变化领域的科学研究中注重结合已有成果，逐步形成自身核心优势。

格兰瑟姆气候变化研究所在已有的帝国理工海洋模型基础上加以扩展，以解决诸如冰原稳定性、极地冰层融化和海洋气候环境相互作用的问题，从而形成自身的核心优势。剑桥大学气候变化减缓研究中心针对其全球能源－环境－经济模型（E3MG）持续改进，形成中心核心优势，带动相关领域研究进展。

2. 注重研究的政策性

大学设立型气候变化智库不仅十分注重对气候变化领域的基础科学研究，而且重点关注气候变化研究的政策性。该类智库注重将领域内的研究成果落实到具体的政策上，并努力为世界范围内政府的决策制定提供数据支持和条件支撑。

哈佛大学国际气候协议项目持续开展关于2012年后京都时代可供选择的全球气候变化制度研究，侧重于如何将研究成果与政府政策相结合，为此专门组织政策制定者和利益相关者之间的沟通和交流，从中学习和了解全球气候变化政策实践者的思想和理念，进而引导研究的重点方向和重点领域，使研究成果具有更强的针对性，并能够影响到政府相关政策的制定和执行。

英国廷德尔气候变化研究中心在其中心愿景中就明确指出：中心的研究活动应能对英国和国际气候变化政策的长期战略的设计和实现施以开创性影响。在实践中，中心也通过气候变化治理等项目展开对气候变化政策的专门研究。

3. 注重跨学科、跨单位的协作

气候变化领域的科学研究需要来自不同学科领域研究知识和数据的支持，同时大学设立型气候变化智库的研究人员大部分来自于高校的各个学院、各个学科，其各自的研究领域涉及十分广泛。因此，如何协调不同学科、不同部门共同参与到气候变化的研究中是大学设立型气候变化智库的重要工作。英国廷德尔气候变化研究中心成员的学科背景包括自然科学、工程学、经济学和社会科学，同时，该研究中心有 7 个核心合作伙伴，分别是东安格利亚大学、曼彻斯特大学、南安普敦大学、牛津大学、纽卡斯尔大学、萨塞克斯大学和剑桥大学。这使得大学设立型气候变化智库十分注重跨学科、跨单位的协作。

3.2.2　大学设立型气候变化智库的任务来源及经费支持

大学设立型气候变化智库的项目来源可概括为机构委托和主动申请两种。政府、政府间机构或企业会委托智库开展气候变化领域的项目研究，而智库也会主动向政府申请经费开展项目研究。

大学设立型气候变化智库的经费来源包括以下几种途径：

1. 政府、政府间机构及学校资助

在大学设立型气候变化智库的经费来源中，政府、政府间机构及学校资助的经费占主要地位，这对促进气候变化机构的发展提供了重要保障。

廷德尔气候变化研究中心的主要资金由自然环境研究理事会、经济和社会研究理事会以及工程和物理科学研究委员会资助。

2. 社会力量的支持

除政府、政府间机构及学校资助外，大学设立型气候变化智库还受到广泛的社会力量的支持，包括基金会、慈善组织等非营利组织、企业和个人等。大部分大学设立型气候变化智库将社会力量作为其经费的一个重要来源。东英吉利亚大学气候研究小组的研究除受到政府部门、政府间机构的资助外，还受到学术基金理事会、慈善基金会、非政府组织和企业的资助。国际事务中心的活动经费除校方提供外，主要得到福特基金会、洛克菲勒基金会和卡内基国际和平捐助基金几个东部财团控制的大基金会的资助。

同时，也有一部分智库正是在社会力量的扶持下成立和发展起来的。格兰瑟姆气候变化研究所的成立资金主要来自于格兰瑟姆环境保护基金对其承诺的未来十年间高达 1.28 亿英镑的捐助。哈佛大学国际气候协议项目最大的经费来源是桃瑞丝·杜克慈善基金会。

另外，企业也会通过与智库合作开展项目研究、设立奖学金等途径为智库提供经费支持。Old Mutual 公司作为一家国际长期储蓄机构，以向格兰瑟姆气候变化研究所提供博士生奖学金的形式为其提供经费资助。

3.2.3 大学设立型气候变化智库研究成果及发布

智库的成果发布方式主要包括期刊/会议论文、研究报告/工作简报、年报、公众演讲/新闻采访、学术论坛/学术会议以及其他的一些发布方式。

在同行评议的期刊或会议上发表文章是一个很重要的宣传方式，既是为了向相关的专家展示结果，也是为了项目非技术性信息的发布建立信用。截至 2014 年，剑桥大学气候变化减缓研究中心在国际学术期刊上发表文章 80 余篇，包括在 Nature 和 Science 上发表的相关研究成果。

研究报告和工作简报可以帮助决策者和公众了解到新闻背后的具体数据和相关证据。格兰瑟姆气候变化研究所把新闻发布会公开的文件、研究数据等不定期地以刊物的形式进行发布，进而影响政府和企业的决策和政策制定。

大部分大学设立型气候变化智库每年都会发布该智库的年度报告，用来汇总当年度智库的各项研究活动进展情况及下一年度的工作计划等。英国廷德尔气候变化研究中心每年发布中心年报，还发布了很多中心工作研究快报。

通过年度讲座、公众演讲和新闻采访可以将智库的研究成果以直观的方式传达给公众，使得社会公众能够更好、更及时地了解该智库在气候变化领域的研究动态。格兰瑟姆气候变化研究中心每年通过年度讲座、公众演讲、新闻采访、公开讲座等多种途径向公众宣传中心研究成果，普及气候变化领域的知识。

由气候变化智库发起的相关领域学术论坛和学术会议能够吸引该领域的专家和学者共同参与到智库的研究工作中来，从而为更好地开展气候变化领域的研究工作提供支持。麻省理工学院全球变化科学和技术联合项目每年举办气候变化论坛，每次论坛的规模约 100 人，参与者主要是麻省理工学院的教职员工、从其他高校或研究机构邀请的部分专家、参与 IPCC 报告的一流专家、政府部门中直接参与决策过程的部分官员等。

其他的研究成果发布方式还包括一些如博客、在线视频网站、社交网站等途径。

3.3 大学设立型气候变化智库的组织结构

3.3.1 大学设立型气候变化智库人员组成特点

智库主任负责智库的宏观管理和决策，一般由智库所依托大学的知名教授或学者担任。格兰瑟姆气候变化研究所的 Brian Hoskins 爵士是英国皇家学会研究教授和新设立的气候变化委员会成员。他在帝国理工的格兰瑟姆气候变化研究中心和雷丁大学都有任职，是具有世界领先水平的气象学家和气候学家之一。剑桥大学气候变化减缓研究中心主任 Terry Barker 教授是 IPCC 第三次和第四次气候变化评估报告的主要协调作者，在气候变化领域具有较高影响力。这不仅有助于吸引更多知名学者的加入，同时也能提升智库在气候变化领域的影响力。

大学设立型气候变化智库往往通过设立指导委员会、学术委员会或理事会等来监督和管理科学研究工作，以保障智库的正常运行，成员大多由学校的知名教授担任。哈佛大学国际气候协议项目下设的指导委员会共有 15 名委员，全部由哈佛大学肯尼迪政府学院或其他学院的知名教授担任，包括 1971 年克拉克经济学奖获得者 Dale Jorgenson 教授等。

大学设立型气候变化智库的成员不仅有所依托学院、学校和合作院校的教授和知名学者、博士研究生、访问学者等，还有来自企业、政府等机构的合作研究人员。成员的学科背景多样化，涉及包括管理类、地球系统科学类、生物类、医学类等多种研究方向，拥有较强的跨学科协作特征，能够保证研究的全面性和准确性。麻省理工学院全球变化科学和技术联合项目的 30 多名博士后和访问学者，主要来自欧洲（德国、法国、奥地利、瑞典、挪威、芬兰、西班牙）和日本，也有一些来自新西兰、智利、巴西、韩国、中国和印度的研究人员。

在大学设立型气候变化智库的研究人员中，博士研究生是其重要组成部分。该类型气候变化智库大多都开设有博士生培养项目，以扩充研究实力、提升研究水平，并为气候变化领域提供人才储备。格兰瑟姆气候变化研究所目前共有管理人员 5 人，研究成员 56 人，博士研究生 35 人，被资助人员 16 人。

大学设立型气候变化智库在人员组成上有其特殊性，其与大学之间的紧密联系使得教授、研究生、访问学者等成为该类机构研究人员的主要来源，行政管理人员等支持性工作人员服务于研究人员，共同维持机构运转。很多大学设立型气候变化智库还会聘请知名学者、政府官员等参与进来。该类智库的人员数量不多、机构规模较小，因此该类智库通常会通过合作性研究网络或研究平台整合与合作伙伴共同开展项目研究，拥有广泛的研究人员网络。格兰瑟姆气候变化研究所拥有气候变化与健康、气候变化统计学、未来电力三个研究网络用于开展合作研究。

3.3.2　大学设立型气候变化智库组织结构

大多数大学设立型气候变化智库都以中心主任负责制作为其组织结构的基本方式，并辅之以指导委员会或理事会制定中心战略，指导中心工作，中心研究人员则以项目成员的方式参与到研究工作中。该类型气候变化智库的参考组织结构如图 3－1 所示。

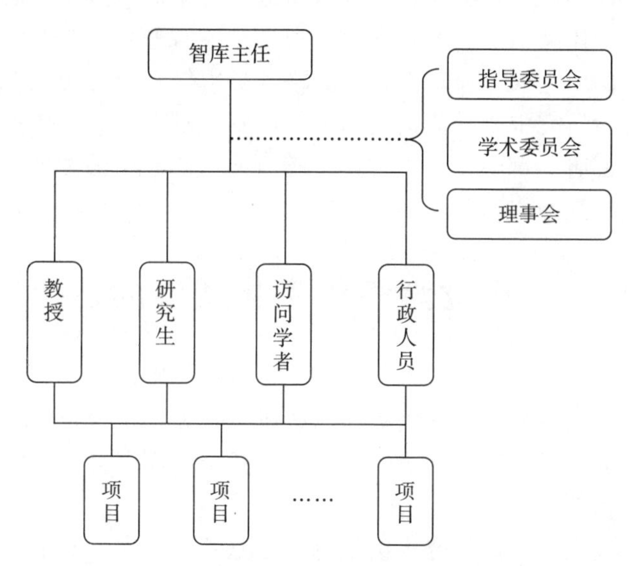

图 3－1　大学设立型气候变化智库的组织结构

从组织结构上来看，大学设立型气候变化智库具有以下特点：

1. 由科学家负责整个中心的运作和管理

大学设立型气候变化智库依托高校设立，其管理人员和研究人员大部分都是来自于各学院、各学科的教授、博士生等，在各自领域都具有精深的专业知识。哈佛大学国际气候协议项目的主管 Robert Stavins 教授是环境问题专家，研究领域覆盖环境经济学的方方面面。因此，在对整个中心的运作和管理方面能够与科研紧密结合，更好地发挥智库在科学研究领域的优势，从而保证对相关领域的持续研究。

2. 组织机制灵活

由于大学设立型气候变化智库的组织结构以智库主任负责制为主，同时又以项目的形式组织科研人员开展研究工作，因此其组织结构和运行机制较为灵活，既有依托高校设立的专门研究中心，如格兰瑟姆气候变化研究所隶属于帝国理工大学、剑桥大学气候变化减缓研究中心隶属于剑桥大学土地经济系的跨学科研究中心；也有松散型的网络式智库，如英国廷德尔气候变化研究中心是松散型的气候变化研究中心的一个典型案例，该研究中心是由英国六所研究机构的研究人员组成的一个独特的合作伙伴关系，这些合作伙伴形成了廷德尔的运行章程。

3. 人员流动性强

大学设立型气候变化智库由于其与大学之间的紧密联系，使得教授、研究生、访问学者等成为该类机构研究人员的主要来源。另外，很多大学设立型气候变化智库还聘请知名学者、政府官员等参与进来。这也使得该类气候变化智库所属的研究人员流动性较强。格兰瑟姆气候变化研究中心、剑桥大学气候变化减缓研究中心、英国廷德尔气候变化研究中心、哈佛大学国际气候协议项目等都有大部分博士研究生，随着博士研究生的加入、毕业等，研究人员处于周期性的流动中。

3.4 大学设立型气候变化智库的运行机制

大学设立型气候变化智库一般设有运行章程，用来指导和规范中心的管理。智库主任及其下属的管理团队（如科研主管等）负责智库的宏观运行管理和决策，并通过设立指导委员会、学术委员会或理事会等来监督和管理科学研究工作，保障智库的正常运行。

东英吉利亚大学气候研究小组设有中心主任，负责中心主要事务的宏观管理；设有学术委员会，负责中心的学术监管；中心主要的科研管理由科研主管负责，指导和监督每个研究项目的进展。英国廷德尔气候变化研究中心的主要运行模式如下：廷德尔理事会负责制定中心的中长期政策和战略。理事会每四个月举行一次会议，参加人员包括理事长、项目负责人、合作伙伴协调人、联络负责人、高级管理人员以及四位推选的博士后研究人员或者博士生，此外还有一名理事会观察员。大学设立型气候变化智库的运行机制，能够有效地协调智库内部和外部人员，保证研究工作的正常开展和持续运行。

3.5　重点案例的详细解剖分析之一——英国廷德尔气候变化研究中心

3.5.1　英国廷德尔气候变化研究中心概况

英国廷德尔气候变化研究中心是一个致力于持续应对气候变化的跨学科交叉科学国家级以及国际研究中心。该研究中心的成员学科背景包括自然科学、工程学、经济学和社会科学等。英国廷德尔气候变化研究中心不仅为各领域的科学家提供了一个交流沟通的研究平台，而且还将企业家、决策者、媒体以及普通公众等群体纳入进来。

英国廷德尔气候变化研究中心位于英国，成立于2000年。该研究中心以英国物理学家廷德尔命名，以纪念他对地球温室效应的发现和研究。目前，该研究中心有7个核心合作伙伴，分别是东安格利亚大学、曼彻斯特大学、南安普敦大学、牛津大学、纽卡斯尔大学、萨塞克斯大学和剑桥大学。

英国廷德尔气候变化研究中心的愿景是成为国际知名的、高水平的、综合的气候变化智库，并能对英国和国际气候变化政策的长期战略的设计和实现施以开创性影响。

英国廷德尔气候变化研究中心的宗旨是通过独特的多学科交叉来研究、评估和交流减缓气候变化的方案选择，以及适应气候变化的必要措施。同时将这些成果融入全球性的、英国的以及区域性的可持续发展中。

英国廷德尔气候变化研究中心的中期目标包括：

（1）科学整合：开发、示范并应用整合气候变化相关知识的方法论。

（2）制定对策：寻找、评估和实施可持续的解决方案，尽量减少气候变化的不利影响，并促进其向更优化的能源和流动领域转变。

（3）激励社会：促进全社会开展知情、有效的对话，用来讨论选择未来气候的能力和意愿。

通过开展多学科交叉整合以及前沿的科学研究而不是通过已有完备的专门学者们的研究，来展示廷德尔中心针对气候变化可能的应对措施的深入见解。而这种见解是每个合作伙伴无法独立获得的。

在横向（学科交叉）和纵向（解决问题）整合的气候变化框架下，对由此产生的一系列复杂的科学问题开展的战略评估加以选择。

发起并促进气候变化相关的新兴交叉学科研究的发展，并推动必要的机构性、人力和资金等资源的配置。

在社会公开知情的气候变化选择的辩论议题上融入新的元素。

为那些有志于并且有能力从自然科学、社会科学和工程学等多角度研究气候变化和可持续发展的青年才俊们提供一个国际化的平台。

在开始的五年时间中，寻找匹配的基金来源，并且保证在接下来的十年内能够扩大多元化的资金来源。

评估并寻找机会建立独立于中心的完全商业化或半商业化的机构，应用并推广中心开发的工具，从而能够解决气候变化管理中的一些问题。

这些战略要求中心广泛参与公共利益相关者和私人部门组织，与机构外的英国国内、欧洲乃至全球的研究机构开展密切的合作，形成战略合作伙伴关系，仔细听取与气候变化风险相关人员的意见和看法。

3.5.2 英国廷德尔气候变化研究中心重点研究领域和研究特色

英国廷德尔气候变化研究中心主要研究内容和项目包括以下几个方面：

（1）气候变化和发展：该研究重点关注气候变化带来的安全问题，重点是水资源、食品、人类安全和健康问题。

（2）社区综合评估系统：该项目目的在于开发、维护并运用新的分布式社区评估系统，该系统具有科学可信性、政策性以及综合分析能力。

（3）城市和海岸：该研究主要是为了增强沿海城市和社区对气候变化的适应能力，降低居民和城市的脆弱性。该项目的重点在于研究弹性的适应气候变化的方案，并帮助个人和居民确定并实施不基于能源密集依赖的适应措施。

（4）能源：该研究的主要目的是研究建立低碳社会的技术选择和社会经济政策措施。目前研究领域包括：碳排放路径、低碳技术创新和发展、航空政策、生物燃料、碳捕获与存储技术、海洋可再生能源、个人交通政策、航运、食物供应链、核能政策、碳配额、碳交易等。

（5）水和土地利用：该研究着眼于对土地资源和水资源的利用，用来寻找适应和减缓气候变化的方案，比如热带地区雨林的变化、生物燃料和食物耕种面积的研究等。

（6）气候变化治理：气候变化治理指为应对气候变化而采取的政策工具的制定和实施、利用科学证据来影响气候变化政策以及复杂政策协调政策系统的制定。该研究中心正在从政策、政治和政府的角度来研究气候变化政策的制定和实施。

英国廷德尔气候变化研究中心开展了大量减缓和适应气候变化的相关研

究。其研究目标包括确定并分析在不同时间和空间维度下，各种温室气体稳定路径带来的机会、收益、技术和经济风险；探索、评估并应用适应气候变化的可持续发展路线，比如通过政策、行为、技术创新以及文件的决策支持工具等。

拟解决的关键问题是关于全球稳定温室气体浓度的不同路径的政策建议。这种稳定的水平和路径对区域的适应和减缓有什么启示？为了减缓气候变化，各部门的技术选择的范围和规模有多大？这种技术轨迹的机构、行为和经济障碍是什么？为应对温室气体的稳定水平和路径而带来的区域和部门的适应战略的规模和范围有多大？这些战略和潜在减排措施的协同和冲突有哪些？如何能让不同层次的政策和管理促进缓解和适应战略协同进化？在不同的途径和稳定水平下，是否对不同的战略做适当更改？如何动员个体和集体行动来实现减缓和适应战略？如何对这些战略进行调整，使个人和集体行动的利益一致？这些行动如何随时间变化与“严重程度”的变化而变化？

为解决这些问题，中心要在整合的机构框架下来进行以下研究：运用扩散的交叉学科方法，来获得新的方法和视角；运用整合的模型技术来研究问题；参与更广泛、更深入的学术性社会活动，保证中心研究能够持续维持科学、社会、政治和经济的稳定性。

为了加强人才培养和学科交叉，廷德尔还提供博士生培养项目。来自不同机构和不同背景的博士研究生广泛地参与中心的具体科研项目，为英国政府相关政策的制定提供了决策支持。

3.5.3　英国廷德尔气候变化研究中心研究成果

自成立以来，该研究中心取得了丰富的研究成果。截至 2014 年，中心出版了 65 本著作，发表了 1 100 余篇国际学术期刊论文、53 份中心简报、81 份技术性报告、160 余篇工作论文。

该研究中心为了传播其研究成果及观点，增加其在气候变化领域和社会上的影响力，采取多种方式发布其研究成果。

3.5.4　英国廷德尔气候变化研究中心研究人员

由于廷德尔中心属于松散型气候变化研究中心，没有较大规模的实体机构，因此人员主要包括核心负责人、研究人员和助理研究员、中心附属成员（隶属于其他机构，但是同时具有中心成员身份）、博士研究生以及支持性工作人员。其主要构成如图 3 – 2 所示。

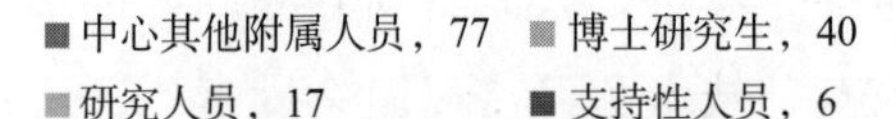

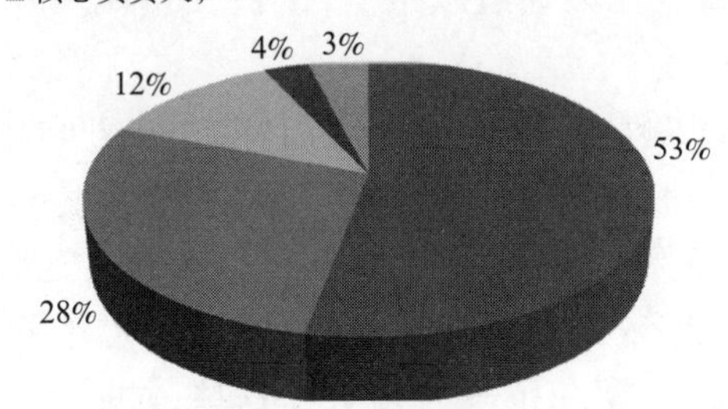

图3－2　英国廷德尔气候变化研究中心人员构成

主要项目人员包括如下：

负责人：4 名，分别来自东安及利亚大学、纽卡斯尔大学和曼彻斯特大学。

博士研究生：40 余名博士研究生，来自英国各个大学。

研究人员：17 名。

中心其他附属成员：77 名（隶属其他单位，但是同样为中心成员）。

支持性工作人员：6 名，包括一位中心经理、一位网络维护人员以及其他 4 名行政人员。

3.5.5　英国廷德尔气候变化研究中心智库项目来源和经费来源

该研究中心的主要资金由自然环境研究理事会、经济和社会研究理事会以及工程和物理科学研究委员会资助。

3.5.6　英国廷德尔气候变化研究中心组织机构和运行体制

英国廷德尔气候变化研究中心设有运行章程，用来指导和规范中心的管理，以及相关顾问和咨询机构、高级职员的分工和由高校组成的核心合作伙伴的运行模式。其主要运行模式如下：廷德尔理事会负责制定中心的中长期政策和战略。理事会每四个月举行一次会议，参加人员包括理事长、项目负责人、合作伙伴协调人、联络负责人、高级管理人员以及四位推选的博士后研究人员或者博士生，此外还有一名理事会观察员。

英国廷德尔气候变化研究中心每年还举办一次中心大会。中心所有工作人员、学生以及和中心有关联的所有人员均可参加。英国研究理事会的代表也会列席。

此外，每两年中心还举行国际科学理事大会，共有 8 名国际知名的科学家参加。会议由中心首席科学顾问主持召开。首席科学顾问会回顾过去两年中心的研究进展和质量、国际知名度，并且为理事长提供战略科学政策建议。

中心设有监管机构监管委员会，成员由资助的研究理事会的代表构成，目前的主要代表来自自然环境研究理事会、工程和物理科学研究委员会、经济和社会研究理事会等机构。中心还设有独立顾问，这些独立顾问分别对主要的几个资助方负责。目前，中心代表是来自南安普顿大学国家海洋研究中心的 John Shepherd 教授，他同时担任南安普顿大学对外科学协调处副主任。

英国廷德尔气候变化研究中心是由英国六所研究机构的研究人员组成的一个独特的合作团队，包括：

（1）东英吉利大学：环境科学学院、生命科学学院和国际发展学院。

（2）曼彻斯特大学：机械学院、航空航天和土木工程学院、曼彻斯特商学院、环境和发展学院。

（3）南安普顿大学：地理学院、土木工程和环境学院、工程学院、海洋科学和地球科学学院、国家海洋研究中心。

（4）牛津大学：环境变化研究所、物理系、地理和环境学院、赛义德商学院。

（5）纽卡斯尔大学：环境和可持续发展研究所。

（6）萨塞克斯大学：科学和技术研究组、发展研究所。

（7）剑桥大学：土地经济系。

此外，廷德尔也与中国复旦大学合作，建立中国分部。上海复旦大学正在中国建立英国廷德尔气候变化研究中心中国分部，与英国东英吉利大学展开长期合作伙伴关系。复旦大学廷德尔中心和英国廷德尔中心将共同从事从经济各部门温室气体减排以及如何让世界各地都能适应气候变化影响的一系列研究。这项新举措将采用交互教学法，开展联合研究、进行知识传播。

英国廷德尔气候变化研究中心的组织结构如图 3－3 所示。

3.5.7　英国廷德尔气候变化研究中心影响气候谈判的案例和经验

目前，廷德尔中心有 4 名在职研究人员以及 4 名曾经在中心工作和学习过的研究人员参与政府间气候变化委员会（IPCC）第五次评估报告的撰写工作。他们主要参与第二工作组和第三工作组报告的撰写，分别侧重于气候变化的影响、脆弱性和适应能力，以及气候变化的减缓。具体分工如下：Esteve

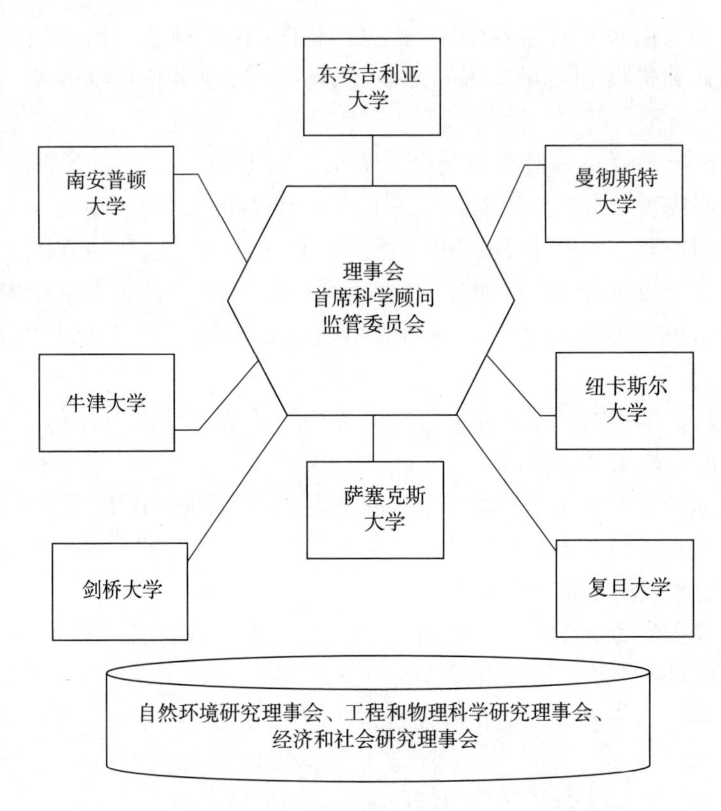

图3-3　英国廷德尔气候变化研究中心组织结构图

Corbera：可持续发展和公平部分主要作者（第三工作组）；Neil Adge：人类安全部分的召集作者（第二工作组）；Rachel Warren：紧急分线和关键脆弱性部分的主要作者（第二工作组）；Robert Nicholls：沿海生态系统和低洼区域的评审编辑（第二工作组）。此外，还有曾经在中心工作和学习过的 Suraje Dessai、Emma Tompkins、Lisa Schipper 和 Katharine Vincent 等人也参与了第五次评估报告的撰写，均为影响、适应和脆弱性部分的主要作者。

3.5.8　英国廷德尔气候变化研究中心发展经验

英国廷德尔气候变化研究中心作为一个松散型的气候变化智库，能充分运用各发起方和参与方的优势，整合现有优势资源，强强联合，学科交叉，并且广泛地吸收社会力量，在气候变化研究领域做出了卓著贡献，培养了大量年轻人才并成为英国乃至世界上知名的、有影响力的气候变化研究中心。

英国廷德尔气候变化研究中心最大的特色是“一个中心，两个基本点”：

以共同章程为中心，坚持整合优势资源，致力打造高水平平台。这对我国建立类似松散型气候变化中心有着重要的借鉴意义。

目前，随着国内外对气候变化的广泛而持续的关注，我国国内从事气候变化领域智库的数量明显增多，质量也在逐步提高。由于各机构的学术背景和主要研究侧重点并不相同，大部分智库的工作还处于单枪匹马阶段。不仅研究的视野稍窄，而且不能运用和整合现有的优势资源，反而要做很多重复性工作，效率低下，不利于整体质量的快速提高。如果和英国廷德尔气候变化研究中心一样，各机构拿出自己的优势资源，在现有基础上共同打造具有影响力、高水平的气候变化研究中心，实现学科交叉，优势互补，低投入、高产出，而且能够强化人员流动，拓宽研究视野，对开发综合性气候变化研究模型、开发整合的气候变化研究平台能发挥 1 + 1 > 2 的叠加效应。我们认为，目前形势下，在我国建立这样的研究中心既具有现实意义，又具有可行性和可操作性。

英国廷德尔气候变化研究中心是在我国建立松散型的气候变化研究中心的一个重要参考。首先在国内选出数家具有不同学科背景、同时有较高学术水平、较强的研究经验和实力以及较大影响力的气候变化相关研究领域的研究机构，基于各方的基础和优势，确定各自的主要研究方向，并开展跨学科课题的研究，实现学科交叉，深入研究气候变化领域的科学、政策和社会经济等领域的关键课题。

中心以松散的形式挂靠各发起单位。发起单位成立研究理事会，理事长由理事会选举产生。理事会设立中心的共同章程，并确定学术委员会和中心的运行框架。中心不设单独实体机构，但是可以在某一挂靠单位下设立中心总办公室，负责中心的对外联络、新闻发布、中心网站维护以及会议筹备等日常事务。中心经费的主要资助部门和管理部门成立监管委员会，各监事负责中心经费监管、评估及绩效考核。中心参与单位可以以中心的名义共同申请课题、发布研究成果，并在中心内部资源共享，构建中心数据库，保证中心对外口径的一致性和权威性。

中心内部定期举行学术交流活动，同时以中心名义组织国内或国际学术会议或者研讨会。中心还要定期发布研究和活动简报，中心的重大研究成果要举行新闻发布会予以公告，从而提高中心的知名度和影响力，打造中心品牌。

中心还应当加强与国际有影响力的智库开展深入长期的合作，提高中心的国际知名度。此外，中心还应当为国家气候变化政策的制定提供智力支持和决策依据。

3.6 重点案例的详细解剖分析之二——英国剑桥大学气候变化减缓研究中心

3.6.1 剑桥大学气候变化减缓研究中心概况

剑桥大学气候变化减缓研究中心（4CMR）是隶属于剑桥大学土地经济系的跨学科研究中心，成立于2006年1月。该中心重点关注气候变化经济学和减缓战略研究。这项研究的目标是开发和测试有效减缓气候变化过程中的措施、定义和政策；说明和量化不同的减缓战略的后果，并确保研究成果传播到适当的关键利益相关者，最大限度地提高气候变化的决策信息的相关性研究。

4CMR研究背景有环境科学、能源经济学、计量经济学、计算机模拟、应用数学、统计和技术变迁的社会经济学。相关领域的专家们利用能源、环境和经济等学科交叉的方法来研究减缓气候变化的机会和策略，以及不同减缓措施产生的可能后果。4CMR研究集中在对气候变化影响的经济模拟方法研究。这一构想通过与其他高级研究中心的合作研究和开发项目得以补充和强化。这些合作伙伴包括廷德尔中心、麻省理工学院、IPCC、剑桥大学Judge商学院、剑桥计量经济学会。除了计量经济模型外，研究还包括适应极端天气事件对航空和航运的影响，改变城市环境，以及可持续的技术和创新战略。

4CMR的目标包括：预见能有效减轻人类活动引起的气候变化的战略、政策及过程；致力于由于经济手段导致的技术变迁在减缓气候变化领域的前沿研究；采用学科交叉的方法，为国家和国际决策提供依据；与其他合作伙伴保持密切联系，如剑桥能源论坛、土地经济系的经济政策研究中心、剑桥电力政策研究小组等。

4CMR目前是英国廷德尔气候变化研究中心的核心合作伙伴。4CMR对气候变化缓解的研究主要着眼于英国、欧洲和全球水平上，围绕能源、环境和经济进行计量经济模型开发和模拟。

3.6.2 剑桥大学气候变化减缓研究中心重点研究领域和研究特色

1. 城市的适应能力和弹性：综合评估系统分析（ARCADIA）

该项目的主要目标是开发和实施功能性综合评价模型，来更好地研究城市气候变化的脆弱性，并为增加未来城市对气候变化的弹性提供必要的决策依据。该项目是继廷德尔研究中心的“工程化城市”项目之后的后续项目。该项目受英国工程和物理科学研究基金会资助。

2. 降低全球经济碳排放的新经济模型（NewEDEG）

该项目主要是用来开发第一个大规模全球能源－环境－经济（E3）计量经济模型，用来解释全球碳排放的历史原因。该模型还将用来检测不同降低全球经济碳排放政策组合的有效性、效率和公平。

3. 综合模型（Innovating Integrated Assessment Systems）

4CMR 牵头开发了廷德尔中心的社区综合评估模型系统。该模型将气候和闭合的碳循环模型整合在一起，同时将全球能源－环境－经济纳入将来的研究之中，是开展气候变化影响分析的重要工具。

4. 适应和减缓项目（ADAM）

ADAM 项目主要包括四个领域：情景分析、政策研究、减缓和适应。4CMR 主要利用其开发的 E3ME（欧洲能源环境经济）模型对减缓政策以及实施的附加收益，对就业的影响、竞争力和国际贸易开展了系统研究。该项目由欧盟资助。

5. 英国能源研究中心的自顶向下模型

4CMR 开发了 MDM－E3 模型，用来分析和预测政策制定过程中的经济结构、能源系统和相关环境影响。该模型将产业、产品、居民和政府开支以及国外贸易和投资进行了拆分。模型将时间序列的计量经济模型和多部门投入产出模型进行了整合。而且该自顶向下的模型还通过电力部门、居民部门、运输部门以及废弃物处理部门的处理，实现了自底向上的补充和完善。

6. 博士研究生培养项目

4CMR 还有博士生培养项目，用来培养气候变化减缓等相关领域的年轻人才培养。

3.6.3　剑桥大学气候变化减缓研究中心研究成果

截至 2014 年，4CMR 在国际学术期刊上发表文章 80 余篇，包括在 *Nature* 和 *Science* 上发表的相关研究成果。此外，4CMR 和剑桥大学联合开发了全球能源－环境－经济模型（E3MG）。它探讨全球经济中能源与环境存在相互依存关系，评价气候变化政策的短期和长期影响。该模型是 IPCC 的减缓模型中的中心模型，并且在气候变化其他领域得到广泛应用。相应地，还有针对欧洲的 E3ME 模型。

3.6.4　剑桥大学气候变化减缓研究中心研究人员

目前，中心主任为 Terry Barker 博士，中心执行主任是 Doug Brown 先生。

大部分研究人员和支撑性工作人员都具有博士学位。主要人员构成如图 3-4 所示。

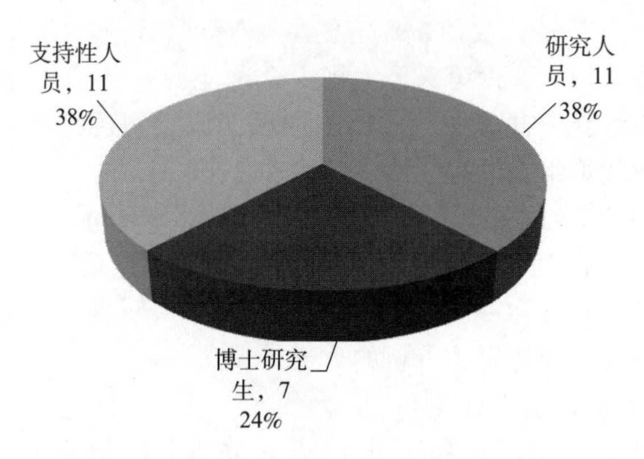

图 3-4 剑桥大学气候变化减缓研究中心人员构成

3.6.5 剑桥大学气候变化减缓研究中心智库项目来源和经费来源

其项目经费主要由欧洲委员会、三畿尼受托基金组织（Three Guineas Trust）、工程和物理科学研究委员会（EPSRC）和欧洲框架计划（EUFP）资助。

3.6.6 剑桥大学气候变化减缓研究中心影响气候谈判的案例和经验

中心很多研究人员都参与了 IPCC 评估报告的撰写工作。中心 Terry Barker 教授是 IPCC 第三次和第四次评估报告的主要协调作者。并且作为重要贡献人员，共同获得诺贝尔和平奖。目前，他还对第五次评估报告的范围会议做出了贡献。中心 Yongfu Huang 博士被选为 IPCC 第五次评估报告的主要作者，他参与第三工作组关于减缓气候变化的风险以及不同减缓方法的成本收益分析。此外，Dabo Guan 博士参与了 IPCC 人类定居和基础设施专家会议，参与讨论新的研究领域。

3.6.7 剑桥大学气候变化减缓研究中心的发展经验

和其他规模较大的研究中心不同，4CMR 人员相对较少，规模也比较小，其研究领域也相对较为集中，重点关注气候变化减缓和适应领域的政策设计和模拟以及评估模型的开发和应用。从其产出来看，在气候变化领域 4CMR 可以称得上“小而精”的研究所。其成果被广泛应用于 IPCC 评估报告中，并且核心研究人员多次参加相关报告的撰写。这也充分表明了 4CMR 在该领域的权威地位和影响力。

目前，我国许多高校和研究机构下面也设有类似的研究中心或研究小组，规模和4CMR相当，甚至更大。但是，从研究产出来看，远远不及4CMR。这不得不让我们思考：作为规模较小、力量稍微分散的研究小组或研究中心而言，应该采取什么样的发展战略，来提高自身的水平，增强自身在领域内的影响力?

从4CMR的发展历程来看，走“术业专攻”的道路也许是一个最合适的选择，即集中力量，瞄准一个具体方向，投入人力、物力和财力，培养领军人物，深入开展研究，树立该领域的权威，让自己的研究成果成为领域内最具影响力和说服力的成果。这样才能保证规模较小的研究中心在一段时间内能够脱颖而出，在国内甚至在国际气候变化领域有较大的话语权。

3.7　对中国建立大学设立型气候变化智库的启示

为应对气候变化，中国积极参与应对气候变化的国际合作，积极参与国际气候谈判，明确做出减排承诺，为实现国内经济、社会的可持续发展和绿色发展，推动和谐世界的建立承担起应尽的义务，成为应对全球气候变化的领导者。在此背景下，中国高校联合建立以中国为主的气候变化国际智库具有非常重要的意义。拟建智库能为各国在气候变化领域的合作提供一个平台，同时也为我国应对全球气候变化提供科研支撑及技术保证，并为我国政府在全球气候变化谈判中获得话语权发挥积极作用。

3.7.1　大学设立型气候变化智库整合国内力量并共享国际资源

建立大学设立型气候变化智库，开展气候变化科学研究，借助高等院校在科学研究、人才培养和服务社会方面所具有的先天独特优势，力争在气候变化研究领域实现“整合国内力量，共享国际资源”的最终目的。具体来看，主要包括以下四个方面：

（1）整合各高校在气候变化领域的研究成果和基础资源，引进国外著名高校在气候变化领域的重要研究成果，通过对全球范围内气候变化的成因、影响、预测、减缓、适应等开展跨学科综合性科学研究，进一步推动我国气候变化研究领域的发展，为我国制定气候变化相关政策和决策提供科学依据和理论指导。

（2）充分发挥我国高校专家在气候变化领域的决策支撑作用，积极支持我国政府参与气候谈判、影响谈判形势、争夺话语权。通过智库的研究，形成指导我国政府参与气候谈判所采取政策及策略的科研支撑，并通过多种渠道影响国内外对气候变化问题的认识，更好地服务于气候谈判，为我国争取更大发展空间。

（3）面向国家气候变化和环境政策领域的重大需要，开展中长期气候变化、可持续能源与环境战略及政策问题的综合集成研究，推动社会、经济与环境的可持续发展。提高环境保护和气候变化政策领域的协调能力，为政府制定减缓与应对气候变化战略及政策、能源政策、经济政策以及环境政策提供科学支撑以及政策建议，将中心建成国家应对环境外交谈判的智囊机构。

（4）着眼于全球气候变化发展趋势，为我国培养一批气候变化研究领域的高素质综合性研究型人才，为持续开展气候变化科学研究提供智力支持和动力保障。通过智库的研究工作，促成我国更多的专家学者加入到各类有影响力的国际气候变化组织的工作中，如参与 IPCC 气候变化评估报告的撰写和评审工作等。

建立大学设立型气候变化智库的功能包括以下 3 个方面：

（1）智库致力于推动我国气候变化领域相关的科学研究，力图提升政府及公众对全球范围内气候变化的历史成因、演变进程、未来变化趋势、减缓及应对等的科学认知，增强全社会对气候变化问题的关注，并注重研究成果的实际应用，争取将中心建设成为气候变化相关领域的科研基础平台。

（2）智库应致力于建设成为服务于政府决策与社会公众的智力支撑平台，进而从科学准确性、经济可行性和政治务实性等方面，帮助我国政府明确和提出减缓全球气候变化的公共政策选择，制定有效的气候变化应对措施，加强气候变化政策制定领域的国际合作，为气候变化政策决策者提供详尽准确的科学研究支持，增强我国在气候变化领域的国际话语权。

（3）智库应致力于建立创新型的人才培养模式和人才管理机制，建立和完善气候变化学科体系，增强气候变化领域的高素质研究型人才储备，探索建立人才培养与学科建设基础服务平台，切实为气候变化研究工作的有效开展提供持续动力。

3.7.2 大学设立型气候变化智库为应对气候变化提供可靠的科研支撑

由于人类活动和自然变化的共同影响，全球气候正经历一场以变暖为主要特征的显著变化，并且已引起了国际社会和科学界的高度关注。2007 年度诺贝尔和平奖授予了政府间气候变化组织。在未来相当长的时期内，围绕气候变化及其影响和适应对策进行跨学科联合研究将是国际上相关研究领域的必然发展趋势。

政治上，国际气候变化谈判日趋复杂，气候变化问题已经演变成为一项重大的国际政治问题。我国目前二氧化碳排放量位居世界第一，我国面临的减排压力日益增长。旨在减少全球温室气体排放，为缔约各国设定减排目标的《京都议定书》并没有把中国等发展中国家纳入其中。但随着第一承诺期在2012年到期，国际社会，尤其是西方发达国家要求将中国等主要发展中国家纳入减排体系的呼声高涨，就二氧化碳减排问题向我国政府不断施压。

经济上，大力发展低碳经济成为世界各主要发达国家和发展中国家未来经济发展的必由之路。发达国家以应对气候变化的重大挑战为契机，通过大力发展低碳经济，制定相关政策措施，加大技术创新投入，以期在未来的产业竞争和新技术革命方面抢占制高点。发展中国家一方面努力争取二氧化碳排放空间；另一方面也积极转入低碳经济的发展轨道，力争与发达国家争夺未来谈判空间和话语权。

科技竞争上，雄厚的气候变化研究基础和高素质专业化的研究队伍能够为国家参与气候变化谈判提供强有力的智力支撑。参与联合国气候变化谈判工作的各国代表团成员来源广泛，包括政府官员、气候变化领域知名科学家、科研机构研究人员。以美国、欧盟为主的发达国家代表团成员数量庞大，学术水平及专业素养较高，在气候变化谈判过程中发挥着不可替代的作用。

众多国际知名的气候变化智库及研究小组都依托大学设立，如哈佛大学国际气候协议项目、麻省理工学院全球变化科学和技术联合项目、剑桥大学气候变化减缓研究中心、英国廷德尔气候变化研究中心、格兰瑟姆气候变化研究所和东英吉利亚大学气候研究小组等。这些智库不仅提升了所依托大学在气候变化领域的科研实力，而且为国内及国际上的气候变化认知，气候变化适应、减缓和应对，气候变化决策制定、政策实施等提供了可靠的科研支撑。同时，这些智库还积极参与到国际气候谈判、IPCC气候变化评估报告的评审和撰写工作，进而影响到国际气候谈判和应对气候变化政策的选择和实施。剑桥大学气候变化减缓研究中心的Barker Terry教授参与了IPCC第三次和第四次气候变化评估报告的撰写和评审工作，Yongfu Huang博士参与了IPCC第五次评估报告第三工作组关于减缓气候变化的风险以及不同减缓方法的成本收益分析工作。

我国存在生态环境脆弱、人均资源占有量少、经济发展水平较低等基本国情，这决定了中国极易受到气候变化的不利影响，如今气候变化对我国农牧业、森林、水资源等领域均已产生明显影响。随着我国经济的高速增长，资源消耗和碳排放量等也急剧增加，这使得我国在相关气候变化进程中经常承受巨大的压力。同时，我国自身的经济和社会发展、参与国际谈判和履行国际责任也对全球气候与环境变化及其影响、相关应对措施和政策等方面的研究提出了迫切的要求。我国虽然在应对气候变化方面起步较早，但大多局限于科技界学者个人参与的层面，整个国家学术界强劲的声音在国际舞台上表现很不充分。其背后的主要原因并非是我国科学家群体认知的问题，而是在国家和政府层面上缺乏有力的组织领导、各相关部委及学术团体之间也缺乏协调和常规的交流机制。因此，建立国家跨部门的专门组织和协调机构，是更好地为政府今后在气候变化和可持续发展国际对话和国内决策提供最有效和全面科技咨询依据的最有力保障。

国外大学设立型气候变化智库由于成立时间较早，涉足气候变化领域时间较长，拥有雄厚的科研实力、完善的配套学科建设体系和人才培养机制，且通过发表高质量学术论文、参与国际性论坛、学术会议，以及投身于国际气候变化谈判、编写 IPCC 报告等，不断提升其科研水平和国际化影响力。与之相比，我国现有的大学设立型气候变化研究机构有国际影响力的学术成果较少，参与国际气候变化谈判、IPCC 报告撰写等尚处于起步阶段，更多的是通过与国际知名研究机构设立合作研究中心方式增强自身科研实力。因此，通过大学设立型气候变化智库的建立，能够更好地实现“整合国内力量，共享国际资源”的目的。同时，建设大学设立型气候变化智库，开展气候变化科学研究，将是一次气候变化研究国际合作模式的积极尝试，也是推动高校之间开展气候变化跨学科研究、培养新的学科增长点方面所做的重大尝试，能够为我国尽快提升全球变化研究能力、争取跨越式发展提供有利契机。

具体来看，与世界范围内同类型的、知名的、高水平的智库相比，我国现有高校气候变化研究机构在科研实力、学科建设与人才培养、服务社会以及国际影响力等方面仍然存在比较明显的差距。

（1）科研实力：纵观国外大学设立型气候变化智库的研究领域、研究成果等，都是建立在所依托高校的优势学科和核心研究领域基础上，结合已有成果，逐步形成具有自身鲜明特色的核心优势。其研究人员拥有在高水平的国际期刊、国际会议上发表高质量论文的能力，研究成果成为政府在制定气候变化政策时的重要参考。国内研究机构由于成立时间短，在这些方面仍处于起步阶段，与国外同类机构差距较大。

（2）学科建设与人才培养：从上述对国际大学设立型气候变化智库的主要特点、研究特色等发展概况及经验的调研结果分析来看，与国外这些智库相比，我国高等院校设立的一些气候变化研究机构的人才培养工作主要依靠所涉及学科单独完成，尚缺乏对气候变化学科和人才培养体系的长远建设规划，不利于气候变化领域综合性人才的培养。北京大学开设的“贝迩绿色示范课程”是建设气候变化综合学科的有益尝试和积极探索。但总体上看，与国外同类智库的差距比较明显。

（3）服务社会：我国政府已经明确提出，提升社会公众的气候变化意识将作为今后气候变化社会服务领域的一项重点工作，鉴于高校在知识传播与普及方面发挥的重要作用，其必然要在这项工作中承担重要职责。然而，目前国内的大学设立型气候变化研究机构在科普方面的工作尚不完善，甚至有些机构并没有将公众宣传作为一项工作重点。反观大部分国外大学设立型气候变化机构都将为社会公众提供气候变化知识、提升其对气候变化科学知识的认知作为长远的工作目标，往往通过公益性讲座、免费在线视频点播、宣传册发放等方式服务社会，并鼓励公众参与本国气候变化政策的制定。

（4）国际影响力：大部分国际知名的大学设立型气候变化智库通过源源不断地为本国政府提供有价值的气候变化领域的科学研究报告及重要数据，使其成为支撑本国参与气候变化国际谈判的专家智库和支撑平台，在国际气候变化谈判的政治舞台上发挥着不可或缺的重要作用。在 IPCC 气候变化评估报告的撰写、评审等工作中，这些智库的重要专家学者的身影同样随处可见。同时，国外大学设立型气候变化智库还通过在国际知名的气候变化领域重要学术期刊、学术会议上发表科学研究成果，不仅展示了其科研成果，而且为提升机构的国际影响力奠定了基础。而与之相比，我国现有的大学设立型气候变化研究机构有国际影响力的学术成果较少，参与国际气候变化谈判、IPCC 报告撰写等尚处于起步阶段，虽然参与 IPCC 第五次评估报告撰写的中国作者数量较之第四次评估报告的人数有了一定增长，由第四次的 28 人增加到了第五次的 48 人，但作为 IPCC 的主要作者召集人和主要作者所占比重仍有待提升。

3.7.3　大学设立型气候变化智库采取多单位联盟方式

3.7.3.1　大学设立型气候变化智库整合相关高校的优势科研资源

通过分析不难发现，国外众多高校都在气候变化研究领域具有一定的科研基础和较强的研究实力。因此，可以整合国内相关高校的优势科研资源，以多单位联盟的方式成立大学设立型气候变化智库。同时，智库还可邀请国外著名大学的气候变化智库参与，以理事会成员的身份共同开展研究。

智库不设实体单位，采用虚拟网络形式的松散型组织结构，如图 3－5 所示。各高等院校研究机构以理事会成员身份参与智库的研究工作，智库本身不承担研究主体职能，研究工作仍主要依靠所属高校的科研人员承担。智库设立首席科学家，并由首席科学家担任主任一职，智库主任统一负责管理智库的各项事务，并向理事会汇报。智库设立学术委员会（或科学指导委员会），学术委员会对智库的科学研究予以指导。理事会和学术委员会对智库的发展战略、长期规划、科学研究予以审议和指导，并负责协调和监督研究活动的开展等工作。各研究机构可采取联合培养方式为气候变化领域培养专业人才，加强人才梯队建设。

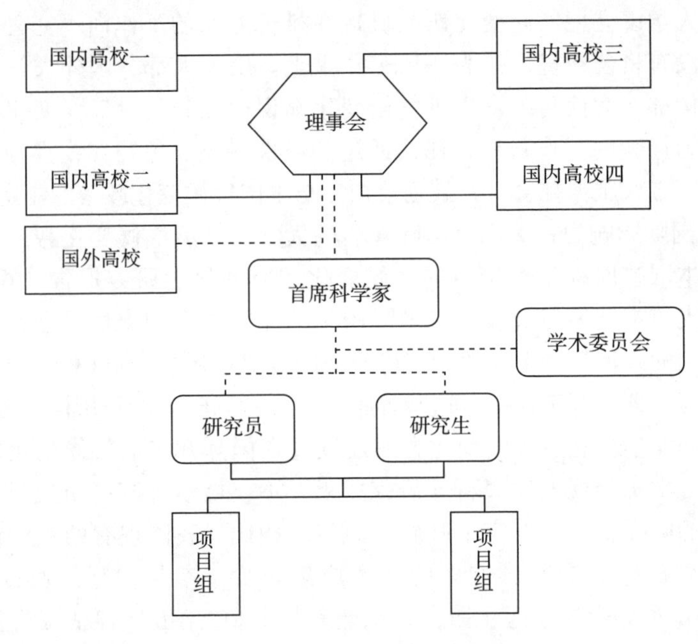

图 3－5　拟建智库组织结构图

多单位联盟的方式能够使现有资源得到最大化利用，保证各研究机构能够更好地利用自身已有优势，同时又可发挥不同机构之间优势互补的作用，更快地提升我国的气候变化研究水平。

网络式松散型组织结构和项目小组形式能够较好地保障智库的正常运行和项目研究的持续进行。在网络式松散型组织结构中，智库的成员与成员之间能够更容易建立一种持续的合作关系。智库能够统一协调与利用现有各气候变化研究机构的优势研究资源，如研究人员间的合作、研究经费的分配等。项目小组能够将隶属于不同大学气候变化研究机构的研究人员通过项目的方式组织起来，在智库的统一监管和项目负责人的协调下，使不同研究方向和研究领域的研究人员通力合作、各展所长，高效、优质地完成中心承担的各项科学研究工作。

3.7.3.2　大学设立型气候变化智库设立理事会和学术委员会

智库制定运行章程，用来指导和规范中心的日常管理，明确学术委员会、理事会的职责与运作方式。智库运行的理念是资源整合、协同竞争、开放合作，即智库要整合多个研究机构在学科、课程、人才、科研等方面的优势，实现1+1>2。同时，几个研究机构既要协作来应对外部机构的竞争，在智库内部也要通过竞争来不断提升研究水平和研究实力。此外，智库要不断推进合作与交流，在共享现有学术资源的基础上与国内外知名学术机构建立合作关系，实现更大范围内的资源共享。

其具体运行模式如下：

（1）理事会是智库的领导机构，理事长由理事长单位人员出任，理事长单位每两年在国内研究机构中轮换一次。理事会每年举行一次会议，会议由理事长召集、各理事单位轮流承办，参加人员包括中心首席科学家、各理事单位研究机构主要管理人员、重大项目负责人、学术委员会成员、重要研究人员，以及可能的观察员等。理事会议是审议、确定智库重大事项的决策机构，主要负责制定中心的中长期政策和发展战略。智库的首席科学家、学术委员会委员等统一由理事会推选产生，理事会还将讨论确定智库的发展战略、阶段任务、重点研究方向、资金投入等。

（2）学术委员会是智库开展科研工作的重要咨询机构，学术委员会成员经合作研究机构推荐、理事会审批确认产生，一般由国内外知名专家和政府官员组成。学术委员会每半年举行一次会议，期间还可以根据需要召开临时会议。学术委员会负责审议智库的科学研究远景规划和计划草案，对智库的基金资助进行审议和批准，对科研项目的执行和研究提供咨询，对较大型学术活动提出建议，并推动与促进智库与国内外相关研究结构的学术交流及科技合作等。

（3）智库设立由主任（兼任首席科学家）、副主任、秘书或助理组成的管理团队，负责智库的日常运行管理和宏观管理工作，并协调各研究机构负责人及研究人员合作开展科学研究工作。根据研究领域的不同，智库设立相应的学科带头人负责各领域研究活动的开展。智库管理团队、学科带头人每月定期组织交流会，讨论研究进展、人员调配、资源共享等相关问题。

（4）智库每年组织一次由各理事单位研究机构所有人员参加的年度会议，邀请气候变化领域内的国内外知名人士、政府官员、合作科研机构及企业代表等共同参加，各理事单位研究机构的重要成果、年度报告、研究报告等都可在大会上予以发布。

（5）智库内部建立研究生互访制度。要求智库下属各研究机构的研究生必须到智库内其他单位参加相关课程学习，并参与其他研究机构的科研工作，从而拓宽学生的研究视野，锻炼研究生的科研能力，培养更全面的高素质人才。

(6) 设立科研项目种子基金。由政府和各研究机构所在单位投资设立种子基金，面向智库机构发布并征集指南，要求两个以上单位合作申请，同时要求有一个外方单位参与项目的实质性研究工作，对于获得资助的项目，要求定期举办会议（可以采用视频会议的方式）进行交流。通过种子基金的支持促进整个智库内部的合作，整合智库中各研究机构的学科优势。

(7) 建立智库门户网站，形成良好的网络沟通和交流平台。各研究机构通过门户网站实现资源的共享和发布、项目研究工作的协作和交流，并支持研究生选课和在线学习。

3.7.3.3 大学设立型气候变化智库成员由高校知名专家组成

理事会由国内气候变化研究领域相关的高校研究机构组成。学术委员会由研究机构学术委员会成员和国际知名专家组成。

拟建智库以松散型的虚拟组织形式运行，不设立专门管理机构，所需管理人员数量不多。中心的首席科学家由来自理事单位研究机构的知名学者担任，也可聘请其他高水平研究专家出任。另外，中心聘用一名专职秘书，工作地点和人事关系挂靠在中心主任的单位，可以根据主任人选的调整变更，辅助中心主任管理中心的日常事务。

研究团队是拟建高等院校应对气候变化智库的中坚力量，研究团队科研实力是否雄厚决定着研究成果质量的高低。因此，智库应该高度重视人才的引进和培养工作，不断增强智库的科研实力。从研究人员的所属关系及人员类型来看，研究团队成员主要包括如下几类：

(1) 研究员（内部）：智库的研究员仍然依托各理事单位研究机构开展研究工作。以智库名义邀请来自其他高校、科研机构的在领域内具有重要国际影响力的专家学者、政府官员等，通过项目合作、研究顾问等方式参与到中心所属各研究机构的研究工作中。

(2) 研究生：智库通过建立完整的气候变化学科，充分利用依托高校优势的教学资源，吸引有志于气候变化相关研究的硕士、博士等加入到智库，在中心研究人员的指导下参与到具体的项目研究工作中。智库将利用各高校在不同学科领域的优势，采用联合培养和独立培养两种方式加强对气候变化人才的培养。智库将尽快协调建立各高校研究机构间的学分互认体系，并加强研究生在各机构之间的课程和学术交流。

(3) 外部人员：智库将接收外部的访问学者和学生，提供学习交流机会。根据各研究机构现有条件，计划在智库成立初期每年接收 10 名左右的访问学者和学生，并提供奖学金资助和一定数量的研究经费支持。

智库下属研究机构现有的人才引进优惠措施能够保证智库对优秀人才的吸引力。在智库成立初期，研究人员可主要从国内所依托高校气候变化研究领域的教授中遴选，并通过与外部机构合作的方式吸引优秀人才加入中心的研究网络中。智库还可以利用所依托高校的国际影响力，以优惠政策引进海外人才，特别是在气候变化领域具有国际影响力的人才。智库可通过引进“千人计划”、长江学者、院士等高层次人才增强研究实力。

硕士研究生和博士研究生的培养是与智库在气候变化学科建设方面相辅相成的重要环节。建立完整、专业的气候变化学科能够更好地吸引新生力量，同时，研究生的加入也能够促进气候变化学科的进一步发展。

3.7.3.4　大学设立型气候变化智库经费来源多元化、国际化

智库的经费来源主要包括获得政府/学校拨款、申请项目经费、接受社会捐赠、成立基金等几种方式，具有来源多元化、国际化的特点。

（1）政府/学校拨款：为保障智库的运行和研究活动的正常开展，需要国家或所依托高校为智库提供一部分固定经费投入，以支持中心常驻人员管理、设备运行及维护等。

（2）申请项目经费：智库通过基金申请，承担国家任务，与国内外企业、科研机构开展合作研究等方式，以研究项目的形式获得经费资助。通过与国外企业、科研机构等的项目合作，不仅能够获得经费资助，同时获得的研究成果更容易得到国际社会的认可，扩大智库的国际影响力。

（3）接受社会捐助：企业、非营利组织和个人等社会力量的参与，能在很大程度上为智库提供经费支持。在对国外大学设立型气候变化智库的调研中也可以发现，社会捐助占据了多数智库经费来源的极大比例。随着我国捐赠制度的不断完善，社会捐赠将在智库的科研工作中发挥更大作用。

国际组织和我国政府每年都会在科研领域投入大量资金，气候变化研究也不例外。因此，各个研究机构可以通过合理分配，将一部分经费用作智库的日常运行费用，能够更好地保障中心的气候变化研究正常开展。

随着社会对气候变化问题认识的不断深入，我国政府也加大了对气候变化领域项目研究的支持力度。国家级基金、省市级基金都明确提出了重点支持气候变化研究的方针计划。智库要把握国家政策方向，顺应国家科研趋势，面向国家未来规划承接或申请政府的中心气候变化研究项目，获得经费支持。

此外，智库应充分调动社会非营利组织、企业、个人对气候变化研究的捐助意识，通过不断地宣传，使社会公众充分认识到气候变化问题的危害及气候变化科学研究的重要性，号召社会力量积极参与到支持气候变化研究的队伍中。同时，努力完善智库的捐赠制度，并提倡经费使用的透明性和公开

性准则，使捐助者能够及时了解经费的使用去向及研究活动的进展，增强捐助者信心。

3.7.3.5 大学设立型气候变化智库成果发布方式多样化

基于对国外大学设立型气候变化智库的综合调研，借鉴我国高校现有成果发布途径，智库的成果发布方式应主要包括学术论文、研究报告、学术会议/论坛、网络传播、教材和学术专著、公众演讲和新闻采访等方式。

（1）学术论文：纵观国际上大学设立型气候变化智库的成果发布方式，在同行评议的期刊或会议上发表学术论文是一个很重要的宣传方式，既可以向气候变化领域相关的专家展示中心的研究成果，也可以为后续向社会公众发布的研究成果、年度报告等增加可信度。因此，智库要积极地在国际著名期刊上发表论文，将其作为扩大自身影响力的一项重要手段。

（2）研究报告：智库通过定期或不定期地发布气候变化热点研究项目的研究报告，如工作简报、可公开的项目成果总结、年度报告等，能够使决策者和公众更好地了解当前社会对气候变化问题的焦点关注问题及其背后的科学数据及研究进展，进而影响政府决策和政策制定。智库在整合各研究机构现有成果的基础上，可每年重点发布如《国际及中国油价预测报告》《中国CO_2排放报告》《中国能源报告》《地球科学年度进展》《智库年度研究报告》等一系列科研成果。

（3）学术会议/论坛：智库通过发起气候变化领域的学术论坛或学术会议，能够吸引该领域的专家和学者共同参与到中心的研究工作中来，从而为更好地开展气候变化领域的研究工作提供支持。同时，智库还可以积极参与到较有国际影响力的其他学术会议或学术论坛中。智库将每年组织一次工程技术领域的国内会议和一次环境政策领域的国内会议，每两年组织一次气候变化领域的国际会议。

（4）网络传播：网络传播的渠道包括中心网站、微博、实时通信工具、虚拟社区等，传播的内容包括研究报告、文章、会议材料等。智库可根据可公开项目的研究进展，不定时地发布科普性和评论性文章，通过微博、博客等注重与感兴趣人群的互动交流。

（5）教材和学术专著：为配合我国高等院校气候变化学科的建立和完善，智库将组织人力、物力和财力编写与气候变化学科相关的教材和学术专著。这对智库承担的学科建设和人才培养任务具有积极作用。教材和学术专著体现了智库的研究成果和研究理念，能够为气候变化学科建设和人才培养提供必需的教学资源。

（6）公众演讲和新闻采访等其他方式：智库还可以通过举办公开讲座、

公众演讲、接受新闻采访等方式，将中心的研究成果以直观的方式传达给公众，使社会公众能够更好、更及时地了解智库在气候变化领域的研究动态，更广泛地向社会普及气候变化知识，提升公众的参与意识。

智库应注重对学术论文发表的引导和利用，多在具有国际影响力的重要期刊或会议上发布研究成果，从而在国际范围内增强智库的学术影响力。智库应充分利用现有高校的科研优势，在已有项目与研究成果的基础上进一步开展气候变化热点领域的研究课题，形成独具特色的研究成果。同时，所依托高校在国内外应具有一定的公信力，能够通过定期或不定期地向社会公众发布一系列研究报告，吸引公众关注。通过逐步积累，增加领域及社会范围对中心研究成果的信任度。

由智库本身发起气候变化领域的专门论坛或组织学术会议是国际气候变化智库的普遍做法。如英国廷德尔气候变化研究中心每两年就会举办国际科学理事大会，邀请气候变化领域的知名科学家出席。智库可以通过组织国内的大型气候变化学术会议，或承办由国家组织的国际会议，逐步扩大自身的影响力。

无论是公众演讲、接受新闻采访，还是通过网站发布研究信息，其重要目的就是要引导社会公众对气候变化问题的关注。顺应国家发展的趋势和要求，对公众普及气候变化知识，能够更好地服务于政府决策。

3.7.4　大学设立型气候变化智库工作依托大学的重点研究领域

3.7.4.1　大学设立型气候变化智库工作重点

大学设立型气候变化智库必须结合所依托大学已有相关机构的重点研究领域，借助学校的优势学科，确立智库的研究领域和工作重点，并在一段时期内形成中心的核心优势。因此，综合考虑国外大学设立型气候变化智库的工作重点和依托大学自身的学科优势，建议拟成立的智库将以下几个方面作为工作和研究重点：

1. 碳市场、低碳经济与全球变化经济学

气候变化问题是一个涉及环境、技术、经济、政治、法律等多学科交叉的综合性战略问题。具体研究内容主要包括：能源金融与碳金融；碳市场配额分配机制；碳市场与低碳发展；低碳经济与政策；全球变化经济学。

2. 气候变化、能源与环境

基于已建立的针对我国国情的能源－经济－环境分析模型平台，深入加强该模型在全球的应用，并将其发展为全球模型，争取从全球的视野分析中国的能源战略以及中国能源经济与世界其他地区的相互影响。同时要增加气候模型的开发，美国麻省理工学院有着世界领先的全球综合系统模型，其中包含气候模型，重点加强其中中国模块的开发，深入基础研究。具体研究内容主要包括：能源供应与消费；能源安全与预警；二氧化碳的捕获和埋存技术；可再生能源与清洁发展机制；能源系统分析、建模和发展战略研究。

3. 地球系统模式与全球变化

拟建智库应借助现有的研究成果和研究力量，联合计算机系、环境系等院系专家，重点围绕地球系统观测与模拟和全球气候变化的机理问题开展研究。具体研究内容主要包括：高精度高分辨率物理气候系统模式；地球气候系统模式；地球系统模式；地球系统模式中的高性能科学计算理论与方法；用于地球系统模式的超级计算机支撑软件系统研究开发；气候变化的成因、发展、影响、预测等机理的研究。

4. 气候变化基础数据库

与国外智库相比，国内研究机构在气候变化基础数据库的建立方面差距较大。应该以智库的成立为契机，弥补与国外智库在这一领域的差距。初期可以北京师范大学全球变化与地球系统科学研究院地球系统观测与模拟数据网络集成数据共享平台为主，逐步建立全球气温变化数据库、海洋观测数据库、地球遥感观测数据库、世界碳排放数据库等。

5. 人才培养

人才培养也是我国建立大学设立型气候变化智库的一个工作重点。智库研究人员中，博士研究生是其重要组成部分。我国设立的气候变化智库应该针对博士生培养开设专门项目来扩充研究实力，提升研究水平，并为气候变化领域提供人才储备。智库可借鉴国外经验，从学校相关优势专业选取学生加入到智库的研究活动中，不仅能够增强中心的研究实力，同时也能够为气候变化研究培养更多的后备人才。智库将建立一套完整的人才培养奖励体系，用以吸引优秀生源。初期，各研究机构可通过在学校设立实验班的方式逐步探索气候变化领域人才的培养模式，规模应控制在30人以内。通过一定的经验积累，根据智库的实际能力，逐步扩大人才培养规模。智库的人才培养以硕士研究生和博士研究生为主，同时可在学校范围内开展一部分公共选修课，增强潜在生源对气候变化研究的兴趣。另外，智库还将考虑设立少量的本科生课程，增加人才培养的立体性。

6. 提供咨询服务和政策建议

通过建立推进技术和政策解决方案的广泛对话，智库成员之间的学术合作将有助于改进国际谈判的机制和结构，为政府、工业界和区域间合作提供咨询服务和政策建议。

7. 加强企业合作，推动国际低碳技术转移

依托智库所属各大学的学科综合优势，加强低碳技术的研发与推广。充分发挥智库的作用，不断加强智库与企业间的国际合作，将国外的先进低碳技术以及能源技术转移到国内。

8. 气候变化学科建设

相比较国外大学设立型气候变化智库，我国在气候变化领域的研究尚处于起步阶段，气候变化、能源环境等学科的建设尚不完善。因此，智库可以结合所依托大学在能源、环境、地理科学等优势学科，提倡学科交叉和自然科学与社会科学结合的原则，开设如能源经济学等一系列气候变化与能源环境课程，逐步建立起门类齐全、结构合理的气候变化学科体系，服务于我国气候变化领域的人才培养和科学研究。

3.7.4.2 大学设立型气候变化智库工作任务（课题）来源

在对国外大学设立型气候变化智库综合调研和深入分析的基础上，结合国内大学设立型研究机构项目来源的实际情况，拟建智库可通过基金申请、政府任务、企业横向课题、国际/区域合作研究等多种方式获得支持，开展项目研究。

1. 基金申请

智库将主动向国家提出项目申请，争取获得国家自然科学基金等基础研究项目的经费支持。在积极申请国家和省市自然基金自由探索类项目的同时，智库还将结合其工作重点，根据智库研究人员所在的专业领域，在把握国际气候谈判变化趋势和国内气候变化研究现状的基础上，合理提出基础研究重点和重大项目方案，引导我国气候变化领域的基础研究方向，努力攻克气候变化研究基础科学问题，推动我国气候变化领域基础研究的快速发展，为我国气候变化研究领域提供数据支持和条件支撑。与此同时，智库还将与国外气候变化研究中心积极开展国际合作，积极申请和承担一些国际气候变化研究项目，包括欧盟 FP7 框架项目、联合国气候变化研究项目、亚洲开发银行 CDM 项目等。

2. 政府任务

智库将关注国家气候变化政策，面向国家重大战略需求开展基础研究和应用研究。智库应整合现有研究中心的学科优势和科研资源，积极申请和承接政府重大科研任务，面向国家关注的新能源、气候适应、地球科学、环境政策等重点领域有针对性地开展前沿工作。目前，国家发改委、科技部和外交部等承担着参与国际气候变化谈判的重要使命，智库应积极参与到这项工作中来，通过基础研究工作积极为气候谈判提供数据支撑和决策支持。

3. 企业横向课题

目前，在国内高校的研究机构开展的项目中，与企事业单位合作开展的产学研项目占据着越来越大的比例。作为气候变化领域的领导者，智库需要适应社会需求，在充分调研和论证的基础上与企事业单位展开合作，积极促进产学研结合，努力为一些企业提供能源环境技术解决方案，并从管理视角为企业提供气候变化情景下的能源与环境政策和产业发展咨询。结合智库的优势学科，重点与能源、新材料、气象等行业企业开展产学研合作，在前沿技术开发、企业管理、国际化、应用型人才培养等领域开展深层次合作。

4. 国际/区域合作研究

智库将与国际或国内气候变化研究领域的更多知名智库开展合作项目研究，一方面可以学习并借鉴其他智库的现有成果与经验；另一方面也可以增强智库的国际影响力。既要进一步巩固现有研究中心与国际知名大学气候变化领域研究中心的合作，又要继续拓展与世界知名大学和重要国际性组织的合作，不断提升智库的研究水平和国际声誉。此外，积极与这些国际知名机构建立人才联合培养机制，为智库的博士生和硕士生提供奖学金资助。

3.7.4.3 大学设立型气候变化智库参与（服务）气候谈判方式

智库开展国际气候变化相关研究，加强国际合作伙伴的广泛对话，将有助于改进国际谈判的机制和结构。智库将根据中国政府在国际社会做出的中长期减排承诺，为实施分阶段、分步骤、分领域的减排目标而制定相关减排方案以及中长期发展规划。定期发布研究成果，为我国政府在气候变化问题上的决策提供科学依据和技术支撑，为今后开展国际气候谈判提供决策支持。

1. 发挥政府智囊作用

智库通过承担面向国家重大战略需求的气候变化科技项目，如973专项、863重点项目等，能够为国家参与国际气候谈判、制定气候变化政策等提供意见借鉴和参考，发挥政府智囊作用。

2. 为我国参与国际气候谈判提供数据支持

依托高校建立国际/区域性气候变化研究中心，需要整合国内现有资源，形成独具特色的重点研究领域，如气候变化机理，气候变化政策制定和决策支持，气候变化、能源与环境，以及人才培养等。通过承担国家重大课题，逐步建立我国在气候变化领域的基础数据库、核心模型等，为我国进一步围绕气候变化谈判中心任务开展课题研究提供数据支持和条件支撑。

3. 参与IPCC评估报告

通过对国外大学设立型气候变化智库的调研和总结，机构学者参与到

IPCC 气候变化评估报告的撰写和评审工作中，不仅能够提升智库自身的国际影响力，同时也可以进一步参与到国际气候谈判工作中。国际气候谈判的很多议题都建立在 IPCC 评估报告充分论证的基础之上。

4. 影响其他国家的气候变化政策

智库成立后，通过各下属高校与国外高校，或智库与国外其他科研机构之间开展气候变化合作研究，通过共同发布研究成果，能够对各自所在国家的气候变化政策产生一定的影响。

3.7.4.4　大学设立型气候变化智库服务政府决策方式

智库根据我国面向气候变化的战略需求，有重点地开展项目合作，定期向政府部门汇报工作进展，并呈交项目报告，以为政府部门在气候变化方面的决策提供依据，为我国参加气候变化对外谈判提供技术支持。将智库建成在国际上有影响力的气候变化智库，有利于我国在今后的国际气候谈判上争取话语权。

1. 提交研究分析报告

智库的首要任务是在已有基础上开展气候变化领域的项目研究，为我国在气候变化领域取得核心成果提供智力支持。通过智库研究成果的逐步积累，使我国在气候变化相关领域的研究能够处于国际前列，根据科学准确的研究数据能够更好地制定我国进一步发展的相关政策，或开展深层次的科学研究。

2. 为政府制定气候变化政策提供建议

目前，我国在气候变化领域的政策法规还不完善，需要智库在科学论证的基础上为今后气候变化政策的制定提供智力支持。

3. 规划国家气候变化领域发展

智库的一个重要任务就是要支持我国积极参与到国际气候变化谈判工作中去，因此需要围绕气候变化谈判的核心议题，以及新涌现的诸多问题，在科技部等部委的统一部署下承接项目，开展研究。一方面能够保证智库研究活动的持续开展和研究项目的前瞻性、科学性；另一方面能够通过科学手段影响国家在气候变化谈判中的立场、观点，更好地服务于政府决策。

4. 科普

我国在《中国应对气候变化科技专项行动》中明确提出，要把提升社会公众的气候变化意识作为今后工作的重要方向。高校在知识传播方面拥有不可推卸的社会使命，智库的建立能够更好地发挥这一优势，顺应国家战略需求，搭建气候变化的科学普及平台，为加强公众应对气候变化能力服务。

智库需要通过学术活动的开展和项目研究的进行来对我国在气候变化政策制定方面提供建议，从而进一步影响政府决策。智库应充分发挥大学的知识传播主体作用，具体通过以下几种方式逐步建立和完善气候变化的科学普及平台：通过大众传播媒介广泛传播气候变化的科学知识和中国及全球应对气候变化的措施、进展和成果；组织开发和编写系列气候变化科普读物，在中小学和高等学校开展气候变化科普活动和相关教育；把气候变化作为全国科技活动周的重要内容，加强对气候变化的集中培训、宣传和示范引导。

3.7.5 大学设立型气候变化智库的支持保障体系及政策建议

3.7.5.1 大学设立型气候变化智库所需启动资金分析

在智库筹备阶段及建立初期，来自政府的支持是其生存和发展的重要保障。因此，智库的启动资金应以政府直接投资为主，辅以中心下属研究机构的资金支持。智库还可以通过研究项目的设置，吸引国内外企业的投资，加强合作，推动低碳技术的转移以及产业化。此外，通过募捐、赠予等方式筹集社会资金，也是扩充智库资金的一条辅助途径。所需启动资金主要包括用于购置设备、实验室改造等固定投资，以及人员报酬支出等运营费用，具体如表 3－2 所示。

表 3－2 拟建智库所需启动资金分析 （单位：万元）

项目	金额
初期一次性投资	200
购买计算机、服务器、通信设备等硬件	50
购买数据库存储、管理软件及其他专业软件	50
实验室改造	100
运营费用（每年）	220
人员报酬	100
会议费	50
通信费	10
设备维护费	10
专家费	30
数据管理费	20
总启动资金	420

3.7.5.2 大学设立型气候变化智库所需基础设施分析

由于智库为网络形式的松散型组织，其所需基础设施主要体现在为增强各下属研究机构的研究实力而投入的部分。具体来说，主要包括以下 4 个方面：

1. 研究室/实验室

根据智库下属研究机构的具体规模和研究领域不同，对研究室/实验室的实际需求也有所不同。智库应通过实际调研各下属高校研究机构的已有研究能力和未来实际需求，对其进行综合评估，然后再以经费的形式支持各高校为研究机构提供实验所需条件。

2. 电脑软硬件等配套设施

建立我国气候变化的基础数据库是智库的一项重要工作内容。这不仅需要研究人员以极大的热情投入科学研究工作中，而且需要智库提供建立基础数据库所需的计算机、服务器、存储管理软件等配套设施。

3. 搭建中心的基础信息交流平台

信息交流基础设施，是中心的参与机构之间沟通洽谈的基本平台。比如中心的网站建设、合作交流的信息渠道建设等。

4. 配套学科建设

智库由于其依托高校设立的特殊性，不仅要保证研究工作能够持续正常进行，同时还要在智库的协调下，整合下属研究机构现有学科资源，形成为气候变化研究领域培养综合性专门人才的人才培养平台。为保证这一目标的实现，需要结合下属理事单位现有的如环境科学、能源科学、计算机科学等一系列相关学科，由智库统一协调，建设配套学科。

3.7.5.3　大学设立型气候变化智库所需法律政策分析

我国气候变化相关立法尚不完善，需要气候变化领域研究成果提供政策指导。我国目前只是在 1997 年通过了《中华人民共和国节约能源法》，但并没有一部全国统一的能源基本法；实践中，国家长远的能源战略及其相关政策无法完整和系统地通过法律得以体现，这使得不少行之有效的政策在实践中大打折扣。我国虽然通过了多项资源单行法，但缺少一部资源基本法，各部法律之间矛盾、重叠、空白之处很多，不利于资源的保护和有效利用[①]。

3.7.5.4　建立大学设立型气候变化智库的政策建议

（1）建立大学设立型气候变化智库，其目的是借助高等院校在科学研究、人才培养和服务社会方面所具有的先天独特优势，在气候变化研究领域实现“整合国内力量，共享国际资源”。所以，智库要加强人才待遇，吸引优秀人才加入，同时也应重视人才培养，建设气候领域人才网络。

---

① 秦天宝．我国环境保护的国际法律问题研究——以气候变化问题为例［J］．世界经济与政治论坛，2006（2）：107－113.

（2）智库的功能定位是推动我国气候变化领域相关科学研究，争取将中心建设成为气候变化领域的科研基础平台，为气候变化政策决策者搭建智力支撑平台，探索建立人才培养与学科建设基础服务平台，为气候变化研究提供持续的支持。

（3）与世界范围内同类型的、知名的、高水平的智库相比，我国现有高校气候变化研究机构在科研实力、学科建设与人才培养、服务社会以及国际影响力等方面仍然存在比较明显的差距。建设大学设立型气候变化智库，特别是通过吸引国外著名高校的气候变化研究机构加入智库，增强中心的国际化和开放性特征，能够为我国尽快提升全球变化研究能力、争取跨越式发展提供有利契机。

（4）目前，国内已经具备建立大学设立型气候变化智库的基本条件。现有高校在气候变化领域的探索与实践为成立大学设立型气候变化智库提供了先决条件；国内大学在气候变化学术研究领域的合作研究为建立大学设立型气候变化智库提供了经验积累；国内大学近十年在国际合作和交流方面的快速发展为建立智库奠定了坚实基础；建设网络型虚拟性的大学设立型气候变化智库可以最大限度地避免整合过程中出现的问题。

（5）智库将采用虚拟网络形式的松散型组织结构，聚集分散的研究机构，培养出智库的研究特色，也将推进参与机构间教育与研究的实质性合作进程。

（6）智库首席科学家由目前该领域的知名专家担任，负责中心宏观管理。各下属研究机构组成中心理事单位，同时聘请我国相关专家和政府官员担任中心学术委员会成员，以便更好地指导中心开展前瞻性的研究工作。

（7）智库的工作重点和研究方向将主要基于各下属研究机构的优势学科，在地球系统模式与全球变化、能源市场、碳市场与全球变化经济学、气候变化、能源与环境领域开展科学研究，并将建立我国气候变化领域的基础数据库，同时探索我国气候变化领域人才培养和气候变化学科建设的发展模式。

（8）智库通过基金申请、政府任务、企业横向课题、国际/区域合作研究等多种方式获得项目支持，开展气候变化研究；智库的经费来源主要包括获得政府/学校拨款、申请项目经费、接受社会捐赠几种方式，具有来源多元化、国际化的特点。

（9）智库要加强与企业间的合作。我国的企业界很少关注气候变化问题，今后还应该在制定政策时更多听取各方面的意见，鼓励企业界的关注和参与，完善气候变化问题的咨询体系。智库要加强与国内外企业的合作，一方面使智库的合作研究更加符合国内外企业的需要，尤其是国内企业的需求；另一方面，使先进的低碳能源技术能够更快地转化为生产力，促进低碳经济的发展。

（10）智库的成果发布方式应主要包括学术论文、研究报告、学术会议/论坛、网络传播、教材和学术专著、公众演讲和新闻采访等方式。

（11）智库通过发挥政府智囊作用、为我国参与国际气候谈判提供数据支持、参与 IPCC 评估报告、影响其他国家的气候变化政策等方式来为我国参与气候变化国际谈判服务，并通过提交研究分析报告、为政府制定气候变化政策提供建议、规划国家气候变化领域发展、科普等方式服务于政府决策。

（12）成立智库还必须注意规避系统风险和非系统风险。系统风险主要指政治、经济、法律和国际环境方面的风险。非系统风险主要来自人员、管理、融资、成果发布、任务来源、研究能力等方面。但总体来看，各项风险都不会对智库的成立产生大的影响。

（13）成立智库所需的启动资金在 400 万元左右，主要包括初期初始投资和当年的运营费用。其所需基础设施主要体现在为增强各下属研究机构的研究实力而投入的部分。

第四章

非政府组织型气候变化智库的案例

4.1 非政府组织型气候变化智库的主要特点概述

气候变暖已成为政界、商界、媒体以及普通大众关注的焦点。作为公民社会代表的、数量众多的非政府组织（NGO）一直是气候变化领域的积极参与力量，在倡导和培育公众意识、开展气候变化相关研究以及推动气候制度决策等各个方面发挥了重要影响。例如，英国著名的《气候变化法案》就是地球之友和世界自然保护基金等10多家NGO共同起草并推动的。此外，在《联合国气候变化框架公约》（UNFCCC）第1～15届缔约方大会中，参与的NGO数目占总数的90%以上，而且绝对数目稳步上扬，而政府间组织（IGO）的数目较小且比重相对平稳。

NGO的地位和作用也早已在国际气候体制中得到了其他参与主体的广泛认同。以国际气候谈判为例，NGO被允许以观察员身份参加《联合国气候变化框架公约》下大部分的正式、非正式谈判，并可通过在会期间发放文件以及与谈判人员面对面交流来影响谈判进程。

气候变化领域活跃的NGO为数众多，本章从活动范围、组织模式、行动方式和背景诉求等角度出发对其分类（表4－1）。研究型NGO是众多NGO中的一种类型。

表4－1　气候变化领域NGO的分类

分类方式	类型
活动范围	国际NGO、区域NGO、国内NGO、社区草根NGO
组织模式	独立开展活动的NGO、网络联盟形式的NGO
行动方式	运动倡导型NGO、研究型NGO
背景诉求	环境NGO、发展NGO、工商业NGO

NGO 关注的议题虽然随着气候谈判和制度形成的进程而有所改变，但其主要包括两个维度的问题：一是应对气候变化行动的目标——减缓和适应；二是达成目标的原则——发展与公平。具体包括减排目标、责任分担、灵活机制、碳汇、适应行动框架、技术转移和资金安排等内容。

气候变化领域 NGO 主要的活动方式较多（表 4－2）。但是，由于气候变化议题本身具有较强的专业性和政治性，而 NGO 本身存在一定的政治合法性缺陷（即不像政府一样具有群众基础）。此外，NGO 及其网络的倡导和游说力量，与其他行为体相比显然处于弱势地位，使气候变化领域 NGO 在总体活动策略上与对待其他环境议题有所不同，其更强调科学与研究、更注重专业化，以及与其他主体的建设性合作。

表 4－2　气候变化领域 NGO 典型的活动方式

国际层面	国内层面
提出政策建议 建构与传播知识 游说与运动，引起公众和政治家关注	将气候变化议题纳入竞选活动 参与公共政策的制定 培育草根意识，开展社区行动 公共问责及私人部门的公众监管 激励企业实现社会责任

近年来，我国一些本土 NGO 和国际 NGO 驻华机构也纷纷开始开展应对气候变化的相关工作。2007 年 3 月，包括自然之友、乐施会、绿色和平、行动援助、地球村、世界自然基金会、绿家园志愿者和公众与环境研究中心在内的 8 家 NGO 启动了“中国公民社会应对气候变化：共识与策略”项目，举起了我国 NGO 关注和应对气候变化的大旗。不过，与国际 NGO 在气候变化领域发挥的重要作用相比，我国国内 NGO 在气候变化领域的参与非常有限，影响力不足，难以融入应对气候变化的国家和国际行动。尤为迫切的是，我国尚无完全的 NGO 型气候变化智库，NGO 在为应对气候变化提供科学研究支持方面的努力刚刚起步。

NGO 型气候变化智库的主要任务和目标包括：研究与气候变化有关的政策问题，为政府部门提供科学决策，向公众普及气候变化知识，创造与积累气候变化科学知识等。NGO 除了具有组织性、志愿性、民间性、非营利性、非政治性等一般特征之外，还有如下一些更为具体的表现。

（1）与政府部门关系密切，采取各种方式加强与政府的联系，包括吸纳政府工作人员、向政府官员发放宣传册等。比如，哈特兰研究所的董事会成员和专家都活跃于美国政坛及媒体，通过提高曝光度的方式加深公众对研究所的认识。哈特兰研究所广泛地同美国各级政府官员沟通，通过出版物向政府官员宣传自己的观点，进而影响政府决策。结果表明，85%的州级官员及63%的市级官员阅读了哈特兰研究所的期刊及宣传书籍；有近半数的州级官员表示，哈特兰研究所影响了他们的观点。

（2）有卓越的机构领导者。比如，印度能源与资源研究所的所长帕乔里是国际上颇负盛名的气候变化研究专家，不仅研究水平高，而且国际活动能力强。1995年，帕乔里加入IPCC时，他只是IPCC第二次评估报告的一位主要作者。2001年第三次报告发布时，他已经是该机构五位副主席中的一员。2002年，他成功当选为IPCC的主席。2007年诺贝尔委员会将和平奖颁给IPCC和美国前副总统戈尔。也就是在这一年，帕乔里被评为《自然》杂志年度新闻人物，《自然》的评价是："IPCC最新的气候变化评估报告，大大激发了公众对气候变化问题的关注。作为这一机构的领导人，帕乔里功不可没。"2009年11月，帕乔里被美国杂志《外交政策》评为"全球100强排名中位居第五的思想家"。正是由于帕乔里的领导，印度能源与资源研究所积极参与国际气候变化谈判工作，尤其是IPCC的工作，有效扩大了研究所的国际影响力。

（3）有实力雄厚的智囊团支持，重视对话与交流。比如，哈特兰研究所在美国有数百个智囊团。哈特兰研究所的网站为其他350个智囊团及团体提供了交流沟通的平台。在这个平台上，任何组织及个人都可以同8 400多名市政官员就教育改革、环境政策、医疗保健、预算税务及电子通信等领域的问题进行讨论。这些智囊团成员大多没有从事气候变化技术层面专业的研究，在学术界也不是独一无二的泰斗级人物，但是他们都活跃于美国政坛，精通气候变化方面的政策研究。正因为有了智囊团的支持，这个并不是专门研究气候变化问题的研究所，却在气候变化领域为自己赢得了一席之地。

（4）通过举办或参与国际会议，加强国际交流，扩大国际影响力。2008年以来，哈特兰研究所主持召开国家气候变化会议。2015年6月，哈特兰研究所在美国华盛顿召开了第10届国家气候变化会议。本次会议有三个主要议题：国会是否需要重新审视气候科学以及评估相关法律的经济效应？国会是否需要探索更科学的能源与环境政策？是否需要从头开始讨论全球变暖问题？作为全球最大的环境保护组织之一，世界自然基金会一直保持对气候变化谈判的高度关注和多层次参与，并建立了国际化和多元化的交流平台，以促进谈判进程中的沟通与交流。世界自然基金会曾出版报告《气候变化国际制度：中国热点议题研究》，在UNFCCC缔约方大会的边会上得到了广泛宣传和关注。

（5）重视发起和参与社会公益活动，提高自身的知名度和影响力。比如，在加拿大国际可持续发展研究所的发起和组织下，加拿大的“青年发展基金”得到实施。该基金资助计划始于2000年，有超过300多名的加拿大年轻人获得了该项基金的资助和培训。该基金通过对加拿大年轻的下一代进行可持续发展方面的职业培训，提高整个社会可持续发展认识水平，为社会培养新一代的可持续发展方面的专业人才。该研究所还设有“社区倡议基金”，该基金成立于2007年，资金总额为50万美元，主要用于提高社区居民的节能环保意识，组织各类以可持续发展为主题的宣传活动，促进居民积极参与节能环保活动。

（6）注重研究成果的宣传和机构影响力的培育，对研究成果的宣传途径形式多样，而且往往力争借助研究成果影响政府的决策。NGO型气候变化智库经常通过工作简报、书籍、论文、政策解读报告、评论等方式发布研究成果。此外，在报纸、杂志或电视台也经常能看到NGO型智库的专家发表看法，以影响有关方面的决策，从而进一步扩大智库的影响力。比如，美国未来资源研究所每年都定期或不定期举行若干次发布会、研讨会等活动，邀请国内外相关学者、专家及公众参会。每年都有上千人到场，并参与到资源研究所活动中来，这既扩大了宣传效果，也提高了智库知名度。

（7）主要分布在欧美发达国家。这一特征主要与这些国家长期以来重视气候变化研究、重视捐赠文化建设和制度建设等密切相关。

经过广泛调研和咨询专家，我们遴选了几个具有重要国际影响力的NGO型气候变化智库，包括奥地利国际应用系统分析学会、美国哈特兰研究所、世界自然基金会、世界资源研究所、未来资源研究所、加拿大国际可持续发展研究所，以及印度能源与资源研究所。

这些智库在气候变化领域的成果和地位具有典型的代表性，分析这些智库的工作重点、研究领域、任务来源、经费支持、成果发布、运行机制等，可以为我国建设具有国际影响力的气候变化智库提供重要参考。

目前，一些重要的NGO型气候变化智库不论是在科学研究方面，还是在政策干预和推动社会发展方面，都做出了许多有创新性的、有价值的成果。NGO型气候变化智库在政策影响力、学术影响力、企业影响力、公众影响力等方面都有突出表现。

比如，美国哈特兰研究所发行了名为《环境与气候新闻》的刊物。据统计，美国国家民选官员中有57%阅读该刊物，有近半数（49%）的官员认为该新闻刊物提供了一些有用的信息，而20%的官员认为该新闻刊物对自身有一定影响力。奥地利国际应用系统分析学会（IIASA）1986 年出版了著作 *Sustainable Development of the Biosphere*，被科学界认为是可持续发展的核心科学文本。其开发的欧洲酸雨模型被 28 个日内瓦公约国家采纳为气体污染谈判的主要技术支持。

与其他类型的气候变化智库相比，我们认为，NGO 型气候变化智库具有鲜明的优势，主要表现为以下 4 个方面：

（1）响应速度快。他们的行动要远远快于政府的反应，这是民众对一些著名 NGO 知晓率很高的重要原因之一。他们的研究内容对社会需求变化做出快速反应，即便一些常规的工作，NGO 也常常走在其他研究机构之前。

（2）资源利用效率高。这不仅表现在他们能以更经济的方式、以更少的资金办更多的事，更表现在他们能以有限的资源成倍地撬动社会资源，最大限度地发挥资金的公益效益和社会效益。

（3）富有主动性和创造性，并能发现被政府和市场忽略的环节。例如，CDM 和自愿减排等领域还缺乏 NGO 参与，NGO 可以在 CDM 项目活动中发挥可持续论证、公众质疑、标准创建、减排监督等作用，在自愿减排领域可通过推动企业和个人承担社会责任而参与其中。

（4）NGO 之间广泛联合比较普遍，协同工作，影响力大。相比其他组织形式，NGO 间的联合行动更为普遍。

4.2 非政府组织型气候变化智库的工作重点和成果发布

4.2.1 非政府组织型气候变化智库的工作重点和研究领域

目前，尚未出现专门从事气候变化问题研究的 NGO 型智库，但一些 NGO 型智库把气候变化作为自己很重要的一个领域，而且通过努力，在气候变化问题方面取得了卓有成效的进展，为公众科普、政府决策等方面提供了有益的支持，发挥了积极作用。归结起来，NGO 型气候变化智库的工作重点和研究领域具有如下几个方面的特征：

（1）崇尚自由研究和独立评论，原则上不听命于任何政党、企业或基金会。比如，哈特兰研究所在其网站上写着“这是一个为自由研究和评论而建立的真正独立的平台”，以表明其研究目的及立场。

（2）以公共政策研究为对象，向公众、政府宣传自己的研究成果，既为政府决策提供参考依据，同时也扩大了自己的影响力。哈特兰研究所的使命确定为：将一些与公共政策相关的想法转变成公众所参与的社会运动，即增加公众对于公共政策问题的理解度和参与度，从而使学术的研究成为促进社会发展的有力武器。而国际可持续发展研究所将自己的角色定位为可持续发展的布道者，通过运用政策分析工具以及严谨的科研方法，为政府、企业或者其他非政府组织提供科学可行的政策建议。它的诸多研究成果对政府、企业及相关非政府组织的决策起到了积极作用。事实上，国际可持续发展研究所的研究成果不仅为加拿大政府提供了很多政策支持，还给国际上其他国家和地区的可持续发展提供了很多借鉴，尤其是针对发展中国家的研究，对发展中国家的环境保护、经济发展提供了很大帮助。国际可持续发展研究所建有中国理事会，专门探讨中国的可持续发展问题。此外，国际可持续发展研究所的研究还给企业和私人部门的战略规划、社会责任履行、环保策略提供技术支持。美国未来资源研究所则通过其网络主页上的《每周政策评论》和两个重要博客，吸引很多人的关注与讨论，增强了未来资源研究所与公众之间对话的机会，使未来资源研究所很便捷地被公众了解。

（3）研究的问题经常富有前瞻性。当前，学术界对气候变化适应能力的研究还处在积极探索阶段，各国学者对于气候变化对实体经济和生态环境造成的影响，以及如何应对气候变化的影响尚未形成统一认识。相比而言，国际可持续发展研究所已经在适应能力与减排风险领域开展了卓有成效的研究，并走在了世界前列。截至 2014 年，国际可持续发展研究所在气候变化领域共发布近 400 份报告、书籍或文章。近几年，具有代表性的与气候变化相关的报告有《参与式学习：以社区为基础的适应气候变化行动》《竞选言论还是暗淡的现实？气候变化对非洲的国家安全的影响到底有多严重?》《基于情景规划的气候变化下布拉多尔湖生态系统研究》等。这些报告从气候变化的应对策略、国家安全、生态系统稳定等不同角度诠释了气候变化的适应能力建设，在国际上形成了较大影响。

（4）研究成果和观点一般较有个性。哈特兰研究所认为，气候变化已经上升为政治问题，他们反对利用这样的方式应对气候变化问题。哈特兰研究所在气候变化、全球变暖问题上的立场及坚持不同于世界上的主流声音。此外，哈特兰研究所的研究人员指出，在气候变化问题上，无论是科学层面的争辩还是经济角度的分析，都不约而同地认为，全球变暖并不是一个刻不容缓的问题，目前采取的减少排放量的方法也是没有必要的。但是他们充分利用自身的优势，活跃于美国及全球气候变化学术圈，广泛宣传研究所的理念。

哈特兰研究所在众多社会公共政策问题的争论上，也有自己坚持的观点，可总结为“五点支持两点反对”，即支持普通意义上的环保、支持转基因作物、支持公共服务私有化、支持引进教育券政策、支持放松医疗保险的管制、反对“科学垃圾”、反对烟草控制等烟草加税政策。

（5）科研工作往往不局限于理论研究，而重视理论与实践的结合。国际可持续发展研究所的很多关于气候变化适应能力的研究，都是建立在分析加拿大地区草原和湖泊等生态系统的基础上的。国际应用系统分析学会虽然在能源系统建模方面做出了重要成就，但它的研究主要是围绕具有政策意义的重大问题，结合自然科学和社会科学的方法和模型，开展多学科交叉的研究，并为有关政府部门的决策服务。而世界资源研究所除了开展研究之外，更致力于开拓实际的方法来保护地球，最终提高人民的生活质量。

（6）积极参与全球应对气候变化的科学研究和实务工作，为解决国际气候变化谈判难题提供方案，进而提高自身的影响力。世界资源研究所的专家们在国际气候谈判和气候政策方面开展了大量研究，发表了许多相关研究成果，包括适应、气候金融、滥伐森林、联合国气候变化框架公约、可测量可报告可查证、技术及国际气候政策等相关问题。这些成果大多都是国际气候谈判关注的热点话题，他们的科研工作为这些话题提供了可行的解决方案，在一定程度上影响了国际气候谈判和国际气候政策的制定。在实务工作方面，世界资源研究所有超过 35 个专家在国际气候谈判方面开展工作，包括联合国气候变化框架下的谈判和相关的气候协议。这些专家一直密切参与谈判，制定解决方案，以及推动建立新协议。在哥本哈根会议上，世界资源研究所的专家为大会起草了哥本哈根协议。

（7）重视与气候变化领域的高层次国际组织开展合作，不但有助于提高研究水平，扩大自身影响，也有助于拓宽获取资金的渠道。比如，加拿大国际可持续发展研究所与全球很多研究组织或机构存在广泛合作，主要的合作伙伴有联合国环境规划署、世界野生动物基金、加拿大国际发展署、国际发展研究中心等。同时，在与他们的交流合作中，研究所也会得到一些项目和资金的支持。世界资源研究所一直以来也积极保持与联合国开发计划署、联合国环境规划署和世界银行的合作，组织全球 100 多位科学家对世界范围的环境状况及环境对社会和经济发展的影响进行全面的调查和分析，出版了享有盛誉的《世界资源报告》系列报告。美国未来资源研究所特别重视与各类国际知名机构开展广泛合作与服务，曾与世界银行、IPCC、美国能源部等 20 多个知名机构有过合作，并对其做出重要贡献。

4.2.2　非政府组织型气候变化智库任务来源及经费支持

从科研任务和经费支持角度讲，各 NGO 型气候变化智库的差异性较大，主要体现在获取经费的渠道方面。NGO 型气候变化智库一般具有较多的经费获取渠道，包括捐助、政府、国际组织、企业、个体等。这种多元化的经费构成格局在一定程度上保障了 NGO 型气候变化智库能够从事相对独立的研究工作。

部分 NGO 型气候变化智库的经费主要依靠捐赠，包括个人、基金会、企业等。美国哈特兰研究所的经费主要来自捐赠，其中 71% 来自基金会，16% 来自企业，11% 来自个人。其中，没有任何一个企业捐赠的数额超过研究所年度预算的 5%。此外，个人捐赠一直是世界自然基金会最重要的资金来源，占其年收入的近 50%，而来自政府和援助机构的资助占 20% 左右，16% 左右来自信托基金和遗赠，还有 17% 左右来自企业捐赠和商品专利税等。世界资源研究所的大量资金也是依靠捐赠，包括战略合作伙伴、项目合作方、赞助企业、私人基金、个人、政府及社会组织等。美国未来资源研究所 2014 年的运营收入为 1010 万美元，其中，69.6% 来自个人捐款、基金会资助、企业捐款和政府拨款，30.3% 来自投资和资金收入，如图 4－1 所示。

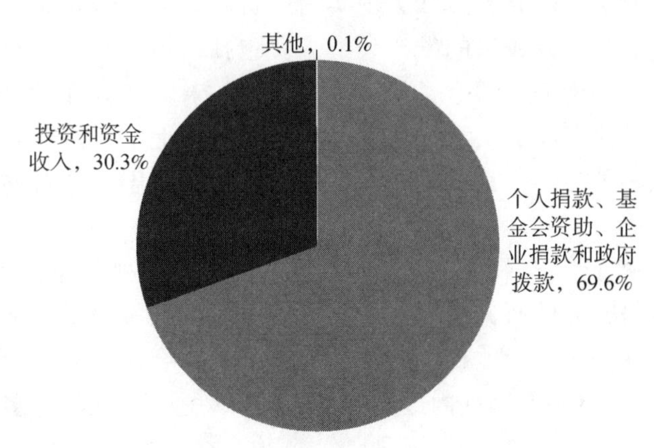

图 4－1　美国未来资源研究所 2014 年收入来源

部分 NGO 型气候变化智库主要依靠政府资助。比如，加拿大国际可持续发展研究所除了接受一些基金、私人机构的资助之外，在运营管理上还受到加拿大政府的大力支持，加拿大国际发展署、国际发展研究中心、加拿大环境署以及马尼托巴地方政府每年都为该机构提供大量资金支持，以维持机构的正常运作。

课题经费也是NGO型气候变化智库的重要来源。比如，国际可持续发展研究所承担一些来自政府、企业以及其他相关组织的课题项目，为他们在应对全球气候变化、维护可持续发展等方面提供政策建议，在完成课题的同时会取得相应的酬劳。世界资源研究所有大量项目支撑开展能源环境方面的研究，特别是气候变化方面热点问题的研究符合当今社会的需求，与一些相关领域高平台的机构合作，开展气候变化领域的前沿研究工作，不但可以获得资金支持，还有助于提高自身知名度，扩大社会影响力，进而开展更多的合作，为高水平智库的建设提供持续的动力。

4.2.3 非政府组织型气候变化智库研究成果及发布

NGO型气候变化智库往往通过充分发挥各种媒介，及时、广泛地发布研究成果，扩大社会影响力。比如，哈特兰研究所每个月出版发行六份各具特色的刊物，这些刊物介绍相关领域的最近新闻动态及哈特兰研究所的评注。这些刊物分别是：《金融保险房地产新闻》《医疗保健新闻》《电信新闻》《教育改革新闻》《预算税务新闻》《环境与气候新闻》。除了新闻刊物之外，哈特兰研究所还通过出版书籍、解读法律的宣传册、工作简报、政策研究报告，以及研究与评论等方式发布自己的研究成果，以扩大影响力。再比如，国际可持续发展研究所以研究服务社会现实为宗旨，大部分研究成果都向社会公开、免费提供。其研究成果的发布渠道主要包括：每年3月份的年报、出版中心数据库、新闻中心、学术会议、社区评论。未来资源研究所则充分利用网络的力量，其研究成果及发行物都可以从其网站上下载。未来资源研究所的发行物包括多种类型，其中比较有特色的有季刊杂志、每周政策评论以及气候政策博客等。

NGO型气候变化智库往往重视与报纸、杂志、电视等公共媒体的联系。比如，哈特兰研究所的研究成果经常出现在美国的各种报纸、杂志上，研究所也经常出现在美国各大电台、电视台的节目中。哈特兰研究所的科学部门主管Jay Lehr，是现在美国国内最受尊重的科学家之一，他的许多观点常常被引用。

部分NGO型气候变化智库通过长期努力，形成了很有影响的系列报告。比如，通过与联合国环境计划署、联合国发展计划署以及世界银行等重要国际组织长达20年的合作，世界资源研究所出版了在全球范围内具有重要影响的《世界资源报告》系列报告。该报告已出版了十多版，并以多种语言在世界各地出版。此外，开拓广泛合作伙伴圈、为合作的重要国际组织提供了一个平台、在这个平台上针对有关政策发表一致言论，是系列报告另一个成功之处。

4.3　非政府组织型气候变化智库的组织结构

4.3.1　非政府组织型气候变化智库人员组成特点

NGO 型气候变化智库的工作人员往往包括董事局管理人员、行政人员和专家。从人数上看，专家占绝对份额。比如，哈特兰研究所的董事会、行政人员和专家分别为 16 人、34 人、141 人，国际可持续发展研究所分别为 5 人、30 人、100 人，世界资源研究所分别为 30 人、60 人、150 人。从工作性质上看，董事会负责研究所的日常运行，专家是研究所的核心，行政人员为专家工作提供服务。研究所的专家包括专职和兼职人员，可能分布在世界各地；董事会的成员也可能分布在世界各地。

NGO 型气候变化智库往往聘请一些知名专家，旨在扩大自身影响力。比如，哈特兰研究所的高级研究员、政策顾问及其他专家都是美国的公共政策专家，他们大多在美国有一定知名度，且每年都在美国著名的报纸或书籍中发表数篇很有深度的政策分析类文章。他们经常出现在电视节目以及公共广播的节目中，其文章则常常出现在《华尔街日报》上。再比如，以美国前副总统戈尔、瑞典前首相佩尔松、美国环境保护局前署长鲁克豪斯为代表的前政府要员，以哈蒙有限责任公司主席哈蒙、沃尔玛公司事务和政府关系执行副总裁达奇为代表的企业高层领导，以前美国驻美洲国家组织大使巴比特、自然资源保护委员会主席拜内克为代表的国际组织和社会组织领导，以及惠顿学院荣誉主席艾默生等为代表的大学领导都是世界资源研究所董事会的成员。

NGO 型气候变化智库的专家和董事会成员遴选重视国际化。比如，国际可持续发展研究所面向全球，聘请能源、环境、技术、创新等领域的专家和知名学者 100 多人，遍布全世界 30 多个国家和地区，有着较强的科研水平。世界自然基金会共有 1 000 多名工作人员，分布在世界各地。世界资源研究所现有的 30 名董事会成员中，24 位来自美国，其余 6 位分别来自哥斯达黎加、荷兰、印度、中国、尼日利亚和瑞典。

NGO 型气候变化智库的专家往往与政府关系密切，甚至有关键专家曾经是政府高层工作人员，政策水平高，实践经验丰富。比如，国际可持续发展研究所的现任董事会主席兼首席执行官 David Rnnallls 曾担任过中国世贸组织和环境联合工作组主席，该研究所气候变化研究组的主任 John Drexhage 曾担任过加拿大政府气候变化国际谈判的顾问、加拿大国际关系部副主任等职务，负责加拿大应对气候变化的国际谈判协调工作，在气候变化谈判方面有很强的实践经验。

4.3.2 非政府组织型气候变化智库组织结构

NGO 型气候变化智库的组织结构没有统一的范式，但多以董事会为领导，采取事业部制与项目小组形式相结合的组织结构。董事会负责智库的经营管理，确定整体的发展方向，下设的研究小组根据各自的研究方向，开展研究。比如，国际可持续发展研究所的董事会下设 13 个研究小组，分别从事气候变化和能源、适应能力与减排风险、经济与可持续发展、国际可持续发展投资、可持续发展治理、可持续发展与国家安全等方面的研究工作。而世界资源研究所董事会下设 5 个职能结构支撑研究所的工作，包括财务、人力资源、战略发展、资料信息服务及营销、对外交流部门；另设 3 个办公室，分别辅助科学研究、各研究小组负责人，以及主席、副主席的日常事务处理。研究所下设 4 个研究小组，分别负责一个领域的研究工作。

部分 NGO 型气候变化智库在多个地方设立办事处，由董事会下设的秘书处协调工作，这在跨国智库中尤为突出。比如，世界自然基金会是在瑞士注册的一个独立的基金会，由董事会管辖，总部在瑞士，但核心机构是秘书处。该机构领导和协调世界各地的办事处，通过制定政策和优先事项，促进全球伙伴关系；协调国际活动，并提供配套措施，以帮助世界自然基金会在全球顺利运行。此外，世界自然基金会的办事处主要分为两种：可以自行筹集资金和开展工作的办事处；必须在世界自然基金会的独立办事处指导下行动的办事处。所有的办事处都在当地开展保护工作。比如，推广切实可行的示范项目及科学研究、为政府的环境政策提供意见建议、促进环境教育和提高环境意识。再比如，总部在美国的世界资源研究所在中国建立常设机构，专门针对中国问题进行研究和开展合作交流。

4.4 非政府组织型气候变化智库的运行机制

NGO 型气候变化智库的运行机制具有以下几个特点：

（1）在全球各地设立分支机构。比如，世界自然基金会在全球有 24 个分支机构和 5 个附属机构，在 40 多个国家和地区设有办事处。

（2）采用项目形式开展研究工作，扩大自身影响力。比如，世界自然基金会积极与中国的政府、研究机构、非政府组织及企业建立伙伴关系，支持中国的气候变化谈判相关研究和能力建设，推动中国在后京都气候谈判进程中发挥积极作用。在中国成立了由政府、研究机构及企业界代表组成的项目指导委员会。针对在气候变化谈判进程中的热点议题，世界自然基金会邀请在此领域中有过多年研究经验并一直参与谈判的中国研究机构与专家合作开展相关研究。2006 年 1 月，世界自然基金会开展了“中国、印度、巴西及南非——后京都气候变化和可持续发展国家能力支持项目”，在这四个主要发展中国家支持相关研究和其他活动。再比如，世界资源研究所目前有 50 多个项目在世界各地实施，分布在全球气候变化、可持续市场、生态系统保护和负责任的环境治理等领域。

（3）采取企业化运作方式，推行高效的管理模式。比如，世界资源研究所以生存与发展为目标，以讲求效率和追求效益为主线，推行企业化管理模式，包括管理理念、战略管理、人力资源管理、营销管理和财务管理等方面。成立之初就定位于非营利性公司，不论是组织结构还是运营管理都采用公司运作的思路，职能部门的建立很好地支持了作为智库核心的研究团队开展研究工作，高效快捷的服务给研究工作提供各方面的保障和服务。世界自然基金会也采取了公司化的经营模式，尤其突出的是，世界自然基金会设立了专门的部门对机构的各个项目进行融资，而不是由各项目负责人自行融资，该部门的工作人员在了解其他部门的项目之后，就开始与政府、各基金会、大型企业等进行积极沟通，他们熟练的沟通技巧使得融资变得相对简单，而世界自然基金会本身良好的声誉也为他们融资成功提供了一定的保障。

（4）具有较有特色的捐赠制度。由于捐赠是 NGO 型气候变化智库的重要资金来源，因此捐赠制度的建设尤为重要。比如，未来资源研究所为广大的慈善捐赠者提供了多条便捷的途径，捐赠者可以通过未来资源研究所的网页在线向其捐赠任意大于 10 美元的金额。同时，未来资源研究所还鼓励配套捐赠、股票捐赠、高额未来捐赠和企业会员捐赠等多条渠道，大大拓宽了资金来源。

（5）重视全球视野。他们能够穿透国家这一壁垒而将地方与全球直接连接起来，并与其他行为体一起构成一个多层次的全球治理结构。气候变化领域 NGO 的全球视野体现在很多方面：一是 NGO 积极推动和参与气候变化国际谈判，深刻认识到只有影响国际层次上的决策才能最大限度地体现和维护组织所代表的利益；二是许多 NGO 在自身的立场上努力代表全球利益而非狭隘的国家或私人部门利益，从而具备合法性和较高的影响力；三是在地方活动的 NGO 倾向于融入国家和国际层次的 NGO 网络中，一方面联合行动以增强影响力，另一方面跟踪国际谈判和科学领域的最新进展，把全球的新思想、新做法带到地方实践中。

4.5 重点案例的详细解剖分析——国际应用系统分析学会（IIASA）

4.5.1 国际应用系统分析学会概况

国际应用系统分析学会是一个国际性软科学智库，着重系统科学的应用研究，英文缩写为IIASA。根据美国前总统约翰逊的建议，国际应用系统分析学会始建于1972年，总部设在奥地利首都维也纳市郊的卢森堡镇，是一个多学科交叉、非政府、非营利的研究型国际组织，旨在通过国际合作来研究发达国家所面临的一些共同性问题，如环境、生态、都市、能源和人口等问题。该学会由位于非洲、亚洲、欧洲和北美洲的成员国组织资助，成员国包括奥地利、中国、埃及、芬兰、德国、印度、日本、韩国、荷兰、挪威、巴基斯坦、俄罗斯、南非、瑞典、乌克兰、美国和波兰在内的共17个国家。各成员国可派人参加研究工作和有关的学术活动，共享方法和信息库，共享研究成果（包括各种研究报告、出版物以及新开发的软件等）。研究所设理事会，下设若干委员会（执行委员会、财政委员会和研究委员会）。国际应用系统分析学会有“学术界的小联合国”之称，为东西方两大阵营缓和紧张关系和加强相互沟通而成立。随着冷战结束和国际形势的巨大变化，该学会的政治色彩逐渐淡化，已转向南北和全球问题的研究。国际应用系统分析学会在国际学术界享有较高声望，与许多国际组织有着很好的合作关系，其研究成果对国际组织和国家的决策有较大影响。

随着时间的推移和世界政治经济形势的转变，IIASA的战略定位也随之有所调整。1972年，IIASA作为一个连接以苏联为代表的东方和以美国为代表的西方两大阵营的桥梁而成立。1994年，在一次部长级会议中，IIASA重新确立了其战略定位，即定位于具有全球视角的独立的、科学的研究。IIASA的发展经过了4个阶段，即4个10年：第一个10年侧重于发现和提高系统分析方法对所有社会面对的复杂问题的应用，使其成为世界复杂性研究的领导者，一个重要代表作为*Energy in a Finite World*，此书对全球长期能源做出预测。第二个10年更多地转向环境领域，建立了区域酸雨模型（RAINS）。第三个10年正值冷战结束，IIASA进行了战略性调整，重新确定了三大研究主题：全球环境变化、全球经济及技术转型、分析全球问题的系统方法。期间成功的研究有东欧经济转型、全球人口分析预测、土地利用等。IIASA的发展进入了刚刚开始的第四个 10 年，IIASA 正式从东西方桥梁转变为全球及南北问题的研究中心。

4.5.2　国际应用系统分析学会重点研究领域和研究特色

IIASA 的研究领域主要包括以下几个方面：全球气候变化、世界农业发展、能源、地区酸雨排放和处理模式、风险分析和管理、人口变化导致的社会和经济影响、系统分析理论和方法。从 2000 年开始，IIASA 管理委员会确立了其战略和研究目标，研究工作主要针对以下三个核心主题：环境与自然资源、人口与社会、能源与技术。

1. 环境与自然资源

随着人类社会经济与技术的快速发展以及人类对自然环境影响能力的逐渐增强，环境与自然资源问题已经成为全球最为关注的问题之一。环境与自然资源问题研究历来就是 IIASA 研究中的重要组成部分，IIASA 在国际合作过程中建立的模型和数据库是其在未来研究中的重大优势。IIASA 在空气污染，森林、土地利用变化，风险降低模型和系统模型中的研究形成了其在环境与自然资源研究领域中的重要基础。

空气污染与经济发展项目。在经济发展的过程中，如何控制污染问题是世界各国亟须解决的问题。IIASA 空气污染与经济发展项目力图集中各国专家进行多学科交叉研究，开发系统模型工具，确立对经济发展影响最小化的环境保护策略。从系统的角度出发，IIASA 的研究将重点关注不同类型的污染、温室气体与经济发展机制之间的协同关系。空气污染与经济发展项目将重点关注最近学术界发现的空气污染控制和温室气体减排之间的联系，以及它们与经济发展之间的关系。空气污染与经济发展项目还将重点探索通过对流层臭氧以及悬浮颗粒发生联系的空气污染与温室气体之间的地球物理学关系。同时，IIASA 还将系统评估空气污染对发展中国家的健康影响状况，评估亚洲温室气体以及空气污染排放控制的成本。

生物进化与生态项目。生物进化是生态多样性的重要保证，因此关于生物适应性的动态机制研究对于理解地球生态系统的过去、现在和将来不可或缺。为了保证人类对自然资源的可持续开发以及生态保护，人类必须理解由其活动产生的对环境的影响。IIASA 生物进化与生态项目能够有效分析和预测进化动态机制对人类以及其他生态种群的影响。IIASA 生物进化与生态项目包括四个相互关联的研究方向：适应性动态理论、鱼类进化管理、人类合作演变和生态多样性研究。

土地利用变化与农业项目。IIASA 土地利用变化与农业项目的研究目标是为了帮助决策者制定科学合理的国家和地区土地和农业战略，从而在促进农村地区发展的同时，保证土地和水资源的有效管理，实现食物和生物质能源的稳定供应和可持续发展。

2. 人口与社会

国际谈判网络流程项目。国际谈判的目的在于寻求解决冲突或增进合作的方法。即使存在理论上的最优解决方法，这些方法还需要在社会、政治和心理等方面深入考虑，从而使其可能在谈判中获得通过。在一些涉及安全、资源分配、环境和福利等国际性的重要谈判当中，改善谈判参与者的协商关系有利于扩展解决途径，找到新的解决方法。IIASA 组织的国际谈判流程研究是为了研究涉及气候变化、冲突解决和恐怖活动等国际性热点谈判问题，并且寻求更好的方法和流程来使这些谈判达到更好的效果。

人口与气候变化项目。应对气候变化还有许多亟须解决的问题，例如采取何种减排组合和措施、减排战略何时实施、如何协调各种气候政策等。现在仍有不少科学问题尚无定论，例如气候变化对不同地区、行业和特殊人群所造成的不同影响，气候和能源问题较大的时间跨越性，社会经济系统以及气候系统普遍存在的不确定性，这些问题都使政策制定更加复杂。IIASA 人口与气候变化项目将在以下三个领域展开新的分析：人口变化对温室气体排放的影响、不确定性和人类学习在气候变化中所扮演的角色、应对气候变化的中期策略。人口与气候变化项目的研究涉及自然科学和社会科学等多学科交叉研究，它将利用一系列的方法，例如历史分析、国家案例分析、决策分析、全球整体评估模型等。分析所得结果要与国家和全球气候变化政策相关，综合考虑人口、经济和气候科学多学科研究。

世界人口研究。人口变化趋势对预测经济、社会和环境变化问题至关重要。然而，因为人口变化相对比较缓慢，人口统计在实际操作当中经常被想当然地估计，其影响也经常被低估。人口变化具有内在的驱动力，评估这种人口结构变化的内在驱动力是人口科学的基本任务。IIASA 世界人口研究是为了找出影响未来人口趋势的决定性因素和未来可能导致的后果。这项研究主要包括以下三个紧密联系的领域：人口预测、人口特征和人力资源变化本质、人口与环境的相互作用。

3. 能源与技术

动态系统研究。IIASA 非常重视基础方法研究，因为所有的 IIASA 项目都采用相关的方法进行研究。在很多情况下，这些方法会包括一些数学、统计以及其他多学科交叉方法。这些方法通常包括一些建模方法和工具，有些是标准化的，有些是问题导向的。在很多 IIASA 项目中，研究人员会开发一些特定模型，用以解决标准化模型或者已有模型无法解决的问题。动态系统项目是为了开发用于动态系统分析的方法，而系统方法是其中最常见的研究方法。动态系统项目遵循需求导向策略，主要与 IIASA 的一些应用性研究项目合作。动态系统项目主要包括三个领域：方法研究、技术与能源发展分析和环境动态分析。

能源研究。能源是人类赖以生存的基本资源，对人类生活而言不可或缺。缺乏安全、洁净和可负担的能源会导致一系列的社会问题。IIASA 能源项目研究的总体目标是更好地理解未来可替代能源转换的本质，研究可替代能源对人类社会和环境的影响以及现在和未来的决策制定者是如何影响能源转换途径的。IIASA 能源项目对于更好地理解长期可替代能源政策、投资和技术对能源转换的影响至关重要。

新技术演变研究。从历史来看，新技术发展和演进是生产力改善和经济发展的重要推动力。人们逐渐认识到技术发展的不同路径会增强或减弱人类活动对地球系统的影响，例如气候变化。技术研发和技术融合被认为是长期发展和环境政策的核心。IIASA 新技术演变研究的长期目标是为了更好地在时间和空间上理解和刻画新技术的融合，即其对经济、社会和环境的影响。从学科角度出发的战略目标是开发能够实现创新和技术融合动态的模型。为了达到新技术演变项目研究的目标，IIASA 将重点开展以下三个相互关联的项目：技术政策、促进发展和气候保护的技术、方法和模型。新技术演变项目研究的特别贡献还在于改进经验理解和技术变化的理论建模。

IIASA 的研究特色包括以下 3 种：

1. 注重问题驱动与政策导向

IIASA 是一个由多国合作成立的非政府科研机构，它的研究自成立起就定位于单个国家无法解决的过于复杂和庞大的全球性问题，例如气候变化、能源安全、人口老龄化和可持续发展等。IIASA 所从事的研究具有政策导向，而非纯理论或学术研究，其科研人员主要结合自然和社会科学方面的方法和模型来进行多学科的交叉研究。

2. 注重综合性与交叉性研究

在《IIASA 战略规划 2011—2020》中，IIASA 指出其核心竞争力是在应用系统分析领域的优势。应用系统分析需要考虑一系列影响系统运行的外在及内在因素，同时还要考虑各系统之间的动态影响和联系，在分析的过程中要运用多种科学方法，这些科学方法可能涵盖各种学科领域，因此 IIASA 非常重视综合性与交叉性研究。

3. 独立性与国际性相结合

IIASA 作为由多个成员国成立的非政府组织，在研究的过程中非常重视保持研究自主性，尽量与政府、企业和其他利益团体保持距离，以保证得到的研究成果准确而不受其他组织的影响。同时，IIASA 作为一个国际性智库，非常重视研究的国际化。IIASA 研究的问题来自世界各国，研究人员也是来自世界不同国家，并与世界许多研究组织合作，从而保证了其研究的国际化。

4.5.3 国际应用系统分析学会研究成果

1981 年，IIASA 出版了第一个针对能源问题的全球性评估 *Energy in a Finite World*，这个评估产生了影响整个世界的报告。

1986 年，IIASA 出版了 *Sustainable Development of the Biosphere*，被科学界认为是可持续发展的核心科学文本。

1989 年，IIASA 开发的欧洲酸雨模型被 28 个日内瓦公约国家正式采纳为气体污染谈判的主要技术支持。在重要国际谈判中，这是首次被所有参与方共同接受的单一科学模型。

1994 年，IIASA 的区域酸雨信息与模拟模型，对 33 个欧洲政府达成减少二氧化硫有害排放的协议起了关键作用。

1995 年，由世界银行和亚洲发展银行资助，区域酸雨模型被扩展用以研究亚洲二氧化硫污染，并且被 18 个东南亚国家能源规划者和政府官员采用。

1996 年，IIASA 出版了 *The Future Population of the World*：*What Can We Assume Today*？的第二版。它包括了第一个概率人口情景和人口老龄化的一些新发现。

1998 年，世界能源委员会与 IIASA 合作进行了一项针对全球能源视角的独特研究。此项研究分析了 21 世纪短期能源政策是如何产生长期影响的，研究成果分别在 1995 年和 1998 年被呈递给世界能源委员会，并且被刊登在 1998 年剑桥大学出版的书籍中。

2002 年，联合国要求 IIASA 的科学家分析从现在到 2080 年气候变化对农业的可能影响。研究报告在约翰内斯堡的可持续发展世界峰会上发布。这份报告强调了扩展京都议定书减排视野和把应对气候变化提上国际谈判议程的必要性。

IIASA 研究成果发布方式包括以下几种：

（1）论文：截至 2014 年，IIASA 发表了 2 900 多篇期刊论文。这些论文涉及气候变化、能源、模型、人口预测和生态等领域科学问题及政策建议，在业界都引起了广泛的关注。

（2）报告：IIASA 参与了许多报告的撰写，例如政策报告、研究报告、工作报告、内部报告和执行报告。在气候变化方面，IIASA 参与了多次 IPCC 评估报告以及特别报告的撰写，例如 *IPCC Special Reports on Climate Change*。这些报告在世界范围内产生了深远影响。

（3）书籍：IIASA 在书籍方面，成果也非常丰富。迄今为止，IIASA 出版了 360 余部书籍。包括介绍 IIASA 酸雨模型的 *The RAINS Model of Acidification*、*Energy in a Finite World* 等，在世界范围内产生了巨大影响。

（4）图片新闻、网络视频、报纸等：IIASA 还通过图片新闻、网络视频、报纸等媒介宣传自己的研究成果，它的许多研究成果及出版物都可以在其官方网站下载得到。

4.5.4 国际应用系统分析学会研究人员

国际应用系统分析学会研究人员包括来自世界 35 余个国家和地区的数学家、社会学家、自然科学专家、经济学家和工程师等共 200 位学者专家，有 4 位诺贝尔得主曾经在此工作。国际应用系统分析学会代表性人物有 Peter Lemke 和 Detlof von Winterfeldt。

1. 主席：Peter Lemke

2009 年 1 月 1 日，Peter Lemke 接任前主席 Simon Levin 成为 IIASA 新任主席。Peter Lemke 现任 IIASA 理事会主席、执行委员会主席、项目委员会成员、财务委员会成员。

Peter Lemke 于 1947 年出生在德国，曾在柏林和汉堡学习物理和数学，1980 年获得博士学位。1975—1989 年在汉堡 Max Planck 气象所工作，1981—1983 在美国普林斯顿大学获得博士后，1989—1995 在 Bremen 大学从事极地和海洋研究，1995—2001 年在 Kiel 海洋研究所工作，从 2001 年开始一直在 Bremen 大学和 Alfred Wegener Institute 工作。他的主要研究领域是气候物理，极地区域变化过程调查，气候建模，海洋冰层建模，大气、海洋冰层和海洋相互关系研究。

2010 年贝尔科学与教育基金将贝尔气象奖授予 Peter Lemke，以表彰其在冰层与气候相关关系研究中的开创性贡献。他在海洋冰层研究中的突出贡献，是现在建立气候模型所要遵循的基本原则，对于理解和观察气候变化至关重要。

现在，Peter Lemke 主要关注地区气候变化分析和预测模型的建立，他在 IPCC 世界气候报告编写过程中发挥了至关重要的作用。2005 年他被授予中国气象局荣誉教授。

2. 主任：Detlof von Winterfeldt

2009 年 1 月 1 日，新任主任 Detlof von Winterfeldt 上任。他在上任前是美国南加州大学工业与系统工程教授。目前在 IIASA 工作的同时，还作为访问学者在伦敦经济与政治学院进行访问。他曾是恐怖事件风险与经济分析中心的合作创建者。过去 30 年中，他积极参与教学、研究、大学行政与咨询等方面的工作。他曾教授统计、决策分析、风险分析、系统分析、研究设计和行为政策研究。他还是运筹与管理科学学会和风险分析学会的理事。

4.5.5 国际应用系统分析学会项目来源和经费来源

IIASA 主要经费来源于各成员国机构。此外，来自政府、国际组织、学术界、企业和个人的合同经费、赠款以及捐款也是该智库的重要经费来源。这些不同来源的经费构成使 IIASA 能够开展真正独立的研究。2014 年，IIASA 共获得经费 0.19 亿欧元。图 4－2 和图 4－3 展示了该智库 2014 年的经费来源和花费去向。

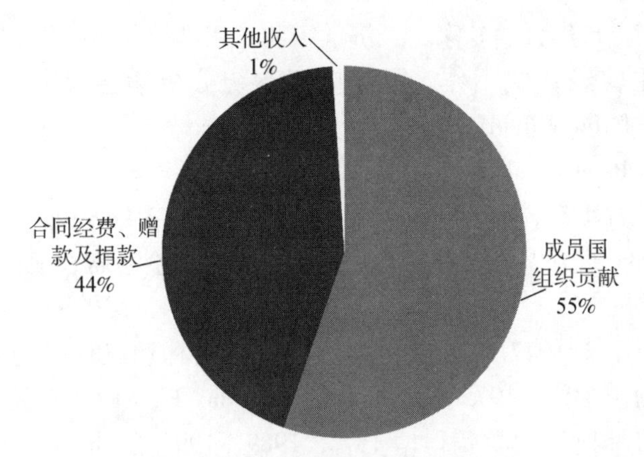

图 4－2　IIASA2014 年收入来源情况

数据来源：《IIASA 2014 年度报告》。

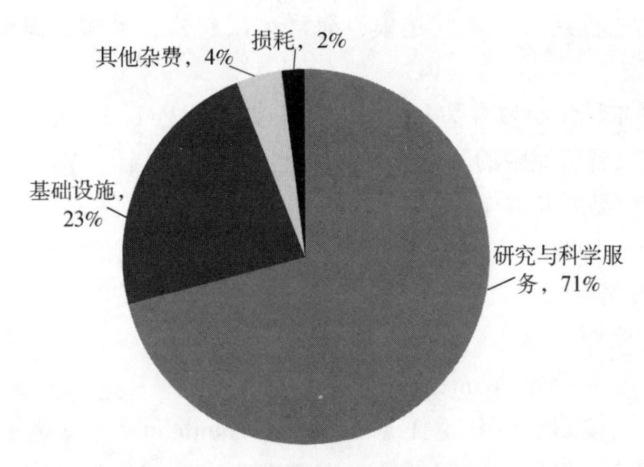

图 4－3　IIASA2014 年经费花费去向

数据来源：《IIASA 2014 年度报告》。

4.5.6 国际应用系统分析学会组织结构和运行管理体制

从管理层次来看，国际应用系统分析学会采用的是扁平式组织结构，这样信息的沟通和传递速度比较快，信息失真度也比较低，有利于发挥下属人员的积极性和创造性。

从组织结构的类型来看，国际应用系统分析学会采用的是直线职能式的组织结构，由理事会统一领导，下设部门委员会、职工委员会、内部委员会、理事长特别顾问、研究支持办公室等职能部门，还有按照不同研究主题形成的研究小组。这样既能保持集中领导、统一指挥，又能发挥职能部门各种专家的作用，使工作秩序井井有条，提高了工作效率。图 4－4 展示了国际应用系统分析学会的组织结构情况。

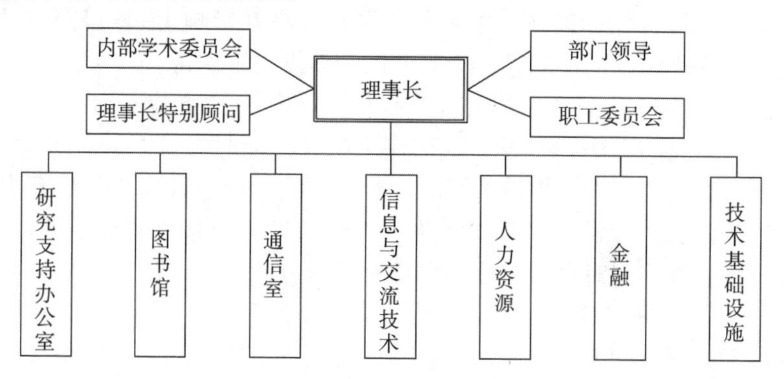

图 4－4 国际应用系统分析学会组织结构

4.5.7 国际应用系统分析学会影响气候谈判的案例和经验

（1）20 世纪七八十年代，IIASA 在气候变化方面的开创性工作对于 IPCC 的建立起了至关重要的作用。

（2）Bert Bolin 长期与 IPCC 合作，并且是 IPCC 的第一任主席和创立者。

（3）1983—1987 年，Martin Parry 领导 IIASA 气候评估小组参与了 IPCC 第三工作小组。

（4）从 1990 年开始，有超过 20 位的 IIASA 学者参与了 IPCC 第二次至第四次评估报告和特别报告的编写，并且有 11 位 IIASA 学者被选为 IPCC 第五次报告的作者和编委。

（5）2008 年，IIASA 为在波兰波兹南召开的第 14 届联合国气候变化框架公约缔约方会议做了充分的准备，IIASA 参加并组织了很多相关活动。

（6）IIASA 大气污染与经济发展项目组开发了温室气体减排计算方法，

比较了京都议定书附件一国家的减排努力和成本，为2009年在哥本哈根举行的第15届联合国气候变化框架公约缔约方会议提供了工具支持。

4.5.8 国际应用系统分析学会发展经验

（1）加强国际交流与合作，提升国际影响。国际应用系统分析学会是由各个不同的国家组织共同成立和资助的，它从成立开始就一直扮演着东西方和世界各国之间利益博弈和谈判的桥梁。也正因为它所宣称的无国别的独立的研究方法，才使它能够在世界范围内获得极高的声望和知名度。我国是一个独立的社会主义国家，要成立一个气候变化研究中心显然不能完全照搬，但我们完全可以借鉴国际应用系统分析学会的成功之处。我们在成立国家气候变化研究中心时，可以以我国为基础，同时与各个国家、地区的政府和相关科研组织进行合作，提高其国际化水平，提高其影响力和知名度，从而为我国的气候变化问题出谋划策，为气候谈判提供决策支持。

（2）为世界各国学者和相关人员提供一个优秀的交流平台。IIASA在进行研究时，研究的方法和研究的成果完全公开，同时经常召开各种学术交流会议，为优秀的青年学者提供锻炼的机会。当我们成立气候变化研究中心时，可以借鉴其做法，为各国学者和利益相关者提供一个有效的交流平台，便于交流和开展合作，同时也能够提高自身的影响力。

（3）人才引进多样化、多渠道化。IIASA的研究人员由来自各个国家、各个领域不同背景的人员组成。气候变化问题属于典型的多学科交叉性问题，不但涉及许多悬而未决的科学技术问题，还有很多复杂的社会问题，人才引进多样化、多渠道化有助于解决这些复杂的问题。

（4）IIASA采用直线职能式组织结构。各项目组既能独立运行，又能相互联系和合作，效率较高，有较强的适应性。我们在成立自己的气候变化研究中心时可以借鉴这种组织结构。

（5）研究问题前沿化。IIASA在不同时期会根据所面临的问题做战略和战术性的调整，不断解决全球学术和政策方面的前沿问题，这样便有效地提高了IIASA在世界范围内的知名度和权威性。

4.6 对中国建立非政府组织型气候变化智库的启示

4.6.1 非政府组织型气候变化智库为我国争取更多的发展权益

为了在全球气候谈判中为我国争取更多的发展权益和更大的发展空间，

我们提议在我国建立非政府组织（NGO）型气候变化智库。

拟建智库的功能定位为：针对我国应对气候变化的重大战略需求，以我国科学家牵头，组织国内外权威气候变化专家开展前瞻性、应用性的科学研究，扩大我国在气候变化研究方面的国际影响力，同时为提高我国在国际气候变化谈判中的话语权发挥积极作用。

拟建智库的使命是：在国外，延揽国际权威专家，加强学术交流，扩大我国在气候变化研究方面的影响力；在国内，向我国有关部门宣传最新科研进展，为其科学决策提供依据，并向公众普及气候变化知识，引导公众关注气候变化，倡导和督促公众应对气候变化。

拟建智库的目标是：经过 5～10 年的时间，发展成为具有我国特色和国际影响力的气候变化智库，并通过前瞻性的研究成果和 NGO 的优势，为我国气候谈判提供坚实的科技支持，同时提高我国在气候变化谈判中的话语权。

4.6.2 非政府组织型气候变化智库在气候变化领域影响较大

作为公民社会代表的、数量众多的 NGO 一直是气候变化领域的积极参与力量，其在倡导和培育公众意识、开展气候变化相关研究，以及推动气候制度决策等各个方面发挥了重要影响。同时，NGO 的地位和作用早已在国际气候体制中得到了其他参与主体的广泛认同。以国际气候谈判为例，NGO 被允许以观察员身份参加《联合国气候变化框架公约》下的大部分正式、非正式谈判，并可通过在会期发放文件以及与谈判人员面对面交流来影响谈判进程。

此外，建立以我国为主的 NGO 型气候变化智库能够最大限度地发挥 NGO 宣传的优势，为我国科研人员提供一个发表观点的平台。更为重要的是，通过宣传可提高我国科研人员所做研究成果的影响力，进而逐步提高我国在气候变化国际舞台的话语权。

近几年，我国自下而上的 NGO 大量涌现、自上而下的 NGO 自主性有所增强，NGO 的能力和社会影响日益扩大。由于我国政府在某些领域逐步放松对自下而上 NGO 的管制，并大力推动自上而下 NGO 的改革以深化市场经济体制改革和与国际接轨，使我国 NGO 面临新的发展机遇。在此背景下，加上国内公众和民间组织对气候变化关注程度迅速增加，我国一些本土 NGO 和国际 NGO 驻华机构纷纷开始开展应对气候变化的相关工作。

总的来看，虽然近年来中国自下而上的 NGO 发展较快，影响也在不断增强，但是其数量与规模、作用与影响还非常有限。与国际 NGO 在气候变化领域发挥的重要作用相比，我国 NGO 在气候变化领域的参与非常有限，影响力不足，难以融入应对气候变化的国家和国际行动。尤为迫切的是，我国尚无完全的 NGO 型气候变化智库，NGO 在为应对气候变化提供科学研究支持方面的努力刚刚起步。

虽然面临各种困难，但是当前在我国建立 NGO 型气候变化智库总体上是可行的，这主要体现为三个方面：首先，社会响应上可行，即在我国成立 NGO 型气候变化智库有巨大的社会力量做支撑，在社会响应、社会参与和社会支持等方面均是可行的。尤其需要指出的是，我国高校扩招政策已经实施十余年，促使我国大学毕业生规模急剧增加，人才储备明显增强，为 NGO 的发展提供了巨大的基础人才支持。其次，国家政策上可行，即国家对 NGO 管理和限制逐步放松，加上中央政府对节能减排的数量化目标都是建立该智库的有力推动因素，而政府采购制度向 NGO 倾斜将为政府办 NGO 提供一个经费来源的制度化渠道，成为 NGO 发展的巨大拉力。最后，体制运行上有国际经验，即国外典型 NGO 型气候变化智库的运行模式和机制为在我国建立该智库提供了重要参考。

4.6.3 非政府组织型气候变化智库采取董事会机制

4.6.3.1 非政府组织型气候变化智库采取董事会、专家咨询委员会、职能部门、研究小组相配合的机制

智库的组织结构可以采取董事会、专家咨询委员会、职能部门、研究小组相配合的机制。其中，董事会要体现国际化和以我国为主的特点，负责智库的经营管理和整体方向把握，确定和调整智库的研究目标和发展战略；专家咨询委员会由国内外气候变化领域的权威专家组成，定期举行咨询会议，商讨气候变化领域的重大问题和智库的工作思路；职能部门可以包括财务、人事、规划、信息服务、对外联络等部门，为研究人员服务；研究小组也应具有充分的国际化特点，比如研究人员来自多个国家，可全职长年工作或短期工作；研究小组根据不同的研究领域来设立，各研究小组之间既有一定的独立性，同时也相互协调，共同推动智库的整体发展。

4.6.3.2 非政府组织型气候变化智库聘请国内外知名专家

为保证智库以我国为主，为我国服务，建议董事会和专家咨询委员会的负责人从国内选拔，由此便可充分了解中国应对气候变化的基本状况，认可中国在气候变化问题方面的基本价值观念。

为保证智库的高起点、高层次，需要从全球范围内招揽一流的气候变化研究专家参与研究小组，研究领域可以涉及能源、环境、技术、创新等。

智库应聘请国内外资深政策研究专家、原政府高官或原国际组织负责人等作为专家咨询委员会的成员，旨在把握智库的工作方向，提高智库的国际

影响力。国际经验表明，这些专家不仅政策水平高，实践经验丰富，而且有利于密切与政府部门的关系。

智库应重视发展后备中坚力量，加强与有关高校和研究机构合作，联合培养有志在气候变化领域进行科研工作的硕士生、博士生等青年学者，并增加与国外同类型研究所之间的交流，提高培养水平。

4.6.3.3　非政府组织型气候变化智库以项目导向资助为主

调研发现，经费问题是目前我国 NGO 普遍面临的难题，这与我国 NGO 相关制度和文化环境（如捐赠制度、志愿文化、基金会建设等）密切相关。

参考国际典型 NGO 型气候变化智库相关经验，拟建智库运转的资金来源需要多元化，并以项目导向的资助为主。例如利用 NGO 身份的优势，承担来自企业或国外相关组织（如世界自然基金会、世界银行）的课题，为他们在应对全球气候变化、维护可持续发展等方面提供政策建议，在完成课题的同时取得相应的酬劳，不断扩大自身影响力。

在接受国外有关组织资金援助的同时，应该坚持智库的工作宗旨是为我国应对气候变化服务的原则，将智库的工作方向及定位由我国独立掌控。

4.6.3.4　非政府组织型气候变化智库充分发挥各种媒介作用

智库可以充分发挥各种媒介的作用，在全世界范围内及时、广泛地发布研究成果，扩大社会影响力，如定期出版简报、宣传册、新闻刊物等，使公众了解气候变化领域的动态及智库自身的观点。

智库应重视与报纸、杂志、电视等公共媒体的联系，可通过设立新闻发言人的方式及时向国内外传播智库的立场及见解。

智库应努力形成具有影响的系列报告，以中英文的形式在国内外发布，以在气候变化研究领域占据一席之地。

智库应开拓广泛的国际合作伙伴圈。例如，为合作的重要国际组织提供一个平台，在这平台上针对有关政策发表一致言论，提高自身的国际影响力；或与知名国际组织联合发布政策报告。

4.6.3.5　非政府组织型气候变化智库采取“三步走”战略

从宏观上看，智库的兴起与壮大可以采取“三步走”的战略。首先，起步阶段，可以考虑走自上而下 NGO 的路线（即政府办 NGO），由政府间接资助起步。比如通过各种财税手段激励和引导一些央企联合资助 NGO，并将政府采购制度向 NGO 倾斜，即政府逐渐向 NGO 购买社会服务，推动 NGO 的发展。同时要确保 NGO 享有较大的自主性，迅速进入气候变化研究的国际主流，逐步发展成为国际知名的 NGO 型气候变化智库。

其次，在发展阶段，逐步过渡到自上而下 NGO 和自下而上 NGO 共存的模式。加强与企业的合作，推动智库逐步独立运作，进一步提高国际知名度。当我国基金会制度不断完善、基金会数目和财力不断增加时，智库可以考虑争取更多来自基金会的支持。

最后，成熟阶段，促使智库实施完全的企业化运作模式，为我国参与气候谈判提供坚实支持，为世界各国了解我国在应对气候变化方面做出的突出贡献提供渠道，为公众提高应对气候变化的意识提供有益引导。

4.6.4 非政府组织型气候变化智库关注气候变化行动目标以及达成目标原则

4.6.4.1 非政府组织型气候变化智库学术研究工作的重点

调研发现，气候变化领域国际典型 NGO 从事的学术工作主要关注两个维度的问题：一是应对气候变化行动的目标——减缓和适应；二是达成目标的原则——发展与公平。

智库应在把握现有国际前沿基础上，讨论我国当前迫切需要解决的气候变化相关领域的问题。具体可以从以下几个方面考虑：碳排放与碳减排、气候变化情景分析、气候政策设计与模拟、碳捕获与封存、能源—环境—健康、气候变化与环境变化的易损性及适应能力建设。

4.6.4.2 非政府组织型气候变化智库支撑气候谈判实务工作的重点

智库在支撑气候谈判方面的研究重点应把握我国在气候变化谈判方面的核心诉求，将科学研究与国家核心利益结合起来，为我国在气候变化谈判上争取更多利益。我们认为可以从以下几个方面考虑：

（1）减排目标方面的研究：发达国家必须在 2020 年达到 1990 年基础上 40% 总体减排量的可行性和我国相应的谈判策略，我国减排的目标愿景以及碳排放总量目标的实现路径，我国在“三可”原则下的国家减排行动及自愿的减排行动应在排放基准轨迹线下产生切实的效果等。

（2）责任分担：“共同但有区别责任”原则的理论基础和坚守此原则的策略，温室气体排放权的分配，气候变化区域公平问题等。

（3）碳核算：建立使我国利益最大化的碳排放核算体系（充分考虑历史的责任、国外消费端拉动国内排放等因素），为我国社会经济发展争取有利时机。

（4）灵活机制：CDM 项目面临的机遇和挑战，碳排放交易体系的建立和应对策略等。

4.6.4.3 非政府组织型气候变化智库参与气候谈判的方式

（1）通过 UNFCCC 框架下的各类国际会议，开展在国际层面的游说与活动。例如，智库可以观察员身份参与气候变化国际谈判，为缔约方谈判代表提供信息并进行游说，同时可以主办“NGO 论坛”和各种各样的边会，阐述合乎我国核心利益的观点。

（2）加强媒体宣传，充分利用各种渠道进行观点传播。例如，可以在谈判会议期间，每天以 NGO 的名义向谈判代表印发简报，以表达对当天谈判主题的立场和观点。

（3）建立系统的评价方案，用于激励或批评谈判过程中表现突出或较差的代表和国家，并实时予以发布。

4.6.4.4　非政府组织型气候变化智库服务政府决策的方式

（1）参与政府课题。将科学研究与政府的决策充分结合起来，积极参与政府组织的政策性科研项目，真正为政府谈判提供理论支撑。

（2）积极参与公共政策制定。对于气候变化方面的法规和政策的出台，政府往往要征询社会公众的意见，智库应发挥自身科研优势，积极参与到政策设计、起草、论证等工作中来，为政府政策献言献策。

（3）对政府行为进行有效的公众监督。智库可以通过法律手段对国家政府部门在气候变化问题上的作为和不作为进行“问责”，进行必要的请愿和上访工作，这对政府相关部门起到一定的监督作用。

（4）作为政府的“代言人”，发布一些合乎国家利益的言论，进行相关信息的披露。

4.6.5　非政府组织型气候变化智库的支持保障体系及政策建议

4.6.5.1　非政府组织型气候变化智库所需支持保障体系

首先，为了保障 NGO 型气候变化智库稳步启动及可持续发展，需要在我国政府支持下，建立合理的捐赠机制和基金会制度，引导相关企业关注气候变化领域的公益事业，培育捐赠文化。为保证智库正常运转的经费得以持续补充，政府有关部门需要尽快建立科学合理的捐赠机制，为在全社会营造积极的捐赠文化创造条件，以支持 NGO 型气候变化智库的有序运行。例如，通过优惠税制激励 NGO 的社会公益事业，NGO 接收社会捐赠开展公益事业，获得的捐赠和其他合法收入应享受减免税待遇；同时，捐赠者本身也应享受减免税待遇。

其次，政府应进一步建立健全和规范研究型 NGO 的法律政策环境和制度，深入关注 NGO 的生存环境问题，有效地培育和促进 NGO 的发展。例如，制定和出台中国非营利组织、非政府组织基本法，建立相对独立和有职有权的民间组织管理体制，变“限制型管理”为“监督和服务型管理”，实行非营利财务制度和公开的社会监督，等等。

最后，政府应加强对 NGO 的辅助和支持。政府有义务帮助 NGO 进行能力建设，现阶段中国的 NGO 没有足够的能力承担以往政府承担的社会职能，因此，政府有必要通过培训等形式将专业化的能力转移给 NGO；建立以政府采购为中心的政府支持体系，在竞争的条件下，政府向 NGO 提供资源支持，由 NGO 来完成本应由政府提供的公共服务。同时，政府对 NGO 提供的公共服务进行监督和评估，这样可以公开、透明、合理地利用政府资源，提高政府资源的利用效率。理顺就业渠道，推行非营利社会保障制度。NGO 的发展能为整个社会提供大量就业机会，因此在 NGO 中推行社会保障制度已经迫在眉睫。

4.6.5.2　建立非政府组织型气候变化智库的政策建议

为了使得所建立的 NGO 型气候变化智库具有广泛的国际影响力，同时体现以我国为主的特色，对拟建立的 NGO 型气候变化智库提出如下参考：

（1）NGO 型气候变化智库应该围绕关键科学问题特别是中国问题，注重形成有国际影响力的、前瞻性的研究成果。通过科技攻关，开发若干具有自主知识产权、符合中国特色需求的模型方法，为应对气候变化基础研究和全球气候变化谈判应用需求提供支撑。同时，针对气候变化领域的前沿问题特别是中国问题开展前瞻性的研究工作，把握理论制高点。

（2）需要遴选卓越的领导人和权威的咨询委员会。建议遴选一位卓越的中国科学家作为 NGO 型气候变化智库的领导人；同时，在全球范围内引进气候变化领域的高层次专家，组建专家咨询委员会，引领该机构的科学研究工作始终立足于国际最前沿，以扩大国际影响力。

（3）需要构建开放式的研究平台，重视学术交流和项目合作。不但通过承办具有较大影响力的国际研讨会或论坛，扩大自身影响力；而且通过项目合作的形式，在全球范围内吸引一流的气候变化研究专家，共同攻关，发表具有影响力的报告或论文；加强与国内外相关高校和科研机构的合作，包括项目合作和学术交流，以拓宽视野、增强信任、扩大影响。此外，创办气候变化政策研究的专业刊物，定期向有关部门发放；创办一份国际学术期刊，以吸引全球相关领域专家的关注。

（4）需要注重研究成果的政策导向和多样性，为我国有关部门的科学决策提供参考。政策导向要求科研工作应该着眼于全球应对气候变化的重大战略需求，尤其是我国在应对气候变化中的博弈策略；通过科学研究，为我国有关部门的决策提供信息支撑，进而提高决策水平。多样性强调研究工作不仅需要重视方法模型的研究和推广，提高学术研究水平，也需要根据应对气候变化实际工作的需求，开展专题讨论，形成政策咨询报告，以引导公众的气候变化意识，支撑有关部门的科学决策。

（5）建议以 NGO 型气候变化智库的名义设立“应对气候变化国际合作奖”，提高我国在气候变化领域的国际地位。发展到一定阶段之后，根据为全球应对气候变化，尤其是中国应对气候变化做出实质性贡献的程度，面向全球的气候变化研究专家或管理人才设立国际大奖，以吸引全球的关注，增强 NGO 型气候变化智库的国际影响力。

（6）建议争取我国政府的支持，尽快建立合理的捐赠机制和制度，为 NGO 型气候变化智库的有序发展保驾护航。为保证 NGO 型气候变化智库经费的正常维持，需要政府有关部门尽快建立科学合理的捐赠机制，为全社会营造积极的捐赠文化创造条件，为 NGO 型气候变化智库相关工作的持续开展提供支持。

第五章

依托研究机构设立型气候变化智库的案例

5.1 依托研究机构设立型气候变化智库的主要特点概述

依托研究机构设立型气候变化智库一般是指为了完成某种复杂性、长期性且单个研究机构往往无法独立完成的任务或目标，由政府、企业、社会团体或个人等出资，两个或两个以上的研究机构共同合作建立，并以附属于某个研究机构的形式开展实体运作，且能较好利用协作研究机构的资源开展气候变化合作研究的一种智库组织形态。此类气候变化智库具有以下几个特点：

1. 研究任务具有很强的公益性

依托研究机构设立型气候变化智库的科研任务主要是与人类社会利益和人类安全相关的战略性重大科技问题研究。其研究内容同时涉及基础研究和应用研究，其研究成果能提高人民生活质量，实现人类社会可持续发展。如全球气候变化联合研究所（JGCRI）研究能源技术及进步对气候变化的影响。因此，该类智库研究任务具有较强的公益性。

2. 强调多个研究单位的协作互助和优势互补

依托研究机构设立型气候变化智库的科研任务耗资较大，风险较高。单个企业、高等院校和其他社会组织不愿开展或无力开展相关基础科学和技术科学的研究。而此类研究的成果外部性较大，社会的公共需求迫切，风险较高，利润可寻的可能性较低。因此，一般由多个研究机构进行合作开展研究。如全球气候变化联合研究所（JGCRI）是在全球战略合作计划（GTSP）资助下由西北太平洋国家实验室（PNNL）和电力研究所（EPRI）共同发起并持续开展长期合作研究，经过多年的协作互助和优势互补，最终形成了以能源技术与气候变化结合为研究特色的智库。

3. 研究问题和内容具有交叉性

依托研究机构设立型气候变化智库所研究的问题很多涉及基础应用研究，这些研究内容和问题一般为各合作机构研究内容的交叉点。上述案例中的西北太平洋国家实验室（PNNL）和电力研究所（EPRI）就曾一直从事能源技术及其对气候变化的影响这个交叉研究内容。

4. 研究团队和合作形式比较灵活

依托研究机构设立型气候变化智库研究人员的研究方向并没有被安排在某个特定的范围内，而是可以根据自己研究兴趣参与多个协作研究课题或计划。这加快了自我知识的交流、转化、共享和创新。例如全球气候变化联合研究所研究人员可以根据自己的兴趣和爱好来决定是否参与某一个项目，并且可以同时参与多个感兴趣的课题。

5. 发展战略适应了气候变化研究趋势和方向

依托研究机构设立型气候变化智库能将能源技术、气候变化和社会影响结合起来，并逐步通过开发能源技术模型和气候预测模型来揭示其对气候变化的影响，进而分析其对整个社会的影响。从该类型智库的发展战略来看，这种发展研究思路适应了整个气候变化研究的趋势和方向，同时也使自己在气候变化研究中独树一帜。

5.2 依托研究机构设立型气候变化智库的工作重点和成果发布

5.2.1 依托研究机构设立型气候变化智库的工作重点和研究领域

依托研究机构设立型气候变化智库的战略定位为：以提高和改善人类社会福利为最终目标，以预测和评估气候变化给人类社会带来的各种风险为主要手段，以能源利用与开发技术、环境监测与预测技术等研究为突破口，尽可能减少人类社会活动对气候变化和社会环境的影响，以较低的环境成本实现人类社会的可持续发展。例如国际气候与社会研究所（IRI）的战略定位与使命为提高社会认识、预测和应对气候变化影响的能力，以改进人居环境、确保生态系统的永续性。气候研究目标为不断提高气候预测科学及应用水平，定期提供气候资讯和预测产品，开拓一系列前沿性的应用研究计划，培养和构筑在气候及其应用科学方面的能力。

依托研究机构设立型气候变化智库的工作重点主要集中在长期战略问题上，包括减小和改善人类社会活动对气候变化和社会环境影响方面的技术和方法，并应用这些技术和方法为人类社会控制气候变化的风险。例如国际气候与社会研究所（IRI）的工作重点在于气候预测研究、决策系统研究、对策系统研究、培训和教育等。

依托研究机构设立型气候变化智库的研究领域主要涉及全球能源经济建模与综合评价、能源技术与气候变化评价、气候变化预测与社会公共安全等。具体包括：气候变化的监测和预测；气候变化对社会经济体系的影响（评估未来温室气体排放增长趋势、分析减排技术和政策效果）；应对气候变化的政策体系；气候变化管理决策支持系统；能源技术与气候变化模型开发；气候变化的影响、适应性和易损性评估。

依托研究机构设立型气候变化智库的研究特色主要在于将能源技术研究和气候变化研究有机地结合起来，开发了很多实用且被国际社会广泛接受和应用的技术。这些技术在很多联合国气候变化公约成员国会议上、美国参议院的听证会以及其他很多政策或科学场合都得到了发表和认同。全球变化联合研究所曾模拟全球变化的政策选择的经济和物质的影响，开发了很多具有国际影响的能源技术模型，具体有如下几种：

（1）第二代模型（Second Generation Model，SGM）。SGM 是针对世界 8 个区域的可计算一般性均衡模型。SGM 可以预测未来能源消耗和温室气体的排放，用来评估气候变化策略和减排技术的效果。SGM 考虑到了经济的各个方面，并重点强调能源的供应和转化。

（2）全球变化评估模型（Global Change Assessment Model，GCAM）。GCAM 是针对世界 14 个地区的局部均衡模型。GCAM 被用于预测能源消耗和温室气体排放量，以及评估气候变化策略和减排技术的效果。GCAM 除了考虑到人口、资源、能源生产和消费外，还包括农业土地利用模块、碳循环和气候模块。

（3）环境政策集成气候模型（The Environmental Policy Integrated Climate Model，EPIC）。EPIC 是一个基于流程并由仿真组件构成的农业系统模型。其中仿真组件包括天气、水文、养分循环、农药、耕作、作物生长、土壤侵蚀、作物和经济等内容。

5.2.2 依托研究机构设立型气候变化智库任务来源及经费支持

依托研究机构设立型气候变化智库所承担的科研任务经费主要来源于各级政府组织、企业和私人团体，其主要是为政府组织和大型企业服务的。如全球变化联合研究所经费主要来源于公共组织、企业和私人团体，包括美国能源部、美国能源科学办公室、美国天然气技术研究所、美国加州能源委员会、美国电力研究所、通用汽车公司、力拓集团和日本关西电力公司等都曾为其提供研究经费。

我们以美国哥伦比亚大学国际气候与社会研究所（IRI）为例，具体分析其项目来源与构成情况。IRI 是基于美国国家海洋和大气管理局（NOAA）与美国哥伦比亚大学之间的合作协议并于 1996 年设立的。本章调研了 IRI 承担的 121 项科研项目，这些项目集中在亚洲、非洲及拉丁美洲地区，囊括了 IRI 研究的 6 大领域：健康、气候、环境监测、农业、水资源及经济发展。其中对于气候、农业领域更为关注，如图 5－1 所示。

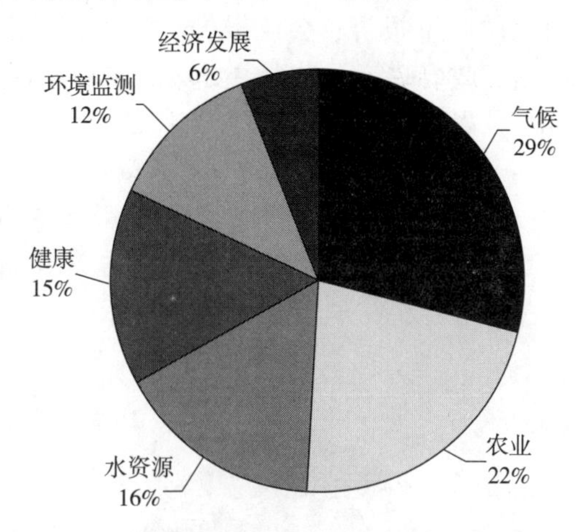

图 5－1　国际气候与社会研究所项目研究领域

IRI 的项目经费来源分为政府组织、非政府组织（各团体、基金会）、企业、科研院所（大学的研究所、研究机构）四种。通过总结 IRI 承担的 121 项研究课题的详细资料，可以发现共有 39 个组织共 197 次对 IRI 的项目给予了资金支持。其中，政府组织对于 IRI 项目的支持力度最大，而仅有 3% 的项目是通过企业支持进行的，如图 5－2 所示。给予研究所资金支持的政府组织

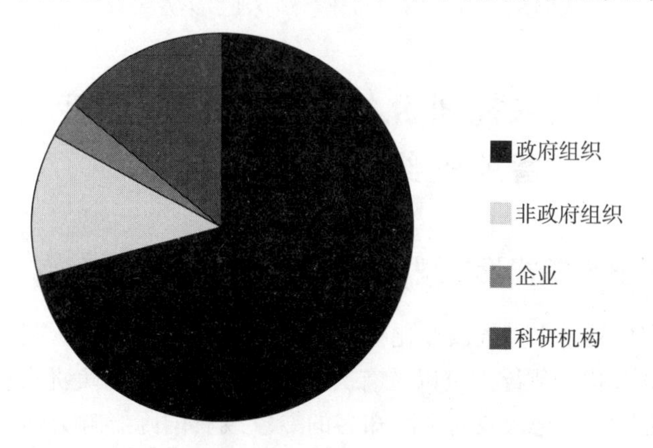

图 5－2　国际气候与社会研究所项目资金来源

中，美国政府机构占了83%，联合国部门占10%。美国国家海洋和大气管理局（NOAA）是该研究所科研项目的主要来源，121项科研项目中有112项得到了NOAA的资金支持。

5.2.3 依托研究机构设立型气候变化智库研究成果及发布

依托研究机构设立型气候变化智库的研究成果主要通过如下方式进行发布：期刊、书籍、政府的政策报告、会议报告、学术会议论文、网络、媒体等。其中，期刊、书籍、政府政策报告为主要发布方式。

截至2014年，IRI共发表1 018篇论文。IRI发表的文章有一定的影响力，很多成果发表在顶级期刊上。例如，在*Nature*、*Science*杂志分别发表过6篇、3篇文章。IRI的科研人员参与了上百部书籍的编写，其中部分以工作报告的形式发布。研究所负责出版的资料包括IRI年度报告、IRI活动记录、IRI系列丛书及IRI技术报告。主要发表方式如图5-3所示。

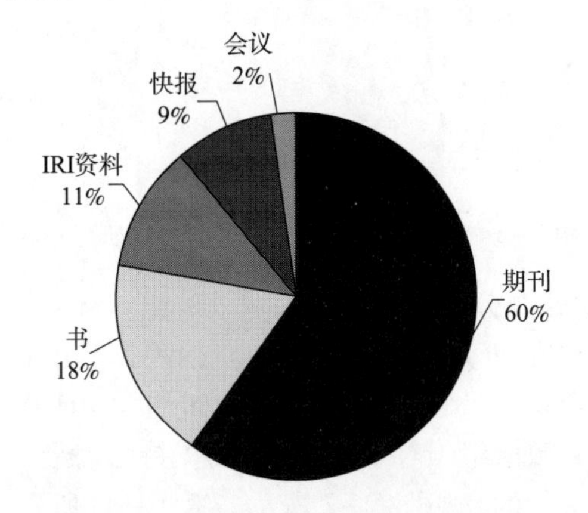

图5-3 国际气候与社会研究所成果发表方式

5.3 依托研究机构设立型气候变化智库的组织结构

5.3.1 依托研究机构设立型气候变化智库人员组成特点

依托研究机构设立型气候变化智库董事会主要是由上级研究机构有关责任人员、21级研究机构领导人员以及有关资助单位或个人的负责人员构成，代表性人物一般是气候变化领域的国际知名的专家或有国际影响力的气候变化政府组织成员。如IRI的所长Zebiak教授，来自于华盛顿大学，是预报著名的厄尔尼诺海气模式的创立人之一；IRI 的国际科学技术咨询委员会主席 Sarachik 教授来自于华盛顿大学；IRI 的国际科学技术咨询委员会检查理事会主席 Pachauri 教授来自于印度能源与资源研究所，兼任 IPCC 主席和印度能源与资源研究所总干事；IRI 的国际科学技术咨询委员会检查理事会委员 Kazuo Aichi 先生曾为全球环境行动总干事，现为日本政府众议院成员之一。另外，JGCRI 的主任 Janetos 博士曾任卡内基梅隆大学科学、经济和环境中心的副主席，Edmonds 博士在国际气候变化的多个组织中担任委员，且为全球变化联合研究所的首席科学家等。

依托研究机构设立型气候变化智库的研究人员来自于世界各国，其中本智库所在国人员比重较大。例如，IRI 的科研人员共有 87 名，他们负责 IRI 在亚洲、非洲及拉丁美洲六大领域的研究工作。这些科研人员来自世界各国，美国及欧洲成员所占比重较大，中国占了 6 席位置。IRI 科研人员的学历组成中，学士、硕士、博士的比例大约为 1∶3∶10。IRI 科研人员除了负责研究所的工作外，还经常作为顾问指导其他组织的研究工作，在国际上享有一定的声誉。

5.3.2　依托研究机构设立型气候变化智库组织结构

依托研究机构设立型气候变化智库主要采用矩阵制的组织结构形式（图 5－4）。这种矩阵制组织形式能将按职能划分的部门和按项目划分的小组结合起来组成一个矩阵，使同一名专业研究人员，既同原职能部门保持业务

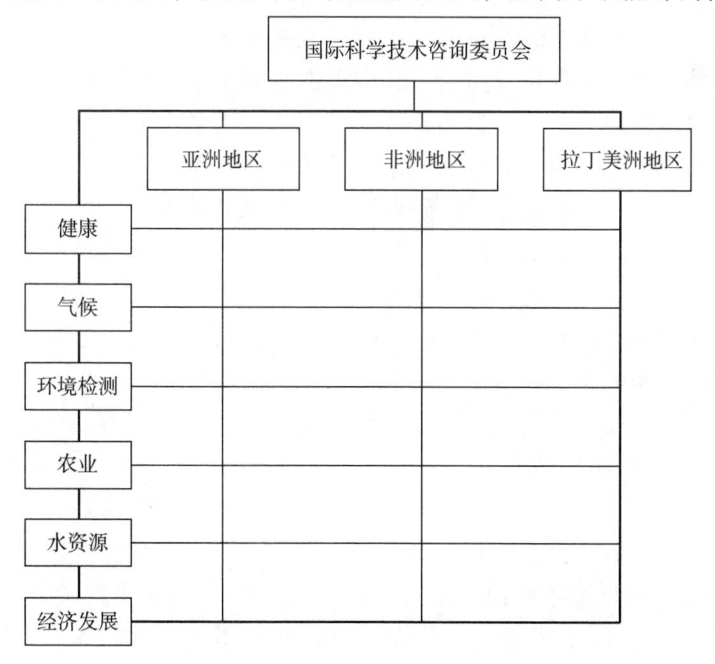

图 5－4　国际气候与社会研究所组织结构图

上的联系，又能加入项目小组的研究工作中去。该研究所按照地区和研究方向，将科研人员分到了不同的小组中。而研究所的项目又将各个小组联系到了一起。在 IRI 组织结构图中，每一个交叉点就是 IRI 所承担的项目。

这种组织形式的优势为：灵活性、适应性强，可随研究项目的开发与结束进行项目小组的组织或解散；有利于把研究机构的垂直联系与横向联系更好地组合起来，进行协作研究；针对特定的任务进行人员配置，便于发挥个体优势，提高研究项目完成的质量，进一步提高研究效率；各项目小组人员的不定期的组合有利于信息交流，增加互相学习机会，提高专业研究水平。

但是该组织结构也有一定的局限性。首先，科研人员所需要的信息量比较大，在与不同部门的合作中，经常出现沟通交流不够的问题。其次，研究所的科研人员较多，需要有比较完善的管理和激励机制作为研究所运行的保证，研究人员在跨学科的项目中研究时间比较灵活，使组织结构易松散。

5.4 依托研究机构设立型气候变化智库的运行机制

依托研究机构设立型气候变化智库主要采取理事会和国际科学技术咨询委员会两方制衡的自我管理体制。其中理事会的主要职能是确定智库的战略和研究方向，决定国内外的科研合作，并负责智库的日常管理工作。国际科学技术咨询委员会作为研究所的学术咨询机构，其主要任务是为智库目标的设定、学科发展方向和重点、科研项目的选择和其他科研活动的开展提供咨询。依托研究机构设立型气候变化智库在日常管理、学术活动等方面都是完全独立的，但由于此类智库经费主要来自于各级政府组织、企业、私人团体及社会捐赠，因此其需要接受理事会和检查理事会的监督。

此类智库理事会的理事由上级主管机构、政府组织、科学界、企业界和社会及私人团体的代表组成，一般下设决策委员会、执行委员会。执行委员会负责执行理事会的决策，由主席和多名委员组成。这些委员分别负责财务、人事与法律事务管理、信息与国际事务管理以及科研项目管理等。国际科学技术咨询委员会是智库的核心学术机构，其核心职责是从科学发展的角度为理事会的决策提供咨询和建议。

该类智库理事会的理事任期很短，一般为 2 ~5 年。除智库主任和主要助手、工程技术人员是固定编制外，研究人员基本上都是合同人员，他们往往是基于某个课题而聚集在一起。研究所提供的仅仅是经费、科研设施和交流场所，课题完成即意味着合同结束。

从依托研究机构设立型气候变化智库的实际运作情况来看，该类智库的成功运作得益于下列四个方面：

（1）符合现实需求的研究内容。该类智库研究的问题属于气候变化方面的热点问题，有政府和企业界的资助，且能得到主管机构的同意和支持。

（2）具有影响力和领导力的智库领导。在考虑新建智库领导人人选时，除了学术水平，还要求他是一位比较知名的大学教授，或是一位经验丰富的大学研究所领导人，其研究工作必须得到过工业界的资助。

（3）开放式的国际合作交流与学习。该类智库设立国际科学技术咨询委员会，聘请国际知名的气候变化专家担任委员，定期或不定期地进行访问讲学。这不仅提高了智库的国际合作能力和研究水平，同时也增强了智库在国际气候变化领域的影响力。

（4）合理选择的研究人才。该类智库广纳贤士，科研人员来自于世界各国，所学领域各不相同，大多有在气候相关机构或政府部门工作的经历。这些人才的加入不仅能保证研究项目的顺利进行，而且由于其有很丰富的社会工作背景和国际人际网络，往往给智库带来很多无形的价值。

5.5　重点案例的详细解剖分析——美国全球能源技术战略计划（GTSP）

5.5.1　美国全球能源技术战略计划概况

美国全球能源技术战略计划（GTSP）是在全球的公共与私人合作的背景下，为解决气候变化问题而设计的一个长期研究项目。

该项目的目标是评价技术在解决气候变化的长期风险中所起的作用。GTSP对这些问题的研究是建立在他们独特的整体建模框架以及相应工具的基础上的。这些工具可以模拟能源需求、技术选择、经济、自然资源、土地利用（包括农业）与气候变化间的交互动态。作为一个国际性的团体，GTSP的研究人员来自世界各地，也反映了多样化观点。

项目的第一阶段从1998年开始，由西北太平洋国家实验室（PNNL）和电力研究所（EPRI）联合发起。这一阶段的主要研究成果集合在著作《全球能源技术战略：致力于气候变化》中。这些研究结果在联合国气候变化框架公约成员国会议、美国参议院的听证会以及其他学术会议上得到了发表。

随后，英国石油阿莫科公司（BP - Amoco）和埃克森美孚集团加入 GTSP 项目，作为主要的资助者。1999—2000 年，美国能源部加入 GTSP 项目。2001 年，在全球能源技术战略计划（GTSP）下，由马里兰大学和西北太平洋国家实验室共同成立全球变化联合研究所（JGCRI）。

5.5.2 美国全球能源技术战略计划重点研究领域和研究特色

全球变化联合研究所（JGCRI）是在 GTSP 的第二期资助下，旨在研究应对气候变化挑战的关键技术组合。在三年时间内，GTSP 运用综合建模框架和相应的分析工具来研究技术选择问题。GTSP 的研究人员正在深入研究如何实现一个近乎零排放的能源系统。重点研究领域包括：碳捕获及处置方法，应用生物学，氢气及运输系统，可再生能源以及核能等。

GTSP 长期在全球能源 - 经济建模方面保持着领先地位，先后开发了具有影响力的综合评价模型，包括全球变化评估建模系统（GCAM）、微型气候评估模型（MiniCAM）和二代模型（SGM）等。综合评价是一种将不同学科、不同时间和空间的与经济、能源、气候相关的变量信息综合起来的方法论。作为一个综合信息的平台，在设计综合评价模型时需要在复杂性、部门覆盖情况、灵活性和易用性之间进行权衡取舍。

5.5.3 美国全球能源技术战略计划研究成果

在连续两期的 GTSP 计划资助下，全球变化联合研究所代表性研究成果主要通过期刊文章、会议论文、报告、著作等方式发布。

5.5.4 美国全球能源技术战略计划研究人员

GTSP 一期和二期的科学研究由 Jae Edmonds 博士领导。Edmonds 博士长期从事气候变化对经济和技术选择影响研究，在此领域具有较大影响力。Edmonds 博士还是全球变化联合研究所的首席科学家。该研究所是美国能源部的西北太平洋国家实验室与马里兰大学建立的一个合作机构。GTSP 在模型开发等方面还与政府、研究机构和企业的研究人员进行了合作。

5.5.5 美国全球能源技术战略计划项目来源和经费来源

全球的公共或私人团体都可以参与 GTSP，并为项目提供经费。基于他们的专业知识和兴趣，都会在制定项目的研究议程中扮演重要角色。项目的研究成果将会优先提供给成员，最终公开发表。

5.6　对中国建立依托研究机构设立型气候变化智库的启示

5.6.1　依托研究机构设立型气候变化智库提供气候变化政策建议

拟建依托研究机构设立型气候变化智库的主要目的为：①研究我国新的能源利用与开发技术，提高能源利用的效率；②研究适合我国的能源消耗与温室气体排放的预测评估模型；③研究我国能源消费、碳排放、气候变化与经济增长等相互之间的关系；④建立我国应对气候变化的政策和减排技术效果的科学评价体系；⑤收集能源消费与温室气体排放有关数据，为我国政府在全球气候谈判中提供决策依据。

由于气候变化研究的内容既具有基础性和公益性等特点，同时也具备应用性和指导性等特点，因此拟建智库的功能定位为：以“气候变化与人类可持续性发展研究”为主要纽带，以“访问交流和合作研究”为主要形式，以“研究成果发表国际化”为主要手段，为中央政府和部门提供在气候变化方面管理的相关政策建议，打造具有在气候变化领域有着重要影响力的专家智库。

5.6.2　依托研究机构设立型气候变化智库帮助争取气候谈判主动权

国外依托研究机构设立型气候变化智库的成功运作，在一定程度上为本国在气候变化谈判中取得主动权发挥了重要作用。为了应对全球气候变化，并在气候变化谈判中增加话语权和影响力，某些国家专门针对气候变化领域的某个热点问题设立了长期战略研究计划。在这种长期战略研究计划的资助下，一些有研究基础的研究机构纷纷加入，针对这些特定问题实现优势互补，开展协作研究，最终成立了相应的智库。

建立该类智库对中国应对气候变化具有重要的促进作用。一是，该类智库建立能提高我国在复杂长期性的气候变化问题上的研究水平。二是，该类智库研究成果的推广可以为我国带来直接的经济效益和社会效益。三是，该类智库可以为我国政府的政策制定提供依据，能够增强我国在全球气候谈判中的谈判能力。

5.6.3　依托研究机构设立型气候变化智库组织结构和运行机制

5.6.3.1　依托研究机构设立型气候变化智库组织结构

拟建智库可以资助国内现有科研单位和机构，开展有针对性、连续性和合作性的研究。国家可以在此基础上设立国家“应对气候变化战略计划”，重点开展针对国际气候谈判的内容的研究工作，可设置相关的三个大的研究分会主题，如图5－5所示。

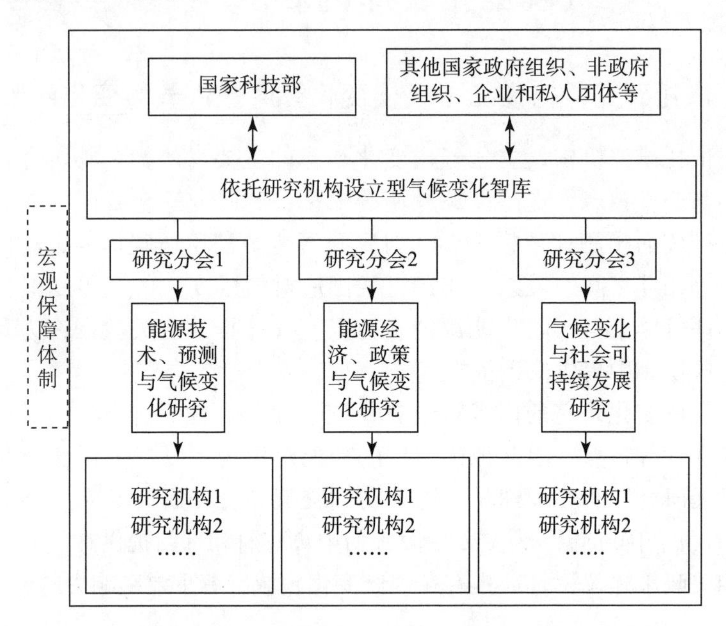

图5－5　拟建智库运作与保障体系示意图

5.6.3.2　依托研究机构设立型气候变化智库运行模式

拟建智库的运行机制是定期召开会议，与会专家探讨气候变化研究的热点议题和方向，提出气候变化的有关政策建议和措施。各单位可以根据智库的建议，为确定的议题选择主要负责人。主要负责人进行分工，并确定参与该议题的人选，然后对智库的建议进行研究。

5.6.3.3　依托研究机构设立型气候变化智库人员组成

拟建智库应成为吸引、聚集和培养一流专家人才的重要基地，造就服务于国家目标的、冲击国际科学前沿的创新团队。智库可以整合国内各研究单位的专家资源，聘用一批国际知名的专家担任智库的重要成员。智库应吸引部分优秀青年研究学者加入，并面向社会招聘行政人员。在人员构成比例上，国外研究人员或研究机构占比35%～50%。这样既有助于全球范围内的前沿思想的相互融合，同时也保证了中国的主体地位。

智库将吸引世界其他国家有兴趣加入的科研工作人员构成一个整体，形成资源库。各研究分会由我国具有优势的机构或团队负责，协调组内资源，分会中下设不同研究组，针对现实需要，开展某一领域内的合作研究。研究议题包括数据分析、理论方法、前景预测等多个方面，其中，基础性数据资源由我国负责收集和掌握。

5.6.3.4 依托研究机构设立型气候变化智库经费来源

拟建智库可以在研究课题支持下成立，成立后争取政府部门的支持。政府部门提供的资金，是该类智库资金的主要来源。智库在运行阶段主要包括人员费、设备费、科研费和管理费等。正式挂牌后，智库应争取国家科技经费的支持，如可以申请研究专项经费的支持。专项经费主要包括：开放运行费、科研仪器设备费、基本科研业务费等。同时，政府应稳定支持经费力度，强化人才引进和公共平台建设。这有利于智库潜心推动气候变化研究，从而促进重大原创性研究成果的产生。

5.6.3.5 依托研究机构设立型气候变化智库成果发布方式

拟建智库在成果发布方面应该重视以下几个方面：①通过形式多样的出版物及时、广泛地发布研究成果，扩大社会影响力；②重视与政府的合作，尽量将报告和成果在一些重要的政府工作会议上发布，并邀请媒体采访，扩大公众影响力；③重视与报纸、杂志、电视等公共媒体的联系，经常发表专家观点；④通过长期积累，形成有影响的系列报告；⑤定期举办针对某个气候变化问题的国际会议或国际研讨会，发布一些重要的研究成果。

5.6.3.6 依托研究机构设立型气候变化智库管理机制

智库内部管理体制主要由理事会、管理委员会、国际科学技术咨询委员会和各研究分会等组成。

智库依托一级法人建设，实行理事会领导下的课题负责制。理事会由主管部门代表、国内外知名科学家、行业大企业代表和有关气候变化研究理事单位等共同组成。理事会是智库的决策机构，对智库在气候变化领域的战略定位、发展规划、学术方向、规章制度等重大事项进行战略决策。理事会成员中，中国代表应占理事总数的50%以上，中国企业代表应占理事总数的20%以上，科学技术人员应占理事总数的10%以上。

拟建智库可以设立国际科学技术咨询委员会，由气候变化领域的国内外知名同行专家组成，通常有8～20人。国际科学技术咨询委员会的主要任务是审议智库的研究方向，确定智库的重大学术活动、年度工作等，评价智库科研工作进展并提出意见和建议。国际科学技术咨询委员会下设国际科学技术检查委员会，其主要目的是检查智库是否在科学问题研究上处于前沿化和全球化。该委员会中，中国气候变化领域的专家为4～10人，占到咨询委员会成员的50%左右。

智库设立管理委员会，负责智库日常运行管理。中国成员占管理委员会成员总数的50%以上。邀请世界范围内较有影响力的媒体代表作为名誉成员，用来监督智库的工作。

5.6.4 依托研究机构设立型气候变化智库的工作重点

5.6.4.1 依托研究机构设立型气候变化智库工作重点

拟建智库的工作重点如下：

（1）从国家应对气候变化的实际需要出发，定期开展战略、方针、法规、政策和规划研究，进行学术成果的交流，在世界范围内共享学术成果，活跃学术思想，推动理论创新。

（2）针对我国应对气候变化和社会协调发展问题进行广泛的调查和研究，整理第一手资料并建立数据库，作为我国经济、环境、能源、气候等综合分析研究的基础。并在此基础上就气候变化有关重大问题积极开展预测、评价、预警对策等学术研究，为政府的决策和管理提供科学依据和政策建议。

（3）针对民众最为关心的气候变化、能源、环境相关问题开展宣传教育、培训活动，增进公众的气候变化方面知识。

（4）承担气候变化与环境等领域的项目论证、规划编制、业务咨询、可行性方案研究、评议；经政府有关部门批准，开展成果鉴定、能源管理等各项服务工作。

（5）依照有关规定出版智库会刊和相关图书资料、音像制品，介绍国内外气候变化研究的动态。

（6）开展民间国际气候变化的科技交流，促进气候变化领域的国际合作，组织国际会议、考察和学术交流，推进同国际相关组织及科技工作者的友好往来。

拟建智库研究分会的研究方向和领域可以侧重在：我国能源利用技术与气候变化的关系；气候变化监控、预测技术和模型；气候变化对我国社会经济的影响；气候变化预测模型在我国社会经济中的应用推广和普及；气候变化领域基础研究以及我国在气候变化谈判中的政策建议。

5.6.4.2 依托研究机构设立型气候变化智库工作任务（课题）来源

围绕中国应对气候变化问题，设置一些基础性、交叉性和前沿性的课题，为我国政府在国际气候谈判中获得更多的话语权发挥积极作用。一方面，根据政府的工作报告和谈判任务，确定气候变化的战略研究方向和任务，为我国开展应对气候变化工作提供专家性的建议和指导。另一方面，根据企业、有关社会团体和国际组织的需求，设置一些基础性、交叉性和有前景的研究课题，通过收集和整理，促进各科研单位开拓思路，为企业和社会团体提供专家的指导与建议。

5.6.4.3　依托研究机构设立型气候变化智库参与（服务）气候谈判方式

根据智库的章程，提供针对气候变化的研究报告或政策建议报告。智库可以通过世界范围内较有影响力的媒体定期发布智库研究成果，为政府实施气候变化的有关政策提供支持和帮助。同时，智库可以根据研究数据和研究成果提供有关气候谈判的政策建议报告，为政府开展国际气候谈判提供决策依据。

5.6.4.4　依托研究机构设立型气候变化智库服务政府决策方式

根据智库章程和决议要求，提供符合要求的研究报告和政策建议报告。

（1）智库定期（每月）召开新闻发布会公布节能减排指数、能源效率指数，并附带具体的详细统计数据，接受社会监督，保证信息公开。

（2）智库定期（每季度）出版研究简报，不定期发布研究成果，以扩大影响力。

（3）智库与政府进行合作，将报告和成果在一些重要的政府工作会议上定期（每半年）发布，并邀请国际知名媒体及时采访，扩大智库的公众影响力。

（4）智库与报纸、杂志、电视等公共媒体定期（每半月）联系，经常发表专家观点和短期预测等，通过准确的短期预测构建智库的威信，以影响政府的决策与公众的判断。通过长期积累，形成很有影响的系列报告。

（5）每年举办针对某个气候变化问题的国际会议或国际研讨会，同时发布一些重要的研究成果，并做好研究成果的使用情况，体现成果的科学价值。

（6）每 2 年召开有关气候变化问题的颁奖大会（遇到召开的国际会议就合并一起召开），奖励在气候变化领域有突出成就的学者以及政府工作者。

5.6.5　依托研究机构设立型气候变化智库的支持保障体系及政策建议

5.6.5.1　依托研究机构设立型气候变化智库所需启动资金分析

在经费支持上，该类智库可采取下列策略：在创立之初，由政府先行出资，在某个特定项目计划的指导下，整合现有研究机构的资源来发展智库；在成长发展时期，以政府出资为主，吸纳社会资金参与到某个特定项目计划中，进一步推动智库的发展；随着合作研究发展的成熟和壮大，成立新的依托研究机构设立型气候变化智库，实现企业化运作模式，吸纳更为广阔的投资主体，不断扩大国际影响力。

5.6.5.2　依托研究机构设立型气候变化智库所需基础设施分析

智库可以吸纳国内优秀的研究机构成为理事单位，邀请更多著名的气候变化领域专家担任智库的重要成员。在此过程中，需要的基础设施主要有以下几种：

（1）智库的基础信息交流平台：比如智库网站、合作交流的信息渠道建设等，为智库和公众提供正式、及时的交流平台。

（2）合作研究的办公场所和实验环境：成立之初，智库可以为研究人员原研究机构提供部分资金，以改善科研环境、增强研究能力。待有了持续稳定的经费后，根据规模，考虑租用集中的科研办公用地。

（3）用于研究的硬件设备设施：硬件设备是智库开展业务工作的必要条件。硬件设备可以考虑通过租用、捐赠的形式和途径获得。待智库正常运作以后，将硬件设备设施纳入经费预算中。

5.6.5.3 依托研究机构设立型气候变化智库所需法律政策分析

拟建智库由拥护中国共产党的领导，关心国际气候变化问题的专家、学者、科技管理工作者以及少数企业家组成，旨在推动气候变化方面的技术进步，促进人类可持续发展。智库应坚持民主办会的原则和“百花齐放，百家争鸣”的方针，团结和组织科技、经济及社会各界人士，充分开展学术上的自由讨论，充分发挥专家智库的作用，努力促进我国气候变化方面研究推广和有关人才的培养与提高，为政府决策部门提供理论依据，为我国在国际气候变化谈判中争取更大的话语权。拟建智库需要按照国家的法律和法规制度，在国家民政部门进行申请备案成立。在成立初期，智库作为政府出资的非营利组织，需按照相关要求保证组织结构和设置的合规，履行法律上的义务，承担相应的责任。

5.6.5.4 建立依托研究机构设立型气候变化智库的政策建议

通过设立依托研究机构设立型气候变化智库，开展有计划、有步骤、有策略的研究，可以为我国政府参与国际气候变化谈判提供重要决策参考。成立此类型智库时需注意下列问题：

1. 充分利用我国现有气候变化研究的优势，设立不同的研究和指导分会

目前，国内很多研究机构在气候变化研究方面已经形成了自己的研究特色和方向，拟建智库需要考虑到不同研究机构的差异性。因此，我国拟建智库的物理结构可以参考 GTSP，根据不同机构的研究方向，设置不同的研究分会。

2. 建立集体领导机制，成立专门委员会

确保智库管理层人员组成的多元性，是保证智库前沿性、学术多样化以及机构运行有效的必要条件。在集体领导机制上，可以成立科学指导委员会。而在人员背景选择中，可以在科学指导委员会中设置国际知名研究机构、国

际知名气候变化支持基金的重量级人物等席位，以便于与国际先进科研课题、科研经验以及科研成果同步，同时扩大智库在世界的知名度。

3. 健全与完善后勤、行政服务职能

后勤服务是智库日常运行所必不可少的重要保障。因此，研究所应建立自己的后勤服务机构，实行统一管理，避免由于服务外包引起沟通不便，从而阻碍研究工作的正常进行。同时，研究所应建立条理清晰、责任分明的行政服务体系，打造行政审批中的一站式服务，提高效率，减少管理中的行政损耗。

4. 重视国际气候变化项目合作与基金支持

当前我国在气候变化研究领域缺乏核心模型和坚实的、系统化的数据基础。而拥有自主产权的核心模型是高水平气候变化研究的前提，在模型开发的同时又无法离开坚实的、系统化的数据库。因此，通过拟建智库吸纳国际气候变化研究的资金，并推荐国内优秀的研究机构和国外机构开展国际合作研究，相互学习模型构建、资料收集及数据化等方面的经验，进一步提高我国研究机构的科研实力和国际影响力。

5. 国家应增加对智库长期投入和大力支持

气候变化的研究是一个长期性、基础性的工作，不能急功近利，需要设立长远目标。国外的各大气候环境研究智库能取得如今的地位，也是经过多年的长期积淀才实现的。因此，国家要通过稳定的长期投入，吸引海内外各个学科的优秀人才加入到智库中，汇报成果和进展，进一步推动我国气候变化研究队伍的发展和壮大。

6. 聘用合适的智库专家

应对气候变化研究是一项长期而艰巨的任务，而智库专家的聘用决定了智库发展的前景。国家应吸纳和聘用国内外有突出贡献和国际知名专家加入智库中，保证智库的公信力、执行力和前瞻性，促使智库长期、健康、稳定地发展。

第六章

国际/区域合作型气候变化智库的案例

6.1 国际/区域合作型气候变化智库的主要特点概述

国际/区域合作型气候变化智库是指由两个或两个以上国家通过合作的方式设立的，针对当前应对气候变化关键问题开展研究工作的研究机构。

国际/区域合作型气候变化智库的成立和发展，对促进地区间经济、技术等合作起到了积极的作用，有效实现了多国应对气候变化科研力量的优化配置，为多国共同解决气候变化问题提供了平台。国际/区域合作型气候变化智库将在国际舞台上发挥越来越重要的作用。

6.2 国际/区域合作型气候变化智库的工作重点和成果发布

6.2.1 国际/区域合作型气候变化智库工作重点和研究领域

国际/区域合作型气候变化智库主要致力于应对气候变化关键问题的研究，从改善能源消费结构、开发替代能源、提高能源利用效率等角度出发开展研究工作。

亚太经济合作组织（APEC）能源工作组主要开展亚太地区能源安全合作、提高能效、清洁利用化石燃料、促进可再生能源和核能发展、智能电网技术、低碳城镇示范项目等方面的议题。中美清洁能源联合研究中心主要依托清洁能源汽车产学研联盟、清洁煤产学研联盟、建筑能效产学研联盟开展相应工作。

6.2.2　国际/区域合作型气候变化智库任务来源及经费支持

国际/区域合作型气候变化智库的项目来源可概括为机构资助和主动申请两种。资助项目由各成员国提出申请，通过机构管理委员会的统一审核、选择并进行资助。主动申请项目是成员国可以在任何时间提出申请，以获得批准。主动申请项目不需要统一排序，也不需要机构管理委员会的批准。

国际/区域合作型气候变化智库的研究经费主要来自于各成员国成立的共同基金。APEC 成员通过 APEC 秘书处每年向中央基金捐献资金，用于支持 APEC 的日常运作。同时，中央基金的很大一部分也被用来资助 APEC 各领域的研究项目。中美清洁能源联合研究中心则是由中美双方在成立后 5 年内共同出资 1.5 亿美元，作为研究经费。

6.2.3　国际/区域合作型气候变化智库研究成果发布方式

国际/区域合作型气候变化智库一般通过研究报告/工作简报、年报、公众演讲/新闻采访、学术论坛/学术会议的方式发布其研究成果。其中，开展学术研讨会是国际/区域合作型气候变化智库的最主要成果发布方式。鉴于国际/区域合作型气候变化智库双边或多边的组成性质，学术研讨会有利于成员及时沟通科研成果，商榷下一步工作重点。

6.3　国际/区域合作型气候变化智库的组织结构和运行管理体制

6.3.1　国际/区域合作型气候变化智库人员组成特点

国际/区域合作型气候变化智库的科研人员是由合作方共同提供的。科研人员的组成呈现了国际化、多学科交叉、流动性强的特点。各国、各学科的科研人员针对气候变化问题产生知识的碰撞，进而有效实现智库的研究目的。智库的辅助工作人员多从总部当地招聘。

APEC 能源工作组的研究人员大部分由各成员经济体选派，另有一些由 APEC 会议主席成员或其他机构负责指派。其研究人员往往结合项目及工作组特定，具有较强的流动性。

中美清洁能源联合研究中心的研究人员来自于清华大学、北京理工大学、同济大学、上海交通大学、中国科学院、吉利汽车、普天海油、万向集团、清能华通、武汉理工大学、北京航空航天大学、华中科技大学、浙江大学、中国华能集团清洁能源技术研究院、神华集团北京低碳清洁能源研究所、新奥集团、西安热工研究院、中国电力工程顾问集团公司、西北大住房和城乡建设部科技发展促进中心（建筑节能中心）、中国城市科学研究会、中国建筑科学研究院、天津大学、重庆大学、东南大学、沈阳建筑大学、住房和城乡建设部标准定额所、广东省建筑科学研究院、中国建筑设计研究院、中国建筑标准设计研究院及相关企业等中方联盟成员单位，和密歇根大学、麻省理工学院、桑地亚国家实验室、联合生物能源研究院、橡树岭国家实验室、西弗吉尼亚大学、怀俄明大学、肯塔基大学、印第安纳大学、劳伦斯利弗莫尔国家实验室、洛斯阿拉莫斯国家实验室、国家能源技术实验室、世界资源研究所、中美清洁能源论坛、通用电气、杜克能源、阿米那能源环保公司、巴威公司、美国电力公司、劳伦斯伯克利国家实验室、加州大学戴维斯分校、国家资源保护协会、能源基金会、美国环境咨询公司、各州能源官员全国协会、陶氏化学公司、霍尼韦尔等美方联盟成员单位。

6.3.2 国际/区域合作型气候变化智库组织结构和运行机制

从组织结构和运行机制上来看，国际/区域合作型气候变化智库具有以下特点：

1. 多层次的运作和管理方式

APEC 共有领导人非正式会议、部长级会议、高官会、委员会和工作组、秘书处 5 个层次的运作机制。

中美清洁能源联合研究中心下设三个产学研联盟。每个联盟中中美双方均有一个牵头单位，以保障联盟研究工作的正常开展，分别是由清华大学与密歇根大学牵头清洁能源汽车产学研联盟的合作、华中科技大学与西弗吉尼亚大学牵头清洁煤产学研联盟的合作、住房和城乡建设部建筑节能中心与劳伦斯伯克利国家实验室牵头建筑能效产学研联盟的合作。

2. 合作基础灵活

APEC 是亚太地区的区域性经济合作论坛与平台，其运作的基础是非约束性承诺、开放对话、平等尊重各成员意见，这不同于世界范围内的其他政府间组织。世界贸易组织及其他多边贸易体要求成员签订具有约束性的条约，但亚太经合组织与此不同，其决议是通过全体共识达成，并由成员自愿执行。

中美清洁能源联合研究中心是以中美两国政府于 2009 年 11 月签署的《关于中美清洁能源联合研究中心合作议定书》为基础，在中美清洁能源联合研究中心指导委员会指导下成立的智库。

6.4　重点案例的详细解剖分析——亚太经济合作组织（APEC）

6.4.1　亚太经济合作组织概况

亚太经济合作组织（Asia - Pacific Economic Cooperation，简称 APEC）是亚太地区最具影响力的经济合作官方论坛，成立于 1989 年。APEC 自成立以来，积极促进地区间经济、技术等合作，在国际舞台上发挥越来越重要的作用。

APEC 现有 21 个成员，分别是中国、澳大利亚、文莱、加拿大、智利、中国香港、印度尼西亚、日本、韩国、墨西哥、马来西亚、新西兰、巴布亚新几内亚、秘鲁、菲律宾、俄罗斯、新加坡、中国台湾、泰国、美国和越南，其成员分布情况如图 6 - 1 所示。1997 年温哥华领导人会议宣布 APEC 进入十年巩固期，暂不接纳新成员。此外，APEC 还有 3 个观察员，分别是东盟秘书处、太平洋经济合作理事会和太平洋岛国论坛。

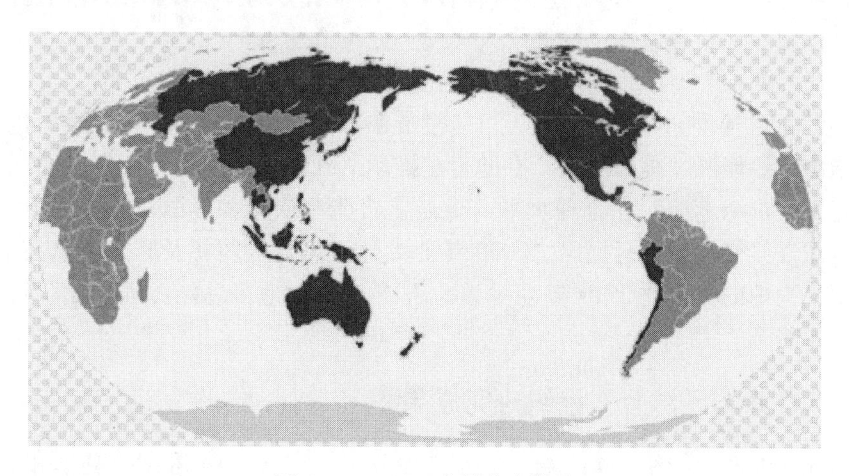

图 6 - 1　APEC 成员分布情况

APEC 能源工作组（EWG）成立于 1990 年，旨在最大限度地提高能源在经济和社会福祉方面对亚太地区发挥的作用，同时减少由于能源供应和使用而对环境造成的破坏性影响。能源工作组的宗旨是开展相互合作，建立地区能源供求数据库，交流煤炭利用及科技研究成果，促进节能研究、资源开发和技术转让。

能源工作组在 APEC 各工作组中属于比较活跃的一个，每年举行两次会议。截至2015年6月，已经举办了49次会议。2014年5月，第47届能源工作组会议在中国昆明召开，以“中国低碳发展”为主题，就低碳城镇、低碳发展等专业领域做技术交流。2015年6月，第49届能源工作组会议在韩国举行。

由于各成员间在能源发展水平、能源政策及法律法规完善程度上存在较大差异，目前发展中成员还不可能完全放开能源市场（包括投资与贸易）、制定完全透明的法律法规，因此目前发展中成员在能源工作组中仍然处于守势。

6.4.2　亚太经济合作组织重点研究领域和研究特色

在2009年领导人宣言中，APEC领导人鼓励对亚太地区的石油生产、消费、炼油和库存水平等方面的数据的准确和完整披露。2009年7月，日本向APEC秘书处捐助了大约130万美元，以促进亚太地区能源效率方面研究活动的开展。该款项将专门资助领导人宣言中提到的能源效率政策、目标和行动计划的制订和执行等领域。

能源效率同行评议机制（PREE）对计划进行进一步的评估。中国台湾、秘鲁和马来西亚在2010年进行了评估。进度报告分别在6月和11月的能源部长会议和亚太经合组织经济领导人会议上进行了发布。

此外，APEC于2014年9月在中国北京召开了第11届能源部长会议，会议主题为“携手通向未来的亚太可持续能源发展之路”，发布了北京宣言。宣言指出节约能源，提高能效，有助于在推动APEC地区经济社会发展的同时，将能源需求总量控制在合理水平，降低化石能源依赖和能源对外依存度，减缓全球气候变化，并且提出“2030年亚太地区可再生能源及其发电量在地区能源结构中的比重比2010年翻一番，2035年亚太地区总能源强度比2005年降低45%”等目标。

6.4.3　亚太经济合作组织研究成果

亚太经济合作组织能源合作是在能源安全方案（ESI）框架下进行的，该框架是能源工作组在2000年首次提出的。能源安全方案的目标是采取措施应对亚太地区可能发生的能源供应中断，以及减少其对经济活动造成的影响。

能源安全方案（ESI）涵盖的话题范围包括：月度石油数据方案、海事安全、紧急信息实时共享、石油供应紧急响应、能源投资、天然气贸易、核能源、能源效率、可再生能源、氢气、甲烷水合物以及清洁化石能源。2009年4月，在智利圣地亚哥召开的能源工作组第37次会议上，审议并通过了能源安全方案（ESI）第十一次执行报告。

2001 年，由 APEC、石油输出国组织（OPEC）、国际能源机构（IEA）、国际能源论坛和联合国环境计划署主持的一个石油信息合作收集项目提出了联合石油数据方案（JODI）。

对能源安全和环境问题来说，合作是一种很有效的方式。基于此，能源工作组在更广泛的话题范围上进一步加强了与其他国际能源组织的合作。合作的主题包括海上能源运输安全、应急准备和清洁能源技术。国际能源机构（IEA）、可再生能源及能源效率伙伴关系计划（REEEP）和能源宪章秘书处已被能源工作组接受为客座研究机构。

2007 年 9 月 9 日，在澳大利亚悉尼通过的《亚太经合组织领导人关于气候变化、能源安全和清洁发展的宣言》中，亚太经合组织领导人强调了提高能效的重要性，并决心到 2030 年将亚太地区能源强度在 2005 年基础上至少降低 25%。同时，亚太经合组织还成立了一个亚太能源技术网络（APNet），以增强在地区能源研究方面，特别是在清洁化学能源和可再生能源领域的合作。

在 2007 年举行的第八届亚太经合组织能源部长会议上，讨论的重点是支持开发和部署更加清洁、更有效率的能源技术。部长们认为要解决可持续发展和能源安全问题，应当基于良好的市场运作，并为各国政府提出了一些如何提高能效的具体措施：成员设定目标和行动计划；与国际能源机构合作，制定能源效率指标；在能源效率的政策和措施方面共享信息；鼓励 APEC 各经济体利用亚太经合组织能源标准信息系统（ESIS）提供帮助、贡献力量；建立能源效率同行评议机制（PREE）。

能源效率同行评议机制（PREE）的目标是：在各成员国之间，促进提高能源效率的政策方法方面的信息共享；探讨整体和部门的能源效率目标和行动计划，以及如何有效地在亚太经合组织经济体之间制定和实施。

能源效率专家组，现已完成有关越南、泰国、智利和新西兰四国的第一份能源效率同行评议机制报告，这一结果发表在 2009 年能源工作组的第 37 次和第 38 次会议上。

2008 年，能源工作组成立了能源贸易与投资任务小组（ETITF），以便更好地在能源工作组内部加强协调。能源贸易与投资任务小组旨在促进区域能源贸易和投资自由化，特别是要考虑到气候变化的政策和措施，以此减少温室气体排放，同时包括讨论亚太地区的碳排放价格。

6.4.4 亚太经济合作组织研究人员

亚太经合组织（APEC）的人员组成主要包括两部分：一是 APEC 秘书处等机构的工作人员；二是项目组或工作组等机构的研究人员。

秘书处是APEC设在新加坡的常设性事务机构，其工作职责是在高官会的指导下负责APEC日常行政、财务等工作。秘书处最高负责人并不是常任的，而由东道国的高官担任，称为执行主任。副执行主任则由下一年度的APEC会议主席成员指派。除了正、副执行主任和少数当地雇员外，秘书处成员均由各成员推荐，费用也由各成员自行承担。秘书处的工作人员分为两类：一类是专业工作人员，由各成员政府选派；另一类是辅助工作人员，在新加坡本地聘用。

项目组和工作组的研究人员大部分由各成员经济体选派，另有一些由APEC会议主席成员或其他机构负责指派。其研究人员往往结合项目及工作组特定，具有较强的流动性。

6.4.5 亚太经济合作组织智库项目来源

APEC每年资助大约100个项目，2014年可用项目资金超过900万美元。这些项目包括讲习班、研讨会、出版物以及研究，对21个APEC成员经济体开放。APEC项目主题集中在成员国之间的知识和技术转移以及能力健身，主要包括四个主题：促进区域经济一体化，鼓励经济和技术合作，增进人类安全以及促进一个可持续商业环境。截至2015年6月，APEC正在实施的项目共有172个。

能源工作组目前正在实施的项目一共有28项，其中APEC资助项目24项，占项目总数的85.7%；自筹资金项目4项，占项目总数的14.3%。美国在能源工作组的项目中独立主持10项，与澳大利亚合作主持1项，位居首位；日本7项，居第二位；中国仅1项。具体可参见表6－1。

表6－1 能源工作组项目统计

主持国家/地区	项目数量/项			获资助金额/万美元
	APEC资助项目	自筹资金项目	项目总数	
澳大利亚	2	0	2	9.1
美国	10	2	12	63.25
加拿大	2	0	2	17.29
中国	1	0	1	5.5
中国台湾	1	1	2	6
日本	7	0	7	61.77
新加坡	0	1	1	0
美澳合作	1	0	1	5
总计	24	4	28	167.91

6.4.6　亚太经济合作组织组织结构和运行管理体制

亚太经合组织是亚太地区的区域性经济合作论坛与平台，其运作的基础是非约束性承诺、开放对话、平等尊重各成员意见，这不同于世界范围内的其他政府间组织。世界贸易组织及其他多边贸易体要求成员签订具有约束性的条约，但亚太经合组织与此不同，其决议是通过全体共识达成，并由成员自愿执行。亚太经合组织的组织结构如图 6－2 所示。

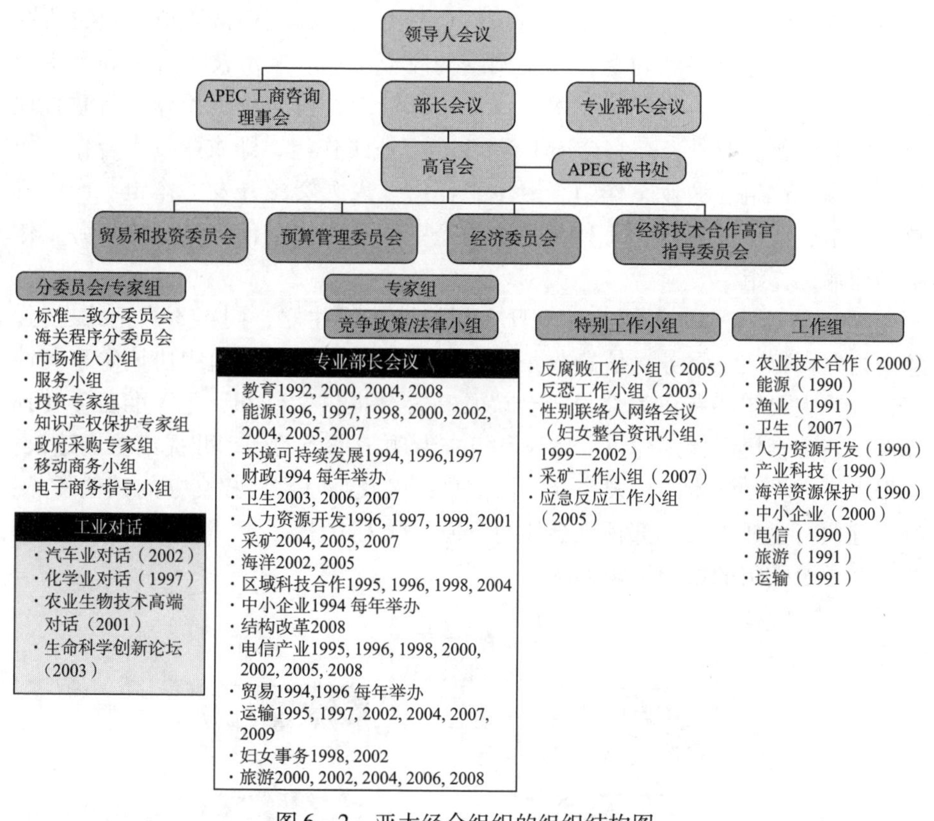

图 6－2　亚太经合组织的组织结构图

APEC 共有 5 个层次的运作机制：

（1）领导人非正式会议：截至 2014 年，领导人非正式会议共召开 22 次，分别在美国西雅图、印度尼西亚茂物、日本大阪、菲律宾苏比克、加拿大温哥华、马来西亚吉隆坡、新西兰奥克兰、文莱斯里巴加湾市、中国上海、墨西哥洛斯卡沃斯、泰国曼谷、智利圣地亚哥、韩国釜山、越南河内、澳大利亚悉尼、秘鲁利马、新加坡、日本横滨、美国夏威夷、俄罗斯符拉迪沃斯托克、印度尼西亚巴厘岛以及中国北京举行。

（2）部长级会议：包括外交（中国香港除外）、外贸双部长会议以及专业部长会议。双部长会议每年在领导人会议前举行一次，专业部长会议不定期举行。

（3）高官会：每年举行3～4次会议，一般由各成员司局级或大使级官员组成。高官会的主要任务是负责执行领导人和部长会议的决定，并为下次领导人和部长会议做准备。

（4）委员会和工作组：高官会下设4个委员会，即贸易和投资委员会、经济委员会、经济技术合作高官指导委员会和预算管理委员会。贸易和投资委员会负责贸易和投资自由化方面高官会交办的工作。经济委员会负责研究本地区经济发展趋势和问题，并协调结构改革工作。经济技术合作高官指导委员会负责指导和协调经济技术合作。预算管理委员会负责预算和行政管理等方面的问题。此外，高官会还下设11个专业工作组，即农业技术合作工作组、能源工作组、渔业工作组、卫生工作组、人力资源开发工作组、产业科技工作组、海洋资源保护工作组、中小企业工作组、电信工作组、旅游工作组和运输工作组。

（5）秘书处：1993年1月1日在新加坡正式建立，同年3月正式运行。秘书处负责行政、财务、信息收集及出版和工作组会议的组织协调等事务性工作。其主要职能有：为部长级会议及高官会提供文件和服务；准备年度预算并向高官会提出使用建议，监测和审查专题工作组的活动并提出协调建议；向报界、商界、学术团体及公众传播信息；以及高官会授权交办的其他任务。秘书处执行主任由每年部长级会议的东道主派人担任。

能源工作组的组织结构如图6－3所示。

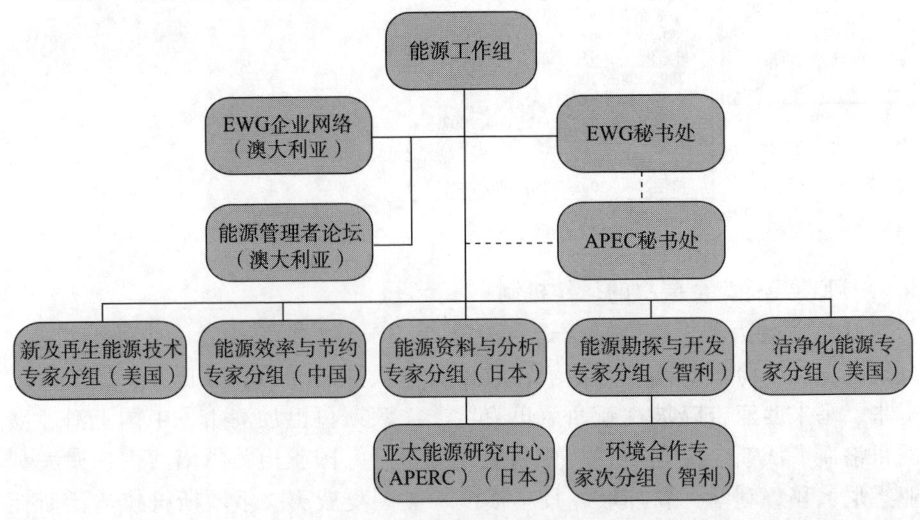

图6－3　能源工作组组织结构图

在组织上，能源工作组通过五个技术专家分组制订计划与合作方案，以研究并解决能源工作组的五大能源主题，即能源供需，能源与环境，能源效率与节约，能源研究、开发、技术移转，以及勘探开发相关问题。另外成立能源企业网络，以协调能源企业在能源工作组工作方面的参与；设立能源管理者论坛，用来吸纳电力和瓦斯能源管理者做出贡献。

6.4.7　亚太经济合作组织影响气候谈判的案例

1. 悉尼宣言

2007 年 9 月 8 日，APEC 第十五次经济领导人非正式会议在澳大利亚悉尼举行，会议当天通过了《APEC 领导人关于气候变化、能源安全和清洁发展的悉尼宣言》（以下简称《悉尼宣言》）。《悉尼宣言》提出了 APEC 框架下的气候变化合作倡议和行动计划。其主要内容包括：努力提高能效，到 2030 年将亚太地区能源强度在 2005 年基础上至少降低 25%；到 2020 年使亚太地区的森林覆盖面积至少增加 2 000 万公顷；建立亚太能源技术网络，在本地区加强能源研究合作，尤其是清洁矿物燃料和可再生能源领域的合作；建立亚太森林恢复和可持续管理网络，加强林业能力建设和信息交流等。

《悉尼宣言》表明了 APEC 成员积极应对气候变化问题的态度，对“后京都时代”的气候变化谈判将产生积极的影响。在悉尼 APEC 会议结束后不久，澳大利亚新任总理陆克文于 2007 年 12 月正式签署了《京都议定书》，这无疑可以被视作 APEC 成员为应对气候变化所做出的一项重要贡献。

2. “亚太发展的新承诺”领导人宣言

2008 年 11 月，在秘鲁利马举行的 APEC 第十六次领导人非正式会议延续了对气候变化问题的关注，会后发表了以“亚太发展的新承诺”为主题的领导人宣言。

宣言再次呼吁推动气候变化领域的国际合作，并敦促各国采取切实有效的行动，以争取在联合国气候变化大会上达成全球气候变化新协议。宣言还针对森林恢复与可持续管理、清洁能源技术的开发与应用、海洋环境保护等与气候变化密切相关的领域提出了具体的合作方案。

3. 北京宣言

2014 年 9 月 2 日，第 11 届 APEC 能源部长会议在中国北京召开，通过了《北京宣言》。本次能源部长会议的主题为“携手通向未来的亚太可持续能源发展之路”。

宣言指出政治经济形势、能源市场波动、气候环境变化、公众认知和接受度等因素对亚太地区的能源政策制定产生重大影响。节约能源，提高能效，有助于在推动APEC地区经济社会发展的同时，将能源需求总量控制在合理水平，进而降低化石能源依赖和能源对外依存度，减缓全球气候变化。宣言重申了APEC领导人宣言中的目标，即2035年亚太地区总能源强度比2005年降低45%。

低碳城镇发展对提高能效、资源节约、环境保护、经济发展等具有重要作用。APEC经济体将会在低碳示范城镇项目和低碳城镇推广活动的基础上相互交流低碳城镇发展的理念、技术、发展和建设经验，继续加强在低碳城镇领域的务实合作。同时，继续实施能源智慧社区倡议（ESCI），推动ESCI知识平台建设，分享最佳实践，加强能力建设。

此外，清洁能源供应继续成为推动可持续发展、确保能源安全、适应气候变化的工作重点。APEC承诺“到2030年APEC地区可再生能源及其发电量在地区能源结构中的比重比2010年翻一番”的目标。要实现这一目标，各成员经济体将加强合作，不断推动可再生能源技术创新，努力降低成本，提升可再生能源在能源市场上的竞争性和可持续性。

4. 提供研究数据

能源工作组（EWG）是一个由科学家和政治家组成的联合体。它分析了国际能源署对能源产业的预测，指出其对传统能源的认识具有体制上的偏见，一直使用“具有误导性的数据”来对可再生能源的案例进行削弱。在2008年能源工作组报告中，能源工作组比较了国际能源署对于风力发电能力增长的预测，认为它一贯低估风力发电产业能够提供的能源数额。例如，国际能源署在1998年预测全球风力发电总量到2020年将达47.4万千瓦。但能源工作组的报告指出，这一水平已在2004年年底达成。该报告还指出，国际能源署还没有从以前的低估中吸取教训，去年全球风电净增长比国际能源署对1995—2004年预测的平均值高4倍。

6.4.8 亚太经济合作组织的发展经验

1. 研究领域方面

APEC围绕三个中心议题开展了多方面的研究，并以工作组的方式关注于时代热点和焦点。APEC的研究领域包括三个部分：贸易和投资自由化、商业便利化和经济技术合作。在这三个领域下又包括众多的研究主题，涉及气候变化内容的领域有诸如能源、海洋环境保护、采矿、可持续发展等。不难看出，APEC是一个地区间的经济合作论坛。但随着近几年国际形势的变化，APEC的研究领域也逐渐变得丰富并日趋完善。APEC已经从最初的经济合作论坛向包括能源、资源、环境保护、可持续发展等领域过渡的综合性研究论坛。

研究领域的选择要结合和参照当前国际社会研究热点，借鉴先进研究成果。气候变化研究涉及的领域十分广泛，作为一个气候变化研究的专门智库，不可能涉足所有领域，因此在智库的定位上可以选择一个或几个研究主题，然后围绕这一主题选择所要研究的领域，并根据社会的发展不断丰富和完善具体研究领域。例如，我国是一个能源消费大国，由能源产生的能源安全、能源效率，以及由于能源过度或不合理使用对环境造成的破坏性影响、能源与气候变化间的关系等都可以作为我国气候变化智库的议题。另外，诸如海平面上升对我国沿海地区造成的经济和社会影响等也可以作为研究的切入点。同时在这些方面我国的一些研究机构近年来也做了大量的工作，成立气候变化智库更要建立在已有的研究基础上，从而慢慢形成自己的研究特色。

2. 研究成果方面

亚太经合组织的研究成果发布的主要方式包括通过亚太经合组织委员会、工作组和其他各种论坛发布的资料、研究报告，以及工作进展文件等。其具体成果如《茂物宣言》《悉尼宣言》等都是以会议宣言的形式出现，用于指导各成员之间的具体行为。

APEC 作为一个区域性论坛，其成果发布方式丰富，既有宣言提出的总体目标，又有具体的研究资料。但不可否认的是，其在成果发布方式上仍有其局限，如 APEC 发布的会议宣言只是一个用于规范成员行为的指导性文件。而我国建立气候变化智库，还必须在此基础上有所创新。例如，可以通过气候变化的学术性论坛在国际知名刊物上发表研究论文，出版类似的会议论文集、调研报告等。

另外，APEC 的研究成果主要是以全文形式在线提供，仅有少量的纸质复本。我国建立新的气候变化智库应该借鉴其在线提供方面的已有经验，同时也注重纸质形式（如图书、期刊等）的成果发布，提升研究成果普及的深度和广度。

3. 研究人员方面

APEC 的研究人员由各成员国根据不同任务内容推举，其他行政管理人员则在机构所在地聘用。APEC 对研究人员的这种组织形式，很好地发挥了各成员之间的优势，使得其研究项目能够吸引更多优秀人才的加入。但也应该看到，其组织结构过于松散，组织形式存在很大的不确定性。同时，如何协调来自不同国家或地区的项目内部人员之间的关系也是一大挑战。如果我国要建立此类气候变化智库，必须考虑到我国的实际情况，如地区之间、文化之间的差异带来的挑战。

4. 研究项目方面

APEC 的项目既包括由 APEC 提供经费支持的项目，也包括一部分自筹资金项目。其中由前面所述的数据统计可以看出，仍以 APEC 资助项目为主。在资金来源及管理方面，APEC 经费主要由各成员经济体捐助，同时 APEC 还设立了不同的基金用以管理经费的使用。项目每年申请和审批，监督控制比较严格，能够很好地保证项目的完成。

APEC 项目来源具有极大的灵活性，并不局限于提供经费支持一项。我国如果建立类似的气候变化智库，在建设初期，可以采取这种自费项目和公费项目相结合的方式。这样能够将更多的研究项目纳入该气候变化智库范围内，从而在短时间内提升研究水平，扩大影响力。例如，可以将我国一些高校、科研机构等现有气候变化研究领域的研究项目和研究活动纳入统一的气候变化智库中，或为其提供资金支持，或为其提供技术支持。这样不仅能够发挥资源整合的优势，提升气候变化研究实力，同时还可以借助这些研究机构的国内及国际声誉，从而尽可能快地使新建成的气候变化智库发挥自身影响力。

5. 运行机制方面

APEC 通过五个层次的运行机制保证工作的正常进行。早在 1996 年菲律宾第四次 APEC 领导人非正式会议上，江泽民主席就对 APEC 方式进行了高度的概括：“这种方式的特点是：承认多样化，强调灵活性、渐进性和开放件；遵循相互尊重、平等互利、协商一致、自主自愿的原则；单边行动和集体行动相结合，在集体制定的共同目标指引下，APEC 各成员根据各自不同的情况，做出自己的努力。这些原则和做法照顾了合作伙伴不同的经济发展水平和承受能力，使他们不同的权益和要求得到较好的平衡。”

APEC 运行机制是其在地区事务中发挥重要作用的基石。由于 APEC 中包括的成员有发达经济成员和发展中经济成员，有经济大国，例如美国；也有经济规模小的成员，例如巴布亚新几内亚。由于 APEC 成员间经济发展水平的巨大差异，导致了 APEC 方式的产生。APEC 方式是一种有别于目前国际上任何区域经济集团的独特运行方式，APEC 方式在 APEC 发展中产生并推动着 APEC 进程的深入。

6. 参与国际合作方面

APEC 在参与国际合作方面主要是以发布会议宣言，在各成员之间达成一致，进而推动国际气候变化谈判的形式进行。可以说，以区域谈判推动国际谈判，是亚太经合组织参与国际合作的主要方式。另外，亚太经合组织通过其研究项目，提出准确的研究数据，用以支持国际气候谈判。

如果要成立该类气候变化智库，首先必须要在智库内部达成有效共识，使各参与成员在气候变化谈判方面达成一致。同时，智库可以尽可能多地吸收国内国际知名学者的加入。例如，可以邀请国际气候变化报告的撰稿人、评审人等参与到智库中，从而使得该气候变化智库的影响力进一步提升。

6.5　对中国建立国际/区域合作型气候变化智库的启示

借鉴亚太经济合作组织的发展经验，可建立基于东亚的国际/区域合作型气候变化智库。拟建智库以中国为核心，重点突出加强区域研究合作、加强区域信息交流、扩大区域气候谈判话语权的特点，力争开拓东亚气候区域合作的新局面。智库的建立不仅有利于巩固我国与东亚各国在气候合作上取得的既有成效，进一步扩大我国在该区域的影响力，而且将为我国在未来的世界气候谈判中获得更多主动权和话语权提供科学研究依据和数据支持。拟建智库将探索出一套符合区域实情的合作道路，从而促进东亚经济社会的绿色与低碳进程。

6.5.1　国际/区域合作型气候变化智库致力于提高区域合作应对气候变化能力

智库为东亚各国在气候变暖背景下应对气候变化对本国和本地区自然环境、社会经济以及人类健康等领域的不利影响而建立的政府间区域性咨询与合作研究的网络。

智库的宗旨是：在尊重东亚各国根据本国国情选择发展道路和调整经济结构的前提下，努力培植东亚区域共同利益，通过加强气候研究区域合作，为中国及东亚各国在国际气候谈判中争取更多话语权提供科学依据，逐步实现地区气候改善和可持续发展目标。智库还将着眼于中国和东亚各国的经济、社会、环境的重大战略需求，围绕气候变化关键科学问题展开基础研究和技术开发，跟踪分析中国和东亚各国应对气候变化政策的发展动向，参与各国气候变化政策的谋划与制定工作，并积极为各国政府应对气候变化提供决策支持。

智库的目标包括如下几个：

（1）致力于提高东亚各国适应气候变化的能力，成为适应气候变化领域交流与合作的区域性平台。

（2）加强东亚各国适应气候变化领域科技战略和政策及研发计划的信息

交流。

（3）加强应对气候变化领域的合作研究，包括协调开展跨国、跨区域的气候变化影响评估，推动区域应对气候变化领域信息收集整理，应对措施和经验共享，防灾减灾，应对技术开发与示范，技术转让，人员交流培训等活动。

（4）推动东亚各国在应对气候变化领域建立长期合作伙伴关系，建立研究网络，协调合作研究活动。

（5）围绕应对气候变化科技相关的战略规划和行动计划，向东亚各国提供政策建议和技术咨询。

6.5.2　国际/区域合作型气候变化智库是国际社会应对气候变化的有效途径

为加强区域气候变化影响与适应的交流与合作研究，提高各成员国适应气候变化能力，协调区域适应气候变化的务实合作与行动，中国政府在2010年10月举行的第五次东亚峰会上提议建立“东亚峰会适应气候变化区域研究中心”，通过合作共同应对气候变化不利影响的挑战，促进东亚各国的可持续发展。我们从政治、经济、社会、技术以及自然环境等方面分析建立该类智库的背景。

1. 政治背景

应温家宝总理在第三次东亚峰会上的倡议，中国科技部、国家发改委、外交部于2008年10月在北京组织召开了“东亚峰会气候变化适应能力建设研讨会”，通过了《关于加强发展中国家适应能力的倡议》，提出应在发展中国家建立适应气候变化的区域中心，以加强能力建设和促进信息共享。2010年3月，在北京召开了“东亚峰会气候变化适应能力建设专家研讨会”，中方提出关于建立“东亚峰会适应气候变化区域研究中心”的设想得到了与会各方的积极响应。这些活动及所取得的成果为东亚峰会各成员国加强适应气候变化领域的合作奠定了基础。

近年来，中国与东亚各国区域合作推进迅速，合作领域不断拓宽。这表明，在全球化背景下，和平发展、互利共赢是本地区国家的共同愿望。东亚峰会各国在应对气候变化的问题上存在合作基础。但是在当今国际社会中，维护国家主权是最主要的政治利益；区域气候合作过程中对主权让渡问题极为敏感。处理好国家利益的有界性和气候变化问题的无国界性之间的矛盾需要合作国之间的密切合作和相互谅解。

2. 经济背景

目前，中国与东亚各国的经济关系不断加深。中国已经成为日本、韩国以及东盟的第一大贸易伙伴。2010 年 1 月 1 日建立的中国 - 东盟自由贸易区使双边经贸取得了不错的成绩，其规模和潜力都使成员国对自贸区的发展前景表现出了相当大的乐观，并给成员各方继续深入推进自贸区建设带来更大的信心。随着东亚区域经济一体化的发展，我国与东亚各国合作逐步加快，在基础设施建设、制造业、农业、通信、电力、劳务合作、工程承包等诸多领域的投资合作进展顺利。尤其是中国 - 东盟自由贸易区构想的提出和早期收获计划的部分实施，标志着东亚经济合作进入一个崭新的阶段，从而为应对气候变化研究与区域合作提供了坚实基础。

3. 社会背景

得天独厚的区位优势为智库成立提供了有利条件。这种区位优势不仅来自国家相邻、区域对接层面，更来自国家之间的相互理解和谅解层面。长期的友好往来和社会各民间团体的交流合作，促进了中国与东亚国家民间的相互信任与友谊。另外，地处我国南疆、紧邻东盟国家的少数民族自治区，广西、云南与东盟国家有着源远流长、血浓于水的关系。正是由于文化亲缘、习俗相近、话语同种，使得中国 - 东盟在气候变化研究合作交流过程中，具有了其他西方国家不具备的文化优势。

4. 技术背景

虽然东亚各国处于不同的科技研发阶段，但都一致认为科学技术区域性国际合作是东亚各国更好地实现应对区域气候变化和促进经济发展的重要手段。日本和韩国在气候研究领域起步较早，具有相当的技术、人才以及投入优势。东盟成员国大都属于发展中国家，科学教育程度较发达国家而言相对落后，人才培养机制、经费投入等方面更为欠缺。科技的落后使得东盟各国在应对气候变化方面的力量显得有些单薄。虽然有强烈愿望进行气候合作共同应对气候变化，但是因为受到减排等先进技术的限制，使得东南亚国家在应对气候变化的过程中仍处于被动地位。中国虽然在气候变化和环境保护方面取得了许多值得肯定的成果，但和东盟十国一样，都存在科技方面相互合作、培养国际型技术人才的迫切需求。智库的成立必将促进区域内技术交流，共同合作研发应对气候变化的诸多难题。

5. 自然环境背景

东亚峰会成员国所处的区域人口稠密，海岸线漫长，生态系统脆弱，是遭受气候变化不利影响最为严重的区域之一。近年来，受气候变化的不利影响，干旱、洪涝、高温热浪、台风等极端气候事件呈现多发、并发趋势，给本地区各国人民的生产、生活带来了严重影响。东亚峰会成员国多为发展中国家，适应气候变化的能力普遍较弱，如何准确评估气候变化对自然环境、社会经济、人体健康的不利影响，加强领域和区域适应措施和经验的共享，加速农业、水资源、重大工程等领域适应技术的开发和推广，全面增强适应气候变化能力是东亚峰会各国面临的共同挑战。因此，在区域气候变暖等一系列问题严重威胁到东亚各国可持续发展的今天，智库的成立可以有效缓解地区气候变暖和治理大气污染的适时举措。

综上所述，气候变化已经对东亚各国的社会经济和自然生态系统造成了重大影响。东亚峰会各国在气候问题上是一个有机整体，共同解决气候变化问题是实现东亚地区可持续发展的重要课题。成立区域合作智库、搭建区域合作平台，更加积极主动地适应气候变化的不利影响是国际社会应对气候变化的有效途径。

6.5.3 国际/区域合作型气候变化智库采取矩阵型组织结构

根据以上对智库建立的背景分析，取其利避其害，参照国外类似智库的运行机制，就拟建智库的具体组织形式、运行模式以及资金来源建议如下。

6.5.3.1 国际/区域合作型气候变化智库的职能部门和研究小组交叉

考虑到应对气候研究的需求和特点，拟建智库采取职能部门和研究小组交叉的矩阵型组织结构，旨在结合纯职能型和项目型组织结构的双重优点。在职能部门中设立指导委员会、秘书处、顾问委员会、科技理事会，以满足智库日常管理和沟通的需要，有利于保证智库研究方向的前瞻性和政治导向的正确性。

指导委员会是智库最高决策机构，由各成员国政府联络单位的代表组成，定期召开会议，确定智库的战略、优先领域和年度工作计划，协调合作行动。

顾问委员会为智库的工作和活动提供科学咨询，由东亚峰会成员国及其他国家科学家、国际机构专家代表组成。

科技理事会由成员国代表推荐的有关研究机构、大学等组成，负责提出年度工作计划和实施方案的建议。

秘书处负责各成员国之间的沟通、联络和协调工作以及智库的日常事务和重大活动等。

智库根据气候研究的内容下设不同的科学研究小组，工作组将围绕智库每年工作计划任务具体设定，负责设计、组织和落实相关工作和活动。科学研究组负责应对和适应气候变化在某一特定领域的研究（如大气、海洋、冰雪圈、生物圈及地表），并负责提供特定领域气候环境影响进行评估，提供技术咨询保障，负责成果宣传等。具体结构如图 6－4 所示。

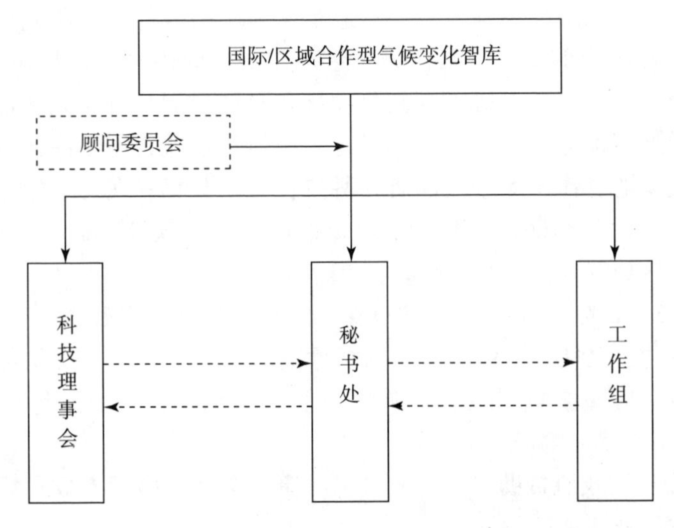

图 6－4　拟建智库的组织结构

这种组织方式进一步加强了行政管理职能对智库政治方向的指导作用，以及科研项目在开展研究过程中的自主灵活性。其主要优点如下：

（1）工作组不受人员编制影响，可以吸纳不同领域的、来自不同部门的研究人员，符合气候研究跨学科的特点。

（2）研究过程中分工与合作相结合，可以更好地平衡时间、开支和绩效的关系。

（3）在研究过程中扩大了研究小组的自主性，有利于提高智库内部人员交流和信息传递的效率。

（4）行政管理部门的政治优势可以得到充分发挥，有利于加强与东盟秘书处、国际组织、国外合作伙伴的联络和协调。

（5）有利于加强与东亚国家政府机关的沟通和紧密联系。

6.5.3.2　国际/区域合作型气候变化智库以项目为纽带

智库作为一个开放的网络平台，将对东亚区域各国有关政府部门、从事气候变化领域的研究机构、高校及研究人员、气候变化应对技术推广机构等开放。智库将通过设立区域奖项的形式吸引鼓励东亚各国专家及研究人员积极参与智库课题；通过设立奖学金制度，以此鼓励博士学位申请人、博士后和短期研究人员的参与；打造连接东亚和世界的沟通桥梁，通过与东亚区域内高校和研究机构的合作，在亚洲乃至全球范围内吸引气候变化方面研究的访问学者参与智库工作。

智库作为一个合作网络，本着不涉及人员归属、资产权属和机构变更的前提，坚持互利双赢的原则，力争打造东亚地区国内外气候研究科技资源整合平台。以智库为框架，以项目为纽带，在保持国内外合作单位原有性质、资产、人员等均不变的基础上，充分发挥各自的资源优势、人才优势、管理优势，以及地域优势。初期以共同组建工作组为形式，不断深化国内外各单位人才、资源的合作，促进气候研究科技资源的共享；在此基础上确定合作单位的共同中期及远期合作目标，稳步推进应对气候变化研究的资源整合，并逐渐形成区域气候变化研究权威联盟。

6.5.3.3 国际/区域合作型气候变化智库经费来源多元化

在智库建立之初，中国政府将为智库的启动和早期运行提供部分资金支持。智库成立后，长期的经费来源将采取多元化方针，主要包括以下几个方面：

（1）成员国政府资助。来自成员国政府的资助将是智库成立后很长一段时期内的重要经费来源。

（2）申请国际气候变化和环境基金。智库成立后，应当考虑积极申请世界国际组织以及东亚范围内的环保基金支持。

（3）为中国及东亚范围内的市政和企业提供相关服务收取的费用。

（4）建立完善的捐赠机制和制度，接受个人及企业对智库的捐助和赠与。

6.5.4 国际/区域合作型气候变化智库积极开展区域层面研究

6.5.4.1 国际/区域合作型气候变化智库工作重点

拟建智库的工作重点分为四部分：积极开展应对气候变化基础课题研究及技术创新；发布研究成果，宣传环保知识，以提高东亚地区人民的环保意识；为东亚各国应对气候变化政策制定提供咨询与支持；为国际气候谈判提供科学依据和数据支持。根据以上工作重点，智库的工作范围可具体细分为以下几个方面：

（1）在区域层面，联合开展气候变化对自然环境、社会经济、人体健康等领域的影响和应对研究，促进成员国之间应对气候变化领域（包括防灾减灾）的科学研究合作与交流。

（2）在区域层面，分析本地区应对气候变化的优先议题及其成本效益、风险评估、资金和技术需求等。

（3）在区域层面，设计、组织和开展应对领域能力建设活动，如培训、宣传、科普活动等。

（4）研究探讨应对气候变化领域国际合作框架下的热点和焦点问题，推进国际社会应对气候谈判和行动进程。

（5）探索气候变化应对措施最佳实践，并与小岛屿国家、非洲等最不发达国家分享适应气候变化领域的实践和经验。

（6）协调各成员国采取适应气候变化行动和措施，尤其是合作行动，为成员国制定适应气候变化相关战略、政策和规划提供咨询，等等。

6.5.4.2 国际/区域合作型气候变化智库成果发布方式

拟建智库的成果主要包括气候变化领域学术研究突破、相关标准制定、气候监测数据库建立等。参照国外类似智库在成果宣传方面的成功经验，智库将通过多种渠道、多种方式进行发布，以扩大影响力。

（1）组织东亚地区的国际气候变化问题年度研讨会，以国际学术会议的形式发布研究成果。

（2）智库主办方应对气候变化问题研究的学术期刊，以刊载学术文章的方式发布研究成果。

（3）建立东亚区域应对气候变化相关的数据库。

（4）注重成果发布的系统性和延续性，适时发布研究简报、年度报告。

（5）通过编写咨询宣传册，扩大智库研究成果的宣传力度，提升机构影响力。

（6）通过召开新闻发布会的方式，对重大科研成果进行发布和宣传。

（7）设立区域气候变化研究奖项，对年度科研优秀成果进行宣传和奖励。

6.5.4.3 国际/区域合作型气候变化智库参与（服务）气候谈判方式

1. 提供理论指导

中国参与应对气候变化领域国际活动及相关履约谈判的首要任务，是为实现工业化和现代化及可持续发展而争取应有的发展权，即为未来的和平发展争取必需的排放空间。拟成立智库将通过气候变化的基础研究，为我国政府决策提供依据，为气候谈判方向提供相关理论指导，以加强我国自身的谈判地位，有效引导国际谈判方向。

2. 建立数据支持

随着我国温室气体排放在全球排放中所占比重不断提升，我国在新一轮谈判中承担限排义务的压力日渐增加。我国已经开始采用提高能源效率、节能和投资于可再生能源技术等政策以控制温室气体排放。我国亟需一种持续可靠的测评体系，以保证决策的有效性。因此，智库建立自主、系统、完善的数据库，建立成熟的测量、报告和检验体系，展示我国减排成果，有利于我国有效参加未来议定书的制定以及政府间气候变化委员会有关研究报告的起草，使其最大限度地符合自身利益，为经济建设创造更加灵活的空间。

3. 加强技术援助

技术合作和转让是发展中国家制定气候变化应对方案和国际气候谈判必

备条件之一。拟建智库将积极开展科学技术研究，不仅有助于打破发达国家对于节能、低碳及减排先进技术的封锁，而且有利于提高我国自身减缓和适应气候变化能力，以实现经济增长、消除贫困、促进社会进步与环境保护、合理利用资源之间的协调。这将对我国在国际气候谈判中继续坚持不承诺、不承担与经济发展不相适应的国际义务的立场提供技术支持。

4. 促进区域合作

当前国际气候谈判已经进入新的阶段，只有国家或地区集团的代表可以参加许多非正式磋商并进入《联合国气候变化框架公约》最后阶段谈判的集团化时代。而在气候谈判中 77 国 + 中国集团的分化趋势日渐明显，因此加强与东亚各国，尤其是东盟之间的合作对我国意义重大。拟建合作智库有利于促进东亚国家间进一步发掘气候谈判中的共同利益，为我国开展全方位的环境外交争取更多的盟友、引导谈判方向提供保障。

5. 环保宣传

拟建智库承担的应对气候变化的相关研究，负责咨询材料编制、数据库建设、加强环保宣传等工作无疑会大大改善我国环境形象，为我国在气候谈判过程中进一步争取更大的主动权提供基础。

6.5.5　国际/区域合作型气候变化智库的支持保障体系及政策建议

6.5.5.1　拟建国际/区域合作型气候变化智库的政策建议

（1）定期召开区域应对气候变化政府间会议，讨论智库的工作计划、主要活动和实施方案等。

（2）组织实施区域多边合作研究等活动，如编制东亚地区气候变化评估报告，编制适应行动方法指南和适应技术清单，就某领域或某区域核心问题研究编制专门评估和咨询报告等。

（3）建立应对气候变化领域专家网络、机构网络以及科学数据和信息共享服务平台。

（4）编辑出版简讯和年度报告，组织编制适应气候变化领域各国最新进展报告。

（5）适时组织举办论坛、研讨会等重大活动，如东亚峰会气候变化适应研讨会等，就适应领域的热点和焦点问题深入研讨。

6.5.5.2　拟建国际/区域合作型气候变化智库的启动具体步骤

（1）落实智库运行的资金和技术保障措施。

（2）提出建立智库的方案建议，向东亚各国征求意见。

（3）邀请各国参与智库的筹备和未来的管理，尽快确立各国联络单位，提出合作建设意见和建议等。

（4）召开由各国联络单位组成的第一届智库指导委员会，推荐由各国研究机构和大学相关人员组成科技理事会；提名东亚及世界著名科学家、知名国际机构代表组成顾问委员会。

（5）召开第一届科技理事会和顾问委员会，并为此制订工作计划和实施方案。

（6）公布智库年度工作计划，确立科研小组，负责具体任务设定、计划和实施。

（7）筹备小组正式更名为智库秘书处，开始负责各成员国之间的沟通、联络和协调工作以及智库的日常事务和重大活动。

第七章

论坛型气候变化智库的案例

7.1 论坛型气候变化智库的主要特点概述

论坛型智库是针对特定具体问题，旨在促进学者间交流的拥有长期稳定主办组织的网络型智库。气候变化领域中的论坛型智库使得能源和气候政策专家、政府政策制定者、相关企业和媒体人士等能够在研讨会上探讨能源和气候变化方面的具体问题；通过各方相互交流，实现信息沟通，以求对当前热点议题提出高效合理的学术性处理方法和相应的对策建议。涉及气候变化领域的论坛型智库有斯坦福大学能源建模论坛（EMF）、欧洲气候论坛（ECF）、牛津气候变化论坛（OCF）、康奈尔气候变化论坛（CCF）以及世界经济论坛（WEF）等。世界经济论坛虽然属于经济类论坛，但其也将关注点投向了气候变化领域，并在近年发布了大量有影响力的研究报告。本章以世界著名的斯坦福大学能源建模论坛为例介绍论坛型气候变化智库。论坛型气候变化智库主要有以下几个特点：

1. 以扎实的学术研究为根基

尽管论坛型气候变化智库主要研究气候变化与能源领域中具体的政策性问题，但该智库（或其学者）的政策建议或观点的形成是在规范、扎实的学术研究的基础上总结或提炼出来的，研究成果首先要以在该领域顶尖期刊发表论文的形式体现。

2. 学科交叉与融合突出

气候政策研究是一类复杂的多学科交叉的问题，需要深入考量气候、经济、技术（能源技术和低碳技术等）之间的相互关系。论坛型气候变化智库充分利用其虚拟性、网络性优势，促进不同学科人员讨论与交流。

3. 广泛的参与性

论坛型气候变化智库论坛通常有各方专家的参与，如院校研究所学者、政府相关部门人员、相关企业领导、能源与气候变化领域媒体人士等。广泛的参与主体有利于集思广益，帮助研究人员在建模等过程中充分考虑各方面因素的影响，尽可能实现模型要素的全面性。同时，参与论坛人群的广泛性也有助于促进科研成果的宣传，提高论坛知名度。

4. 讨论议题具体明确

论坛型气候变化智库论坛所讨论的议题通常非常具体明确，有较强的针对性。要求研究人员厘清问题的假设和概念，保证研究问题的一致性、研究过程的透明性以及研究结果的可比性。与其他一般性的国际会议或学术研讨会不同的是，论坛型气候变化智库举行的研讨会一般很少有“科普性”“重复性”或“蜻蜓点水式”的泛泛介绍，而是直奔主题，在明确问题和系统框架之后，就研究的有关具体细节展开讨论。

5. 高度透明性

高水平国际性的论坛型气候变化智库由于参与人员广泛，包括媒体等宣传机构，其讨论的议题往往能得到很好的信息扩散，论坛上讨论的焦点性内容很容易被大众获知。某些论坛的主办机构也通过论坛传播自己的研究内容和结果，进而扩大自身知名度，正如斯坦福大学能源建模论坛一样，每项研究成果都是通过在研讨会中一遍遍讨论得出的，论坛的召开也有利于宣传斯坦福大学能源建模论坛近期的研究成果，每一个细节都表现出高度的透明性。

6. 热点关注性

这是论坛型气候变化智库的鲜明特点。随着发达国家完成工业化进程，发展中国家进入或需要长期处在工业化进程中时，由能源消耗特别是化石燃料的消耗带来的环境污染问题越来越备受关注。许多能源领域的机构召开论坛，抑或由多国领导人建立组织，以组织形式召开一系列的论坛。他们论坛上讨论的热点通常是当下紧迫且棘手的相关问题，能源机构召开论坛会议的内容很多是当前很受关注的气候变化议题。

7. 经济成本低

经济成本低是论坛型气候变化智库区别于其他智库的一个重要特点。论坛由于其近似于虚拟的特征，故成本较小；又由于其问题的针对性，解决问题的能力较强。

8. 拥有较高学术水平的人才

著名的论坛型气候变化智库尽管人员数量并不多，但往往是该领域的领袖人才。人才是论坛型气候变化智库的生命线。如果没有一流的人才，则难以成为著名的论坛型气候变化智库。

7.2 论坛型气候变化智库的工作重点和成果发布

论坛型气候变化智库在气候变化领域的工作主要包括全球气候变化情景

分析和评估、技术策略、碳排放成本、后京都时代下气候变化策略等。成立较早的论坛智库初期往往涉及能源供给与需求，经济增长与能源消费之间关系研究，煤炭、石油、天然气等的价格预测和新能源技术成本等的研究。该类型智库通常紧跟当前的热点话题开展研究。

以斯坦福大学能源建模论坛（EMF）为例，其成立初期一直致力于能源与经济增长、能源价格与市场等相关研究。随着能源消费带来的环境问题日益凸显，它逐步展开环境与气候变化等问题的研究。

世界经济论坛（WEF）也是如此。早期的 WEF 研究和探讨世界经济领域的问题。随着国际形势的发展和变化，世界经济论坛所探讨的议题逐渐突破了纯经济领域，许多双边和地区性问题以及世界上发生的重大政治、军事、安全和社会事件等也成为论坛讨论的内容。论坛同时也充分关注了气候变化、能源、粮食和水资源安全等全球性议题。

7.2.1 论坛型气候变化智库工作重点和研究领域

气候变化是全球性问题，仅通过一国政府、企业或民间团体的单独作用不能应对其主要挑战。论坛型气候变化智库工作重点是尽可能将各个领域的学者专家、政府、企业等汇集在一起，提供具有科学依据的、合理的政策建议。

以 EMF 为例，该智库通过提供一个交流平台，把能源和气候变化方面的专家聚在一起，针对某一特定问题进行讨论与交流。通过建模者和决策者的沟通，建立实用模型，为企业和政府提供政策制定的科学依据。

7.2.2 论坛型气候变化智库任务来源及经费支持

论坛气候变化型智库的主要经费是由政府部门资助，如能源部、环境部等。其主要科研任务也多数是为解决国家的某些问题服务的。斯坦福大学能源建模论坛的经费主要来自于美国能源部、美国环境保护署和美国国家海洋与大气管理局等政府部门，以及与能源和环境问题上有较大经济利益的私人公司和其他组织。在能源部门中，该论坛也从能源信息署（EIA），政策、规划和分析办公室，规划和环境办公室等机构获得支持。

7.2.3 论坛型气候变化智库研究成果及发布

1976 年以来，斯坦福大学能源建模论坛共完成了 29 个研究项目，共发表了 70 多个研究报告。其中，气候变化代表性研究成果主要是《气候变化的综合评价》《气候变化：技术策略和国际交易》《气候变化控制情景》以及《完成气候政策目标的技术策略》等。

斯坦福大学能源建模论坛的研究方法价值在能源与气候变化领域已经获得了广泛认可。2005 年，美国能源经济学联合会授予斯坦福大学能源建模论坛著名的阿德尔曼・弗兰克尔奖，以奖励其在能源经济学领域上的创新和独特贡献。具体来说，能源建模论坛通过比较多个模型产生的结果而不是依赖于某一个小组的估计结果，已经为政策制定者解决了很多关键性问题，比如：何时何地以及如何限制温室气体排放的弹性评价；在气候稳定政策中列入碳排放以外的温室气体排放；气候变化政策对天然气价格和需求的影响；降低能源供应量或者提高能源价格的间接长期的影响；在能源效率规定下市场壁垒和市场失灵。

论坛型气候变化智库的研究成果主要通过以下途径发布：精选出版刊物、工作组报告、工作组技术文件、专题文件以及专题报告等。

7.3　论坛型气候变化智库的组织结构

7.3.1　论坛型气候变化智库人员组成特点

论坛型气候变化智库的董事会成员一般都具有较高的学术地位和社会身份，有很多也曾担任国家政府部门要职。论坛型气候变化智库一般都有稳定的高级咨询成员，他们由全球能源领域的学者专家以及能源部门政府工作人员组成，具有很高的话语权。高级咨询成员基本上包括能源研究机构、研究学会的领导专家学者，杂志社或媒体部门的主编，石油、电力、碳排放交易等的公司主席，能源部门部长，众议院成员或州长等。

斯坦福大学能源建模论坛的董事有两位。一位是 Hillard Huntington 博士。他作为执行主席，是斯坦福大学能源建模论坛主任，高级研究员和美国能源经济协会和美国石油委员会的成员，IAEE 刊物的副主编，能源经济和美国统计协会能源数据委员会成员。另一位是 John Weyant 教授。他于 1977 年到斯坦福大学，以帮助发展能源模型论坛。他曾在运筹学研究部任高级研究助理，是斯坦福大学国际能源项目的成员，是美国东北亚国际政策论坛的特别会员。他目前是美国能源部、太平洋天然气和电气公司、美国环境保护局的顾问。

论坛型气候变化智库的日常工作组织人员主要包括研究助理、行政助理、秘书办公室助理、副研究员、副董事、执行董事、编辑助理等。每个职位一般有 2 ~3 人，主要负责论坛召开的前期工作准备，中间过程的信息整理，后续工作的总结，最后研究成果的编辑、印刷、公布和宣传等。此外，斯坦福大学能源建模论坛针对开展的不同议题会设定临时工作组。工作组成员大约为 50 ~100 人，由同等数量的建模人员和使用人员组成。工作组既包括熟悉模型的成员，也包括熟悉政策问题的成员，形成一个多样化的工作团队，以提高模型在政策和规划进程中的应用。

7.3.2 论坛型气候变化智库组织结构

论坛型气候变化智库固定人数很有限，组织结构也相对简单。执行董事负责领导论坛智库的整体工作，包括定期论坛会议召开时议题的拟定、募款、参与研究单位的接洽以及主持相关会议等。同时，论坛的研究助理人员则负责资料的整理、计算与比较以及预算与会计、会议的安排、人员的联络等相关细项工作。图 7－1 是斯坦福大学能源建模论坛一个气候变化项目的组织结构图。

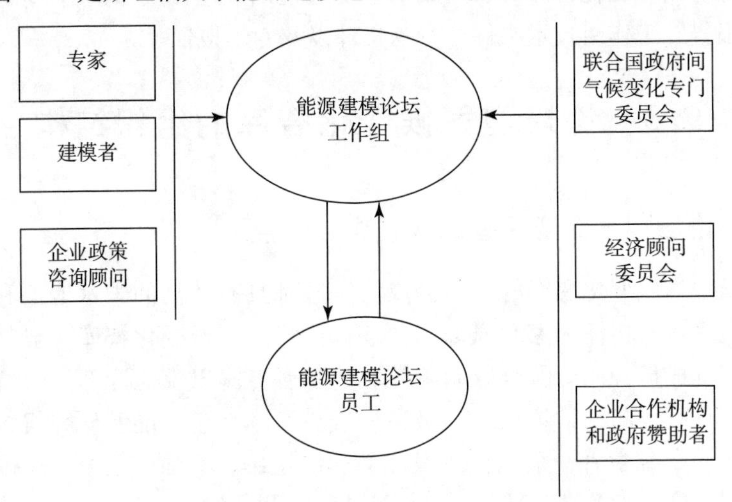

图 7－1　斯坦福大学能源建模论坛组织结构图

7.4 论坛型气候变化智库的运行机制

论坛型气候变化智库的基本运作方式是根据开展的议题成立临时的独立核心小组，即根据议题所需的相关知识成立一个特定的专案工作组，该小组将在一两年内对该议题所需模型进行分析，通过多次工作组会议的召开，不断解决模型中存在的问题，最后确定最终的科研结果。

EMF 对特定议题选定特定专案组，在组成专案工作小组以前，先选定专案小组主席并确认该研究计划所要分析的课题，而主席将协助遴选对该项议题有专业知识背景的专家学者为专案工作小组的成员。专案小组成员组成通常是模型模拟专家与成果使用者各半，其目的在于组成一个具有各种不同背景与专长的工作团队，包括熟悉能源经济模型与模拟以及政策议题的专家，这有利于改善模型在政策与规划程序中的应用。在 EMF 的一个议题研究计划期间，专案工作组要召开研讨会议，并进行大量的模型运作工作。第一次会议需要 3 个月的准备工作，包括选定议题及其分析子课题、专案工作组主席与参与人员。

第一次会议主要是确认主要议题。设计初始情景以及共同情景、假设与参数，组成研究分组，并由与会者选定所要使用的能源与环境模型；会后再由各模型操作单位进行模拟。

第二次会议主要是在各单位完成模拟，得到初步分析模拟结果后举行的。说明与讨论初步模拟结果，并鉴定其可信度、一致性及完整性，进而修正情景、参数及相关假设以备第二、第三或第四次模拟之用。另外，研究分组也对相关课题进行探讨。初步研究报告则在会后撰写，说明分析结果与对各模型之模拟行为的主要观察。这两次会议之间至少间隔 6 个月。

第三、第四次会议主要是在完成第二、第三次模拟后举行的。就模拟结果做最后的检查与说明，分析各模型之差异。如果没有发现大问题，即可撰写专案小组完成报告。如果还有重大问题，则会继续举行会议，直到解决问题，达成共识。

整个工作组会议的过程可用图 7－2 表示。

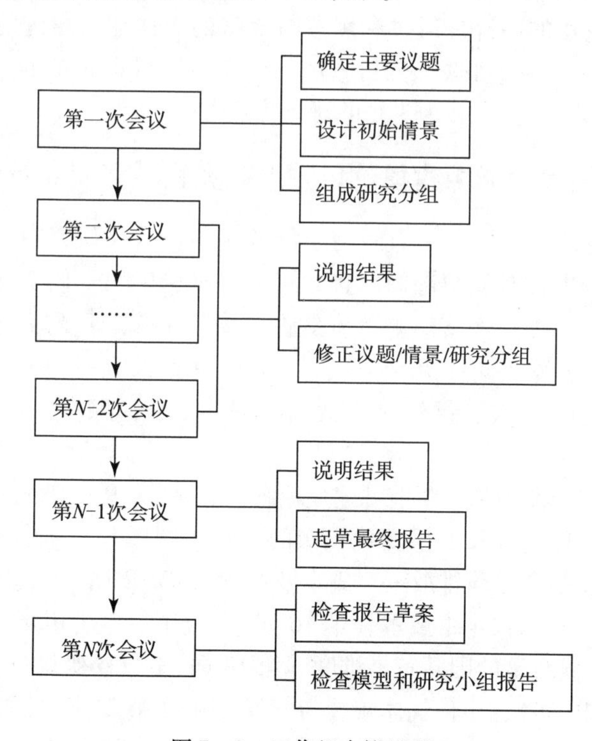

图 7－2 工作组会议过程

7.5 重点案例的详细解剖分析——斯坦福大学能源建模论坛（EMF）

7.5.1 斯坦福大学能源建模论坛概况

斯坦福大学能源建模论坛（Energy Modeling Forum，简称 EMF）于 1976 年在斯坦福大学成立。斯坦福大学能源研究机构早期的研究集中在技术领域，对能源政策的关注较少。为改变这种现状，Thomas Connolly 教授组织了一个能源政策研讨会。这个研讨会将政策制定者和规划者、分析者聚集到一起进行交流。此后，在引进能源模型的过程中，能源建模者和能源模型使用者都被纳入，以促进能源研究机构的发展。能源建模论坛在此基础上建立起来，并稳步发展。

能源建模论坛的战略定位是提供一个平台，使能源专家、分析家、政策制定者针对能源关键问题进行交流，成为建模者和决策者之间的桥梁，为公司和政府提供政策建议。

能源建模论坛的宗旨是通过利用参与专家的集体能力增进对能源与环境重大问题的理解，比较可选择分析方法的优点、缺点和注意事项，提高能源模型的使用率和有效性，并为未来的研究确定方向。

7.5.2 斯坦福大学能源建模论坛重点研究领域和研究特色

能源建模论坛成立以来一直致力于能源规划与政策研究中的分析方法与模型的比较，分别针对能源部门减排政策的经济影响、气候变化综合评估模型、京都议定书的能源经济影响等专题做了大量工作。目前为止，能源建模论坛主要研究可归纳为以下几个方面：气候变化情景分析、碳排放成本和政策选择分析；能源需求和供给对宏微观经济的影响；煤炭、石油、天然气、电力等规划预测。

自成立以来，斯坦福大学能源建模论坛共完成了 29 个研究项目。每个项目都围绕能源、环境以及气候变化领域的一个主题展开。其中，与气候变化相关的主题有控制全球碳排放——成本及政策（第 12 届）、气候变化综合评估（第 14 届）、京都议定书成本（第 16 届）、改革后电力市场的价格和排放（第 17 届）、气候政策的国际贸易维度（第 18 届）、气候变化——技术战略和国际贸易（第 19 届）、多种气体减缓与气候变化（第 21 届）、气候变化控制方案（第 22 届）、美国技术与气候战略（第 24 届）、能源效率与减缓气候变化（第25届）、技术选择对欧洲气候政策的影响（第26届）等。2015年，能源建模论坛正在实施三个项目，其中一个为气候变化影响及综合评估。

7.5.3　斯坦福大学能源建模论坛研究人员

能源建模论坛成员来源广泛，既有研究能源模型的学者，也有能源政策的制定者。例如，能源建模论坛高级咨询小组成员来自于高等院校（如哈佛大学、纽约大学）、政府部门（如美国众议院、美国能源部）、期刊编辑（如*Science*编辑）以及企业（如联邦爱迪生公司）。

7.5.4　斯坦福大学能源建模论坛组织结构和运行管理体制

能源建模论坛的组织结构使高级咨询小组、能源建模论坛工作组、电力研究所员工、能源建模论坛员工、模型开发者、模型使用者之间广泛沟通，如图7－3所示。

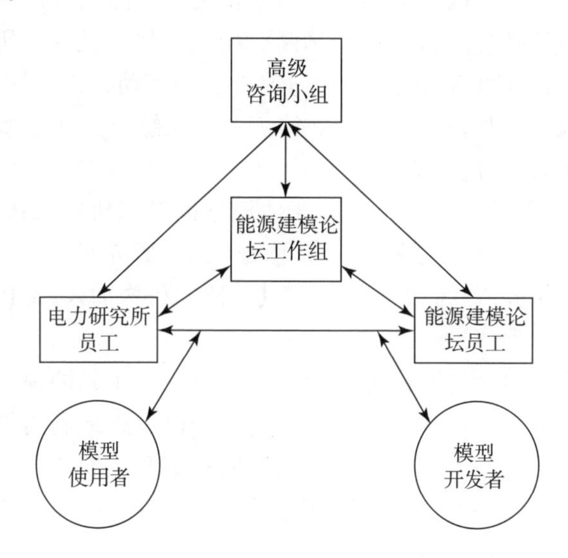

图7－3　能源建模论坛组织结构图

能源建模论坛工作者是论坛的核心部门。工作组主席和研究主题在工作组形成前便被选定。工作组包括资源参与人员、模型开发者、模型使用者以及其他感兴趣者。工作组主席从多元化角度出发选择工作组成员。

高级咨询小组一般由高级能源政策制定者组成，以协助能源建模论坛工作组。小组每年召开会议，对未来工作提出建议，主要有以下几个方面的作用：提出合适的研究主题、为招募工作组主席和成员提供建议和帮助、审阅工作组的最终报告、宣传研究结果。

7.5.5 斯坦福大学能源建模论坛影响气候谈判的案例和经验

1. 斯诺马斯会议：气候变化影响和综合评估指数

自2005年以来，能源建模论坛每年召开斯诺马斯会议。每年议题丰富多样，但是主要围绕气候变化影响和综合评估指数进行讨论。此系列会议的赞助商包括美国能源部、美国国家科学基金会、美国国家海洋与大气管理局、美国环境保护局、日本国立环境研究所、澳洲农业资源经济局、美国电力研究协会和埃克森美孚公司。斯诺马斯会议的议程及部分报告等内容均可以在能源建模论坛网站上获得。

2. 综合评估模型协会

综合评估模型协会（IAMC）是在能源建模论坛支持下建立的科研机构，主要从事综合评估建模与分析相关的研究。它有三个核心任务。第一，促进综合评估模型的发展，以及综合评估模型相关研究的同行评议，并且进行综合评估模型的应用研究，包括模型诊断、相互比较以及集成研究。第二，促进与帮助IAMC成员和其他气候变化研究人员的互动，包括气候建模、影响、适应、易损性以及工程技术等方面。第三，基于综合评估模型的科学结果与其他机构（如IPCC）进行交流。

为响应IPCC关于建立一个综合评估模型的专门研究机构的号召，IAMC于2007年建立。斯坦福大学能源模型论坛、国际研究所应用树子系统分析以及日本国立环境研究所共同发起，邀请其他研究机构加入IAMC，为气候变化建模者提供新的模型情景。

综合评估模型协会的第一项任务是针对2010年不同的辐射强迫水平提供四种情景，包括温室气体排放和浓度、气溶胶以及土地利用等相关数据。它们可以供其他气候建模者使用，以开发新的短期和长期情景。这四种情景命名为典型浓度路径（RCP），已经被广泛使用，并在IPCC评估报告中发挥了巨大作用。

自2008年开始，综合评估模型协会每年召开会议，针对不同的气候变化综合评估模型相关主题展开讨论。目前，年会分别在奥地利、日本、美国、韩国、荷兰等地召开。

综合评估模型协会组织结构中有三个主体：科学指导委员会是IAMC的主要理事机构以及主要联络点，负责组织和监督IAMC的工作；科学工作组是IAMC大部分工作的具体实施者；此外，咨询委员会为IAMC提供咨询意见和法律顾问。

综合评估模型协会对有助于其目标的组织开放。科学指导委员会制定会员的条款和条件。目前，其成员主要包括世界著名能源研究所、组织及大学等，如世界银行、美国阿贡国家实验室、美国西北太平洋国家实验室、德国波茨坦气候变化研究所及英国剑桥大学。

7.5.6 斯坦福大学能源建模论坛的发展经验

1. 明确的战略定位、发展目标和原则

EMF 论坛自建立之初就有一个明确的定位，即将模型应用于气候变化政策的制定、规划中，将能源专家、分析家、政策制定者聚在一起讨论，并提出他们对关键能源问题的理解，为建模者和政策制定者、决策者之间构建一座桥梁，即为公司和政府在做重要决策时提供能源与环境模型，尽可能运用建模思想为政府、公司等组织机构提供政策制定的定性或定量依据。

2. 充足的资金支持

作为一个国际知名的智库，资金支持对其发展相当重要。EMF 的资金来源广泛，既有较大经济利益的私人公司，也有政府部门。

3. 丰富的产出

产出是衡量智库研究水平的重要指标，也是展示智库研究成果的重要方式。EMF 出版发布了丰富的报告和研究论文，每个项目阶段性的工作小结都通过报告或书籍的形式出版发行。同时，EMF 很注重对不同类型读者发表相应的报告，相对简短的摘要是针对广泛的读者，包括企业、产业界研究机构以及政府机构等；针对小范围、技术方面的读者则提供较长系列的文件报告。

4. 积极的宣传

因为有广泛的人员和机构参与，每年一度的会议、国家重要机构的加盟、阶段性工作报告以及最终总结报告等都促进了能源建模论坛工作成果的宣传。

7.6 对中国建立论坛型气候变化智库的启示

在短期内建立拥有众多高水平研究人员、具有较高国际影响力的且能为我国参与全球气候谈判提供强有力学术支撑的实体智库比较有难度，而建立半虚拟化的论坛型智库的阻力相对较小。可以调动和利用海内外的人才资源，不求所有、但求所用，立足当前、着眼长远，建立中国为主的论坛型智库，可以为我国参与国际气候政策谈判提供部分支撑和服务。

7.6.1 论坛型气候变化智库以较低成本网聚专家学者

拟建论坛型气候变化智库旨在通过论坛的形式以较低的成本、快速并动态地网聚一批全球气候政策研究领域的著名学者，开展气候政策研究和交流，产生“增长极”效应，引领或影响国际政治界、工商界、学术界和社会公众界的认识观念或行为倾向，从而间接地为我国参与国际气候政策谈判提供支撑或服务。拟建智库主要有以下四大功能：

（1）独立研究。论坛有少量的专职研究人员专门从事气候政策相关的系列性、持续性的研究。例如，能源与气候经济建模、基础数据采集与清洗、能源消耗与碳排放短期预警。

（2）合作交流。提供一个研究性的交流平台，将国内外从事气候政策研究工作的有关学者和决策者网聚在一起，开展气候政策研究合作与交流。论坛型智库的外部人员可以个人身份“兼职”加入论坛，参与论坛的研究项目，或者参与论坛组织的各类研讨活动。“兼职”人员完成的学术论文可以同时署其原机构和论坛智库的名称。与目前已有的一般性论坛相比，拟建论坛属于研究性论坛，其举办的论坛活动不是科普，也不是演讲，更不是宣讲；而是交流基于研究的成果，包括研究过程和研究结论及其逻辑关系。

（3）基金资助。设立一定数额的专门基金，根据碳排放和气候谈判的形势变化，提炼出值得系统深入研究的问题，通过课题招标的方式向论坛外部人员提供研究经费资助。

（4）信息传播。向社会各界提供有关学术信息和资料，包括数据、工作论文、期刊会议论文、研究报告、研讨会视频或音频等各类资料。

7.6.2 论坛型气候变化智库结构简单、见效快

全球气候政策与气候谈判是一个涉及多学科的高度复杂的问题，需要自然科学界、工程技术界、社会科学界和决策界的通力合作。发达国家不仅在新能源、节能、碳减排或捕获等硬技术方面总体上处于领先地位，在气候政策等软科学方面也处于优势地位。近40年来，欧美等发达国家涌现了大量专门从事气候政策研究的机构或部门，吸引了来自全球各地的优秀研究人员，并形成了较为著名的品牌，其研究成果为发达国家在气候谈判方面提供了较好的支撑作用。例如，耶鲁大学经济学教授 William D. Nordhaus 在20世纪60年代在宏观经济领域已有较高建树，在60年代末毅然转变研究方向，主要从事气候经济政策建模和定量研究，坚持了40余年，并陆续发表了大量有高影响力和高透明度的气候政策建模与应用的学术论文，这些论文既见之于 *American Economic Review* 等专业内顶级期刊，也见之于 *Science*、PNAS（《美国科学院院校》）等综合性顶级期刊，其与萨缪尔森合著的风靡全球60余年发行量超

过400万册的《经济学》教科书中也穿插了大量气候政策研究案例或成果。斯坦福大学能源建模论坛（EMF）成立于1976年，网聚了全球大量能源与气候政策建模学者参与，几乎全球有影响力的能源与气候经济模型都受到了该论坛的影响。该论坛坚持开放、透明、独立和国际化，专注于建模研讨和对比。

我国是发展中大国，也是温室气体排放大国。但是，我国在全球气候政策领域的影响力和发言权还是相对较弱。其中一项重要原因就是我国在气候政策研究方面的力量相对薄弱，难以左右全球气候谈判的形势，在很多领域显得较为被动。

积极开展气候变化研究既是我国适应和减缓气候变化的必然要求，也是我国参与全球气候谈判、赢得更多发展空间和时间的现实要求。建立具有较高国际影响力的气候变化智库显得尤为迫切。我国当前在气候政策研究领域积淀相对浅薄、力量比较分散。受人才、资金、人事制度、历史研究沉淀等客观因素的制约，在短期内不可能建成一个有较高国际影响力的实体智库。在此背景下，充分利用和调动海内外资源，不求所有，但求所用，在短期内着力建设论坛型气候变化智库是非常有必要的，以支撑我国参与全球气候谈判。论坛型气候变化智库是当前一条相对捷径的现实选择。

目前国内相关研论坛存在以下几个问题：

（1）研究积淀相对浅薄。大多数论坛是近年因气候变化成为热点问题而建立的，其研究基础、研究积淀比较浅薄，目前的部分研究工作是模仿国内外已有研究或更新研究数据，甚至部分研究人员之前并未从事过气候或能源政策研究。

（2）可持续性低、主题宏大。多数论坛是举办一次就停止了，没有持续性、系列性。论坛的主题宏大，全面覆盖气候变化的各个领域，这导致交流并不充分，没有针对性，不够深入具体。

（3）宣传或宣讲特征显著、观点多论据少、研究性不够突出。多数论坛邀请政府领导、著名专家学者阐述或诠释政策主张或观点，论坛交流的研究性内容偏少，基本上是单向的演讲，互动环节、交流讨论环节偏少。

（4）研究独立性较弱、透明性较低、可重复性较差。部分论坛智库的研究成果（特别是定量研究成果）仅是汇报结果、给出结论，而研究过程相对封闭，同行无法判断其所依据的理论、方法和数据的科学性或准确性，也无法开展实质性交流。

（5）学科交叉性较弱。尽管学科交叉与综合的重要性早已被认识到，并在各类书面文件中反复强调，但是实质性的交叉研究仍然比较薄弱。在我国，从事能源与气候政策研究的学者有来自地理科学、大气科学、环境科学、能源科学、经济科学、国际政治等各个领域的人员，但大多在各自的领域圈内、从自己所站立的侧面开展研究工作，不同学科背景的研究人员的实质性合作并不多见。这从各类机构的研究人员组成、论文合著者的学科背景，以及论文所引用文献的学科归属中即可反映出来。

(6) 成果发布方式单一、发布数量少。多数机构仅有部分图书出版或研究报告摘要发布。机构网站简单甚至没有，长时间没有信息更新，也很少有音频视频资料发布。

建立论坛型气候变化智库具有以下几点优势：

(1) 经济成本较低。该论坛既有实体也有虚体，是个半虚拟化的组织，论坛参与人员来自全球各国或地区，并不要求全部是全职人员。论坛定位于政策研究，尽管有自然科学领域的研究人员参与，但论坛本身并不开展也不资助纯粹的自然科学和工程技术研究，硬件成本相对较低。现代信息技术和网络技术的发展也大大降低了研究或交流成果发布的成本。

(2) 已有部分队伍基础。我国很多高校和科研院所已成立了能源和气候变化相关的研究部门或实验室，已有大批专家长期在此领域开展了有较多国际影响力的研究工作，这对于建立该论坛具有很好的引领作用。

(3) 人员招募灵活。论坛无级别、无编制，专职人员少。多数人员采用兼职形式，不需要调动。外部研究人员可以参加例行的研讨活动形式参与论坛，也可以短期访问学者的身份参与论坛。

(4) 非排斥性。由于论坛建设成本相对较低，建立该论坛并不排斥建立其他气候变化智库，也不排斥同时建立其他多个论坛型气候变化智库。

(5) 组织结构简单、管理方便。拟建智库具有虚拟型组织特征，其组织结构简单且容易根据实际需求进行动态调整。

(6) 短期内易见效。论坛不需要大规模的硬件设施，可以“边建设、边贡献”，在招募到合适的已有相关研究基础和研究经验的专职和兼职人员基础上，短期内便可形成一批较高水平的研究成果。

7.6.3 论坛型气候变化智库采用职能制组织结构形式

7.6.3.1 论坛型气候变化智库是网络型半虚拟组织

鉴于我国当前的具体情况，可以由国内从事气候政策研究的资深专家共同发起，以社会团体的形式注册成立的无级别、无编制，有人事权和财产权的独立法人机构。

论坛采用职能制组织结构形式。该论坛是一种网络型半虚拟的组织，其结构相对简单，固定人员相对较少，便于组织管理。论坛设顾问委员会、学术委员会、企业家理事会，常设部门包括秘书处、合作交流部、研究部（下设若干研究组）、基金部、信息部、公共关系部、财务部等。该论坛围绕其四大功能定位开展研究、交流、对外资助、信息服务等活动。研究人员依项目指南开展独立研究。

年度大论坛、季度专题研讨以及不定期研讨相结合。每次论坛交流活动都要邀请来自国内外著名机构、研究学者等参与。除了年度或半年度的大论坛活动以外，绝大部分研讨活动封闭运行，不对公众和媒体开放。研究小组的研究工作主要是起到引领和带动作用，形成研究“增长极”。但其研究成果与来自其他机构或部门的研究成果在论坛期间具有并列地位。论坛本身主要是提供交流的平台，并不寻求达成共识。论坛参与专家学者均以个人身份参与，与其所在单位无直接关联，其观点不代表其所在单位的观点，也不代表论坛的观点。

成为具有国际影响力的智库，最关键的是人才，而吸引人才的软环境至关重要。人才建设一靠招募，二靠培养。拟建智库的人员至关重要，目前既要网聚高水平人才，又要加强人才培养和锻炼。根据目前我国研究现状，在论坛成立初期，研究人员的招募以有没有高水平的学术论文作为重要门槛条件。论文的高水平以被其他论文引用次数及被 IPCC 的报告引用次数为依据。同时，逐步建立研究人员招聘的长效机制，提高加入该论坛的门槛。研究人员均以个人名义加入论坛，其学术观点并不代表该人员同时参与的其他气候变化领域学术研究中心的观点。

7.6.3.2　论坛型气候变化智库通过研究获得经费

论坛成立初期主要由财政拨款和央企资助。随着研究业务的拓展，可努力争取在该论坛核准的业务范围内通过开展相关研究得到的其他收入作为经费。

该论坛成立初期的气候变化问题研究项目应以政府部门亟须面对的气候问题为基础。财政部提供给论坛一定的财政支持。论坛长远依靠企业、社会基金会、科研机构合作共建、政府部门合作等多条途径。现阶段，我国尚未形成良好的企业和个人捐赠文化，由政府财政拨款和部分国有企业资助对论坛的发展是十分必要的。

7.6.3.3　论坛型气候变化智库坚持开放性和多样化

拟建智库须坚持开放性和多样化。向社会公众开放论坛研究成果和交流成果是提高论坛影响力的一个重要方面。论坛成果发布方式主要是书籍、研究报告、期刊论文、研讨会论文集、音频视频等各种类型。大部分学术研究成果可以通过网络提供免费下载，部分工作论文可以有针对性地免费邮寄。

7.6.4 论坛型气候变化智库的支持保障体系及政策建议

7.6.4.1 论坛型气候变化智库支持保障体系

鉴于我国目前的情况，建立论坛型气候变化智库需要一定的支持保障体系：需要相关部门和领导的高度重视；由该领域的资深科学家发起；研究人员均以个人身份加入论坛，其学术观点并不代表论坛观点；机构注册与启动经费保障；高度重视论坛智库的人才选拔和培养；研究人员待遇应足以吸引优秀青年致力于气候政策研究；坚持开放、独立、国际化、半虚拟化。

7.6.4.2 拟建论坛型气候变化智库的政策建议

拟建智库的主要功能是独立研究、合作交流、基金资助、信息服务，其国际化或区域化特征也主要是在这四个方面体现。论坛专职研究人员的国际化是论坛国际化的核心。

（1）论坛研究人员国际化。一是论坛的专职和兼职研究人员，以及访问学者均不限国别，且具有流动性；二是鼓励论坛研究人员积极参与国际合作研究或交流。设定来自海外的专职研究人员占全部专职研究人员的最低比重（例如15%），通过多种渠道聘用海外研究人员，争取纳入国家千人计划。局部调整人事制度门槛，继续积极探索有利于吸引人才的方式和方法，可以参考或借鉴国内一些企业和科研机构吸引国际人才的思路或方案。

（2）重视和提倡国别研究、区域研究。在研究对象方面，要提倡国别研究和区域研究。这些国别或区域研究与中国本身没有直接关系，但属于基础性研究。例如，专门研究非洲的碳排放、英国的碳排放等问题。当前，有重要影响力的气候变化智库大多有专门针对一个具体区域的研究学者或团队。在欧美，有很多中国气候问题专家、印度气候问题专家，数十年致力于一个他国的能源与气候问题研究。目前，我国在这方面明显薄弱，几乎所有关于气候变化的研究都离不开“中国主题”，亦很难跳出已有的固化思维。

（3）依托论坛创办一份气候变化政策研究国际学术期刊。凝聚国内外著名学者，创办一份“气候变化政策研究”学术期刊，并通过知名出版商出版发行，积极吸引来自不同国别的著名学者投稿。近年来，能源与气候政策研究期刊陆续涌现。例如，国际能源经济学会主办的 *Economics of Energy & Environmental Policy* 于2011年创刊，其30余个编委来自17个国家，既有高校人员，也有企业、国际组织、政府部门人员；World Scientific 出版的 *Climate Change Economics* 于2010年创刊，其编委均为全球著名的能源与气候政策学者，包括诺贝尔经济科学奖获得者；Wiley 于2010年创刊的 *Interdisciplinary Reviews: Climate Change*，编委会成员国别亦是相当多样化。目前国内在此方面进展相对比较缓慢，尽管已有英文版的气候期刊，但绝大多数作者来自大陆，期刊的国际影响力有待提升。

（4）论坛交流与研讨国际化。针对具体问题或领域，定期和不定期开展各类国际研讨会，可以与一些重要的国际组织或智库联合举办。另外，还可以通过开设研究生暑期学校的方式，吸纳全球青年学者参与。

（5）经费来源国际化。除了依靠财政资金以外，拟建智库可以通过多个国际渠道（特别是国际组织，例如联合国环境署、世界银行、亚洲开发银行等）积极筹集资金，既拓宽经费来源，亦能扩大论坛影响力。

（6）重视研究成果的宣传。除了在国际重要期刊上发表重要学术论文以外，还需充分发挥互联网的优势，积极扩大研究成果宣传。目前国内很多气候变化智库没有英文版网站，或者信息量简陋、常年得不到更新。此外，对于一些重要的研究报告的发布还可以邀请国际主流媒体参与。

第八章

公司型气候变化智库的案例

8.1 公司型气候变化智库的主要特点概述

公司型气候变化智库是指依法设立的、有独立法人财产、以营利为目的的从事气候变化研究的智库。该智库从公司类型上可分为咨询公司型和能源公司型。咨询公司型气候变化智库依托于专业咨询公司，为国家、地区或企业应对气候变化、发展低碳经济、控制温室气体排放等提供专业化的信息和建议。咨询公司型气候变化智库因其专业技术人才具有解决问题的能力、卓越的智慧以及有效地同各层次人士交往的能力，在各类气候变化智库中具有重要作用，典型的代表是麦肯锡公司。能源公司型气候变化智库依托于能源公司，从自身利益出发开展与能源相关的气候变化研究，典型的代表是英国石油公司。本章分别以麦肯锡公司和英国石油公司为例，介绍咨询公司型和能源公司型气候变化智库。

麦肯锡公司具有以下特点：

（1）众多的分支机构。麦肯锡公司自1926年成立以来，在全球44个国家有80多个分公司。麦肯锡大中华分公司包括北京、香港、上海与台北四家分公司，共有40多位董事和250多位咨询顾问。

（2）高素质专业化的研究人才。麦肯锡目前拥有9 000多名咨询人员，分别来自78个国家，大部分获得世界著名学府的高等学位。其中，企业管理硕士（MBA）占49%，博士占16%。麦肯锡多数咨询人员在加入麦肯锡之前，已具有相当的业务经验。麦肯锡公司员工的职位级别和成就直接挂钩。公司对咨询人员的业绩进行评审，评估其解决问题的质量和对客户的服务。

（3）项目为主的合作方式。麦肯锡采用与客户合作共同解决问题的方针，而非独自为客户解决问题。公司一般采用项目的形式与客户合作，综合利用客户方面的业务知识和麦肯锡解决问题的技能。在适当的时候，公司会要求客户指派人员全职或兼职地参与项目研究。这种合作方式具有多方面的优势。首先，该方式可大幅度提高项目咨询人员的工作效率并降低客户的费用，尤其在收集数据阶段。其次，客户方人员投入实际项目工作过程有助于方案的有效实施。此外，这种合作方式有助于麦肯锡向客户成员传授现代管理技能。

（4）众多的研究领域。麦肯锡研究领域广泛，针对不同类型客户会设计相匹配的一体化解决方案。

英国石油公司（British Petroleum Company，简称 BP）是一个实力雄厚的上下游一体化的跨国石油公司。1998 年以来，先后完成了对美国阿莫科公司（Amoco）、大西洋福田公司，即阿科公司（ARCO）和美国润滑油集团嘉实多公司（Burmah Castrol Plc）的合并和收购，公司的业务活动扩展到世界 100 多个国家。BP 公司主要业务范围包括勘探和生产、天然气和电力、炼油和销售、化工产品和其他业务。BP 公司的生产基地遍布世界，如图 8 -1 所示。其中，在俄罗斯的合作项目是其产量最大的油田。BP 对气候变化的研究工作，由其发布《BP 能源统计年鉴》的部门负责。

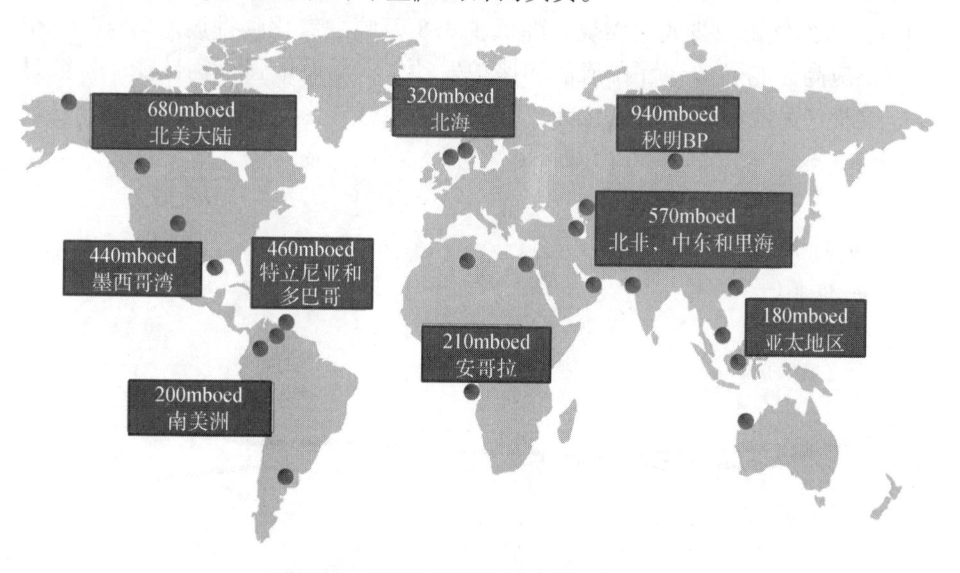

图 8 -1　BP 在世界上的主要生产基地

资料来源：www. bp. com。

BP 一向标榜自己致力于推动低碳科技，宣传支持气候变化谈判的态度。在国际气候变化方面，BP 认同 IPCC 关于全球温度上升很可能是由人类活动引起的观点。BP 认为要避免气候变化所带来的严重后果，全球气温的上升须被控制在比工业化前高 2℃ ~3℃。因此，BP 呼吁国际就气候变化问题展开合作。气候变化是一个全球化问题，需要所有国家团结合作，共同应对。BP 同时呼吁政府要做出慎重决定，在积极应对气候变化的同时保障经济发展与能源安全。

BP 认为政府需要制定专门的政策法规降低碳排放量，在低碳科技方面加大投资，积极提高能源使用效率。随着技术的革新、社会认知的转变和适当的政策鼓励，BP 公司希望以更小成本达到降低能源消耗以及碳排放的目标。BP 认为科技创新是应对气候变化挑战的有效手段。它尝试着将重要的技术从论证阶段转入到应用阶段，如碳捕捉和封存（CCS）。

为了推动国际气候变化谈判，同时树立重视环保的企业形象，BP 自愿做出应对气候变化的承诺。BP 要求每个业务部门统计温室气体排放情况，并寻求最佳方式和最新技术应用到实际操作中。BP 改进了工程设计优化流程，将碳排放成本作为一个因素加入其中。同时，BP 监控自身温室气体排放量，并与其他国际石油公司的数据进行比较。

2001—2008 年，BP 已实现了 750 万吨二氧化碳当量的实际可持续减排，如图 8－2 所示。BP 采取了一系列措施优化工作程序，在美国万苏特（Wamsutter）天然气田减少放空燃烧，降低了 4.8 万吨二氧化碳排放。BP 在 18 个国家供应高性能燃油，旨在清洁和保护发动机，从而增强车辆性能。研究显示，这种产品能够降低一氧化碳、二氧化碳、氮氧化物和未燃烧碳氢化合物的排放。

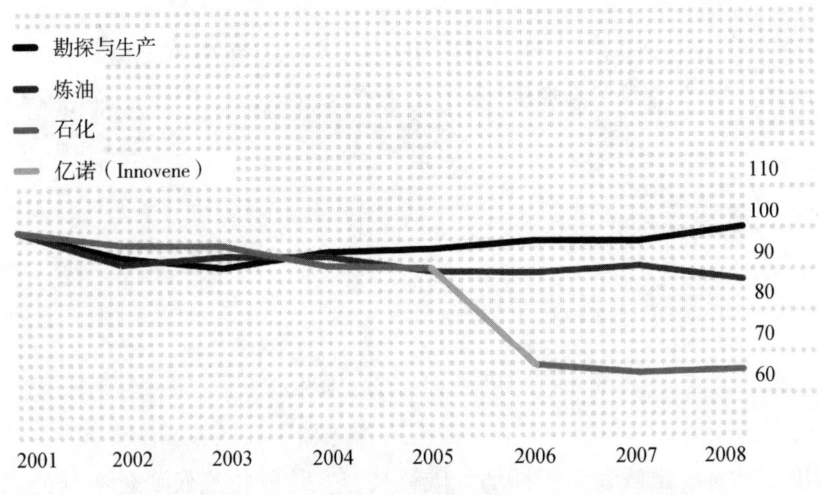

图 8－2　BP 的温室气体排放量（2001＝100）

资料来源：www.bp.com。

8.2　公司型气候变化智库的工作重点和成果发布

8.2.1　公司型气候变化智库工作重点和研究领域

咨询公司类气候变化智库的工作重点是与相关国家、地区、组织或企业合作，进行相关课题的研究，为其提供应对气候变化、发展低碳经济、温室气体排放等方面的解决方案和咨询报告。麦肯锡在气候变化方面的主要研究重点如下：

1. 可持续发展与资源生产率

麦肯锡提出了一个可持续发展和资源生产率的研究课题，组织了全球1 000多名研究人员参与这一课题，综合气候学、环境经济学、海洋学、农业学、林业学、核科学等领域对气候变化对于各行业的影响、气候变化战略、低碳行动和风险管理等问题进行了研究。著名的麦肯锡减排成本图就来自于这个研究课题。

2. 气候服务台

气候服务台是一个模拟仿真平台，能够模拟气候变化政策，基于麦肯锡温室气体减排成本曲线模型建立的一个网络平台，分为针对企业和针对政府两类服务台。针对企业的气候服务台专为满足企业客户的需求，提供了分析工具和专家支持，为投资、碳交易战略等提供决策参考。针对政府的气候服务台是满足各国政府机构的相关需求，如国家间的减排机会比较、不同温室气体减排方案的经济评估以及国际气候谈判结果的经济效益分析等。该服务包括：全平台访问的气候模拟平台；基于Web访问的气候与经济相结合的模拟模型；全面的支持材料（包括模型的方法指南和技术手册等）；麦肯锡年度气候会议的参与权；优先获得麦肯锡气候相关文件的权利；根据客户具体需求提供的收费服务。

BP公司在每年发布的《BP能源统计年鉴》中发布世界上主要国家的二氧化碳排放量。目前，国际上学术界广泛认可的国家二氧化碳排放数据源有3个，分别为美国能源部、世界银行世界发展指数及《BP能源统计年鉴》。其中，美国能源部公布的是化石燃料使用所排放的二氧化碳，而后两者公布的是国家二氧化碳排放总量。三者中，BP的数据更新最快。BP数据起始于1965年，且各年份数据不存在缺失，因此在气候变化研究中具有广泛的应用。BP所公布的二氧化碳排放量是把石油、天然气和煤炭的消费量乘以相应的平均排放系数计算得到，因此与实际排放量存在一定误差。2015年6月25日，

《BP 能源统计年鉴 2015》在广东发布。这是 BP 连续第 64 年发布此年鉴。

8.2.2 公司型气候变化智库任务来源及经费支持

麦肯锡公司资金来自于其合作伙伴、股东投资和商业运营等。2008 年，麦肯锡公司在全球环境基金的赞助下成立了气候适应经济效益工作小组，对中国华北、东北地区抗旱措施的经济影响进行了评估。《BP 能源统计年鉴》的经费，全部来自 BP 公司自身，没有外部资金支持。

8.2.3 公司型气候变化智库研究成果及发布

麦肯锡主要通过书籍、音频、幻灯片、影片、实时报道以及期刊文章等途径发布自己的研究成果。

BP 对气候变化研究的一个重要贡献是提供了一个时间尺度较长、覆盖面较广、更新最快的国家二氧化碳排放量。这一数据被学术界所接受，在科研论文中被广泛使用。BP 的碳排放数据计算方法相对简单，就是能源消费量乘以相应的排放系数。排放系数是指消耗单位能源所排放的二氧化碳量。作为世界上具有较大影响力的能源统计年鉴，《BP 能源统计年鉴》按照以下步骤完成。

1. 初始数据收集

BP 每年给各国政府以及与政府有关的数据合作单位发放问卷。问卷大约有 7 个表格，包括能源消费、能源供给、能源进出口等数据。这些合作单位均为长期合作关系，有些单位是政府职能部门，有些是和政府有关的研究部门。所有数据均是政府公开发表的数据。在中国，问卷通常发给国家统计局以及其他一些合作单位。

2. 数据库录入

该数据库由英国一所大学，通过合同关系来负责录入和维护。该大学能源专业有研究人员长期负责维护该数据库。他们负责不同能源单位的换算，将其统一为油当量，并可以采用该数据库进行研究。

3. 数据核实

该步骤由 BP 能源统计年鉴全组人员进行，大约需要 3 个星期。主要工作是检查年与年之间的变化情况。如果变化较大，会对原始数据进行核实。

4. 数据分析

该步骤由 BP 能源统计年鉴全组人员进行。不同人员分工负责石油、天然气、煤炭、新能源等，分析该年的数据有何特点、说明什么问题、原因何在以及影响因素有哪些，并完成一份报告。

5. 发表与宣传

在全球各地由各大洲的经济学家负责发布，由 BP 的对外关系部门负责会务联系，并召开一定规模的记者招待会。

8.3　公司型气候变化智库的组织结构

公司型气候变化智库的组织结构主要体现在其人员的构成上，麦肯锡的人员构成如图 8－3 所示。

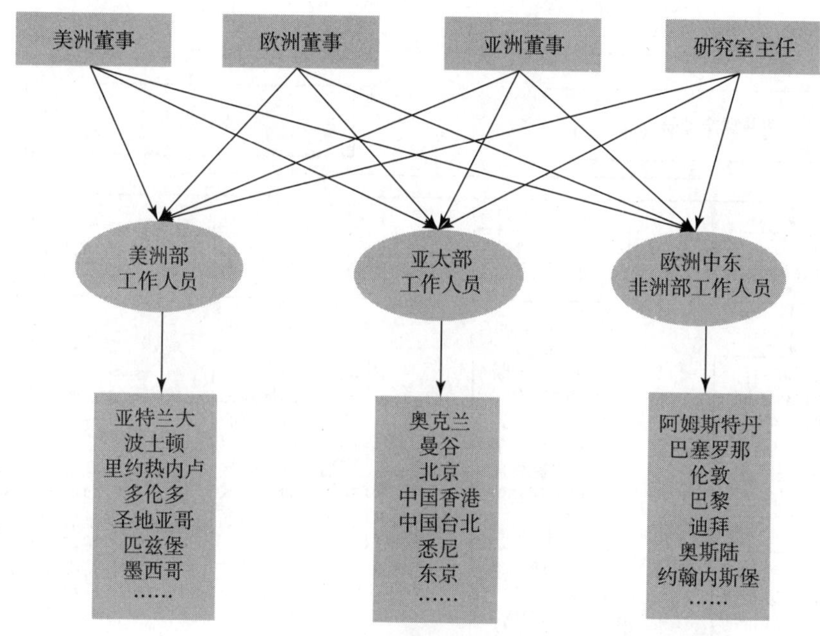

图 8－3　麦肯锡人员构成

麦肯锡研究人员构成的主要特点是：①教育背景良好。麦肯锡目前拥有 9 000 多名咨询人员，大部分具有世界著名学府的高等学位。其中，企业管理硕士（MBA）占 49%，博士占 16%。②国际化程度高。麦肯锡研究人员来自于 78 个国家。

目前，《BP 能源统计年鉴》的负责部门共有 13 人，其中亚太区 1 人，美国 2 人，莫斯科 2 人，其余均在伦敦。其中，1 人负责发放调查问卷，1 人负责数据库的录入与维护，数据核实、分析和报告的撰写由 13 人一起进行。

8.4　公司型气候变化智库的运行机制

公司型气候变化智库一般采用公司董事会的运行机制。麦肯锡是一家私营性质的合伙公司，其内部管理风格也采用合伙人制。公司所有权和管理权掌握在近600位的高级董事和董事手中。大部分董事在加入公司前都曾担任过咨询人员。公司执行董事由高级董事选举产生，任期3年。公司严格奉行“不晋则退”的人事原则，凡未能达到公司晋升标准的人员，公司会妥善劝其退出公司。公司大部分高级董事和董事都是经过严格训练和锻炼后从咨询人员中精心挑选出来的。其管理体制如图8－4所示。

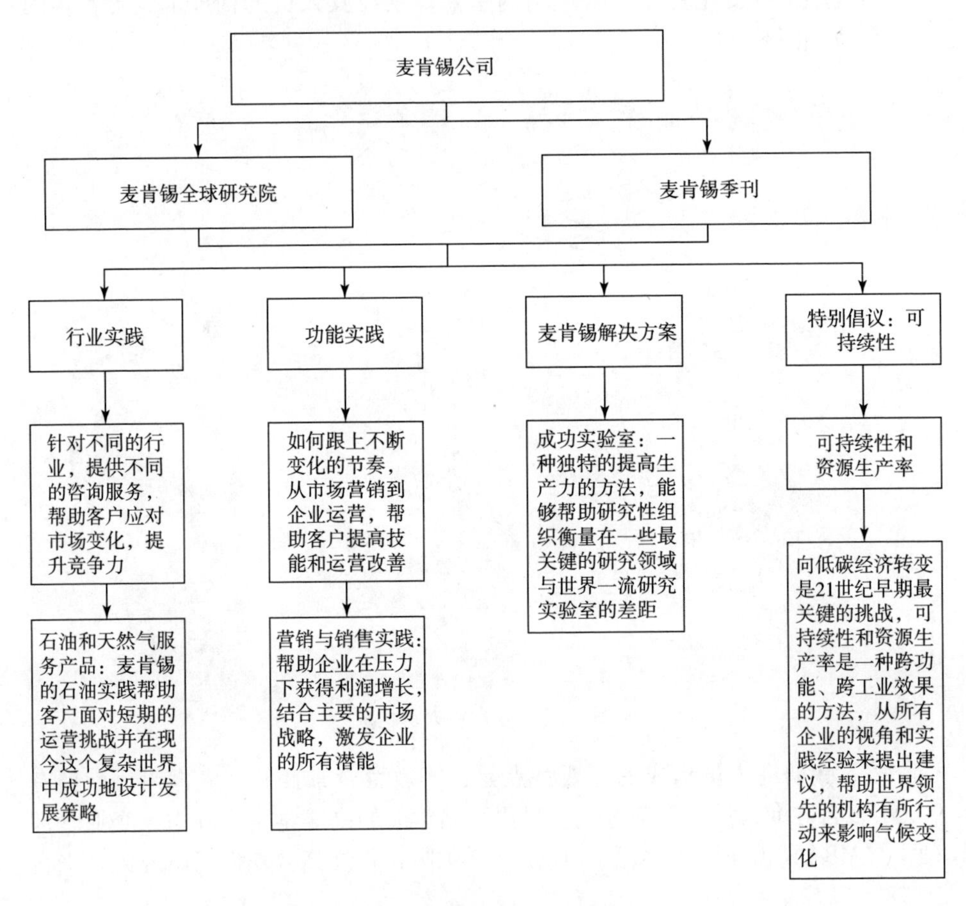

图8－4　麦肯锡运行管理体制图

麦肯锡公司强调为客户所有信息保密的原则，同时也对任何个人所表达的敏感性意见保密。公司内部人员必须接受专门训练，保证在任何场合都不透露客户信息；为某一特定客户服务的项目小组在两年之内不能为这一客户的竞争对手服务；公司内项目资料互相封锁，调用资料要经董事批准。

8.5　对中国建立公司型气候变化智库的启示

8.5.1　建立咨询公司型气候变化智库的启示

8.5.1.1　咨询公司型气候变化智库国际化、专业化

（1）目的：以中国为主，通过不同领域的专家学者的聚集所产生的集体智慧为我国政府应对气候异常提供决策服务。要充分利用咨询公司国际化、专业化的技术人才，以及解决问题的能力、卓越的智慧和有效地同各层次人士交往的能力，为应对气候变化、能源、产业政策、公共事业等方面的政策规划提供具有针对性的理论知识、思想范式和政策建议。

（2）功能定位：通过具有独立法人资格与市场化的运作，以中国中西部地区为主，同时面向发展中国家应对气候变化相关咨询业为主要服务对象。从民间的角度帮助中国及发展中国家争夺国际气候谈判话语权，弥补官方研究机构在发挥智囊作用的独立性、前瞻性和广泛性方面存在的不足；坚持双向发展，研究性质智库建设和商业性质智库建设两手抓。

8.5.1.2　咨询公司型气候变化智库市场化运作

气候变化是当今国际社会普遍关注的全球性问题。国际气候变化谈判的形势日趋复杂和严峻。咨询公司型气候变化智库因其高水平的专业技术人才以及市场化的运作，可在气候谈判过程中充分发挥民间团体声音的作用，扩大其国际影响力，实现其支持本国政府参与气候谈判、影响谈判形势、争夺话语权的目的。

因气候谈判一些问题的敏感性，随着中国碳排放的增长，更需要有中国自己的咨询公司型气候变化智库，影响谈判形势的观点。咨询公司型气候变化智库因具有独立法人性质，可以市场化运作，充分发挥自身完备的案例数据库，在发表观点方面也具有更大的自由性。

为扭转我国在国际气候谈判中的被动局面，争夺更多的话语权，政府支持民间各类智库在应对气候变化领域开展研究。我国对各类公司法人、社团法人有相关的法律规章制度保障。

8.5.1.3　咨询公司型气候变化智库的组织结构和运行机制设计

1. 咨询公司型气候变化智库组织结构

拟建智库结合独立法人组织构架，兼顾研究性和商业性，如图 8－5 所示。智库设立公共事务研究部、企业咨询研究部、国际合作研究部、成果发布中心、财务人力资源部、市场部以及案例数据库等部门。

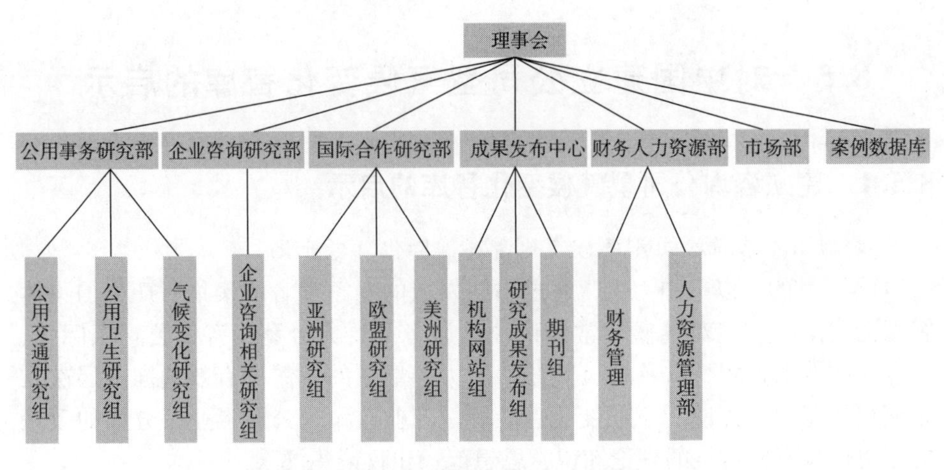

图 8-5　拟建智库组织结构设计

2. 咨询公司型气候变化智库运行模式

拟建智库运行机制原则上应采用公司董事会的形式，有独立的法人资格，采用公司法的运行模式。公司的所有权和管理权掌握在相关的高级董事和董事手里。所有的董事在加入智库时必须担任过咨询人员，他们作为工作人员分布在不同的国家和地区，但必须以中国为主。这种公司所有权制度确保了独立性和客观性。智库执行董事是由高级董事们选举产生，任期为 3～4 年。

3. 咨询公司型气候变化智库人员组成

拟建智库人员分为三部分：①中国国内已有咨询类研究机构的人员；②国内外科研院所兼职研究人员：可聘请国内外有一定影响的科研院所人员作为智库的兼职人员；③全球招聘专职研究人员：一方面可吸收国内外应届博士、硕士毕业生，另一方面可从其他智库吸引相关的研究人员。

4. 咨询公司型气候变化智库经费来源

拟建智库经费来源主要是咨询业务收入、书籍出版物和学术会议所获得的经营收入、国家部委各类科研基金、国内外相关基金会的捐赠以及企业和个人的捐款。

5. 咨询公司型气候变化智库成果发布方式

拟建智库成果发布可采用如下几种方式：

（1）纸质成果发布。主要包括书籍、研究报告、期刊论文、会议论文。拟建智库可通过出版相关研究书籍、研究报告，以及举办气候变化研究相关期刊或学术会议论文集。

（2）多媒体产品。这类成果发布方式主要有音频文章、交互式图形和幻灯片、影片、与气候变化相关的实时报道。

（3）互联网。通过智库网站，及时发布与气候变化相关的实时报道或观点。

（4）相关发布会。通过邀请国际相关领域专家与机构，在学术论坛上发布相关的研究成果，以扩大影响，加大话语权。

6. 咨询公司型气候变化智库管理机制

拟建智库采用公司制管理机制，设立相应的研究部或项目组。公司制已十分成熟，根据研究任务而成立相应的研究部或项目组在各类科研机构中已成功应用。

8.5.1.4　咨询公司型气候变化智库的工作重点

1. 咨询公司型气候变化智库工作重点

为特定的企业、地区、国家提供应对气候变化方面的决策建议，发表官方不便于发表的研究结论。

2. 咨询公司型气候变化智库工作任务（课题）来源

拟建智库工作任务（课题）来源主要是企业、组织、地区委托，向国家部委申请，以及同国际组织或机构合作等。咨询公司通过建立相应的市场部来争取相关行业、组织、地区委托咨询项目。同时，作为独立法人可自由申请国家部委科研项目。

3. 咨询公司型气候变化智库参与（服务）气候谈判方式

发布相关咨询研究报告、著作、论文等，从民间“第二渠道”服务于气候谈判，以独立运作的方式发布官方不便于发表的观点。

4. 咨询公司型气候变化智库服务政府决策方式

拟建智库通过不同领域的专家学者的聚集所产生的集体智慧为我国政府决策服务，为应对气候变化的政策规划提供具有针对性的理论知识、思想范式和政策建议。根据需要吸收不同知识背景的专家，开辟“第二渠道”，针对不同议题举行公开会议和研讨会，邀请国外同行对特定问题进行交流。使智库的运作超越国家和地区的界限，促使其酝酿制定的政策思想和政策规划更具广阔的视野和深度，而且成为官方对话磋商的前奏和补充，有利于减少不同国家决策者之间的分歧和误解。

8.5.1.5　咨询公司型气候变化智库的支持保障体系及政策建议

1. 咨询公司型气候变化智库所需启动资金分析

建立智库需要注册资本金、场地购置或租赁费用、相关宣传费用、办公设备费用、相关人员聘用费用、相关书籍资料出版或购置费用等。

2. 咨询公司型气候变化智库所需基础设施分析

智库建立在中国境内，在基础设施方面需要办公场所、相关办公设施以及网络设施等。

3. 咨询公司型气候变化智库所需法律政策分析

我国已有较完善的企业法人和聘用国际知名研究人员的相关法规。政府可以在咨询公司型智库申请国家部委项目时对其基于倾斜待遇。

4. 建立咨询公司型气候变化智库的政策建议

首先，选择国内已有的较有名气的民间研究机构为基础，加强建设。其次，采用公司制。具备独立法人资格，坚持研究性质机构建设和商业性质机构双向发展。再次，招聘专业化与国际化人才。以中国海外留学生为主，积极聘用具有世界著名学府的高等学位的研究人员、熟悉国际气候变化谈判的专家。最后，建立人脉和顾问智囊团支持，使更多的国际知名人士理解中国的发展现状及在应对气候变化方面所做的努力与面对的难点。

8.5.2 建立能源公司型气候变化智库的启示

BP 每年发布《BP 能源统计年鉴》，其中的二氧化碳排放数据是学术界认可的二氧化碳排放数据来源之一。这一重要工作由 BP 能源统计年鉴部门完成。从气候变化智库的角度来看，这一工作组有很多值得借鉴的地方。

第一，BP 能源统计年鉴部门效率极高、分工明确、管理运作科学。具体分工中，仅有 1 人负责与世界各国政府的数据联络工作，也仅有 1 人负责数据录入和维护工作。因此，合理有效的工作方式对高质量的研究成果是很重要的。

第二，BP 善于宣传。BP 每年发布能源统计年鉴时，都会召开较大规模的发布会，邀请政府、学术界及媒体代表参加。这提高了《BP 能源统计年鉴》的知名度，也增加了引用率。

第三，BP 与大学合作紧密。BP 与英国一所大学长期合作维护数据库。这使得 BP 能源统计年鉴部门能够集中精力分析数据和撰写报告。

从跨国能源公司的角度来看，BP 对中国应对气候变化有很大的启示。

第一，中国气候变化智库应当在国际学术界发出自己的声音。BP 虽然是一家能源公司，但是持续 60 多年发布《BP 能源统计年鉴》，并且将二氧化碳排放数据纳入《BP 能源统计年鉴》。这一举动的创新性并不高，但是借助《BP 能源统计年鉴》的影响力，在学术界产生了较大的影响。因此，中国的气候变化智库应当找到恰当的切入点，在国际气候变化领域产生更大的影响。

第二，中国的能源公司应当大力支持学校和科研机构在气候变化领域的科研工作。BP 作为跨国石油巨头，通过《BP 能源统计年鉴》对气候变化领域学术界产生了影响。中国石油公司可借鉴 BP 经验，与大学以及科研机构大力合作。

在大型石油公司之中，BP 公司对气候变化的影响力是最大的。其影响力不仅仅渗透到了学术圈，也影响到了公众舆论。中国能源公司应该积极学习其先进经验。

第九章

气候变化智库影响力评估

9.1 评估背景

国际气候谈判已经引起世界各国高度重视，气候变化智库逐步成为支撑政府谈判和国家间博弈的重要力量。建立以中国为主的、具有国际影响力的气候变化智库，提高中国在全球气候谈判中的话语权，是当前国家应对气候变化的重要战略需求。鉴于此，研究国外气候变化智库的重要影响力及其主要特征，学习和借鉴国外一流气候变化智库的有益经验尤为重要。

气候变化智库的国际影响力体现为其对全球气候谈判和全球气候协议达成过程产生的直接或间接影响力。为尽可能地对全球较为著名且已有一定影响力的气候变化智库的影响力进行评估，本书以联合国气候变化大会边会注册机构为主要遴选依据，选出 314 家气候变化智库，并构建了国际影响力评估方案，从政策影响力、学术影响力、企业影响力、公众影响力以及综合影响力等方面对这些智库的国际影响力进行评估和分析。

9.2 评估方法

评估工作包括两个部分，一是对各国际智库在气候变化领域所做工作的政策影响力、学术影响力、企业影响力、公众影响力分别进行评估；二是对其所做工作的综合国际影响力进行评估。评估过程如下：

①计算 314 家气候变化智库在各种影响力方面的得分：基于各智库在政策影响力、学术影响力、企业影响力、公众影响力方面的检索次数，分别计算其得分，并将得分调整到 10 ~ 100 之间，采用的方法是：

$$f_i = 10 + 90 * (a_i - \min)/(\max - \min)$$

其中，f_i 为机构 i 的得分，a_i 为机构 i 的检索次数。

②计算综合得分：对上述四种影响力的得分求和，得到各气候变化智库

的综合影响力。

③根据综合影响力得分的大小，对各气候变化智库进行排序。

9.3　评估结果

9.3.1　综合影响力评估结果比较分析

重点分析314家气候变化智库中综合影响力前50名的智库（全部排名请见附录），其中综合影响力前10名的气候变化智库如图9－1所示，分别是美国哈佛大学、美国普林斯顿大学、美国斯坦福大学、英国东英吉利亚大学、英国剑桥大学、美国竞争企业协会（CEI）、美国麻省理工学院（MIT）、美国世界自然基金会（WWF）、美国国家海洋和与大气管理局（NOAA）、加拿大约克大学。

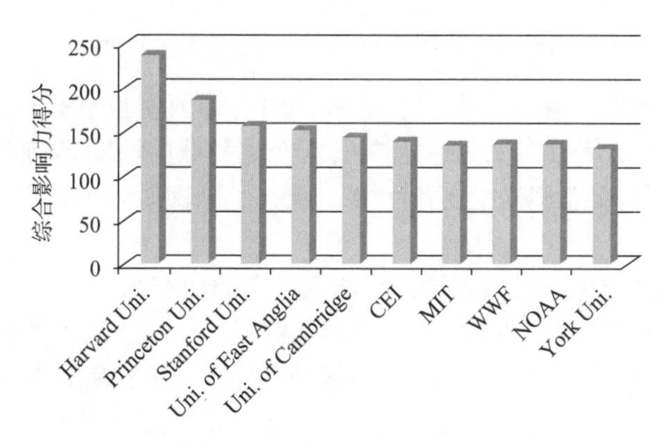

图9－1　综合国际影响力前10名的气候变化智库

1. 综合影响力前50名气候变化智库的国别分析

欧美发达国家智库在气候变化领域占据主导地位，特别是美国的智库的综合国际影响力在气候变化领域占据绝对领先地位。综合影响力前50名气候变化智库中，美国的智库为24家，占48%；其次是英国和加拿大，分别为6家和5家，占12%和10%。在前10名的智库中，7家来自美国，英国和加拿大分别有2家和1家，而发展中国家的智库尚未进入前10名（如图9－2所示）。

这一方面是由于发达国家的智库长期特别关注气候变化问题，例如英美等国最好的大学都高度重视气候变化领域的学术研究工作，也重视通过研究工作影响企业发展和政府决策；另一方面，与发展中国家相比，欧美发达国家研究人员更加具有全球视野，智库的国际影响力也就相对较大；此外，欧美发达国家在英语方面的语言优势，也是导致评估结果的重要原因。

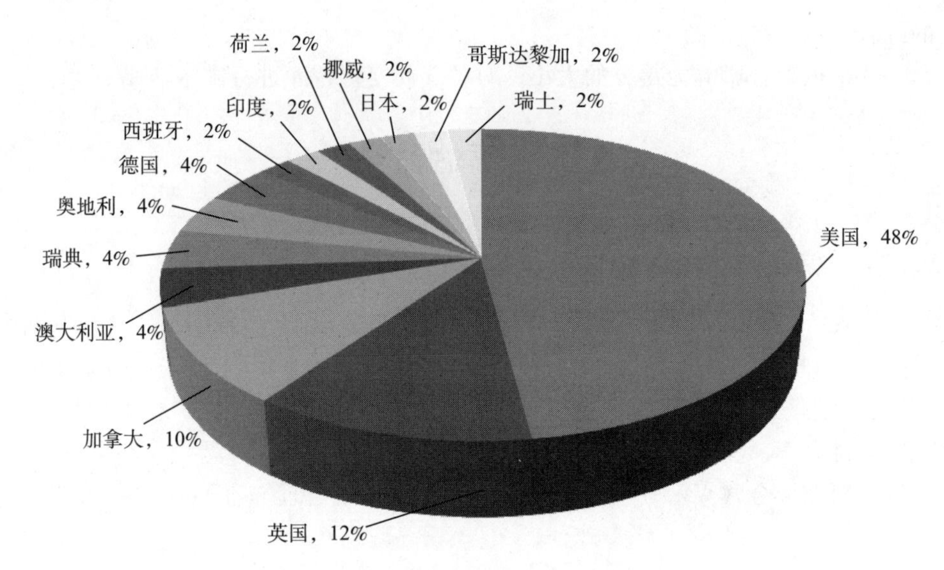

图 9－2　前 50 名气候变化智库的国家分布

其次，奥地利、瑞典、荷兰、挪威、瑞士等国家虽然人口、面积较小，但重视研究工作，科技实力较强，在气候变化领域的国际影响力超过了广大发展中大国。前 50 名气候变化智库中，奥地利和瑞典均有 2 家，荷兰、挪威和瑞士均有 1 家。

此外，印度作为发展中大国，其能源与资源研究所（The Energy and Resources Institute，TERI）也进入了前 50 名，排第 27 名，成为具有重要国际影响力的气候变化智库之一。这与它卓越的领导人（其所长为 IPCC 前主席 Pachauri）密不可分；同时，该研究所积极参与联合国气候变化谈判和气候变化大会的各项事务，并设立了面向全球的气候变化大奖，为其国际影响力的扩大提供了重要支持。

2. 综合影响力前 50 名气候变化智库的类型分析

首先，大学在气候变化研究领域发挥了不可忽视的关键作用。在综合影响力前 50 名的气候变化智库中，有 23 所大学气候变化智库，占 46%；其他类型研究机构有 27 家，占 54%。特别是在前 10 名的气候变化智库中，大学气候变化智库占 7 家。而且英美最好的大学都在气候变化研究方面取得了重要成就，如美国的哈佛大学、普林斯顿大学、斯坦福大学，英国的剑桥大学等。究其原因，这主要是由于大学是科学研究的主力军之一，具有智力密集、学科综合交叉和国际学术交流广泛的优势。同时，大学培养的毕业生多，社会辐射面广，对政府、企业和公众的影响大。

其次，拥有前 50 名气候变化智库的 23 所大学中，来自美国的大学最多，有 12 所，占 52%；其次是加拿大、英国和澳大利亚，分别占 18%、13% 和 9%；瑞典和德国均占 4%（如图 9－3 所示）。在前 10 名气候变化智库中，7 所大学有 4 所来自美国，而且都是世界名校。可见，在从事气候变化研究的大学范围内，美国大学仍占主导地位。这与美国大学教育质量高，科研水平强，研究视野宽，研究成果密切影响政府决策和企业发展有关。

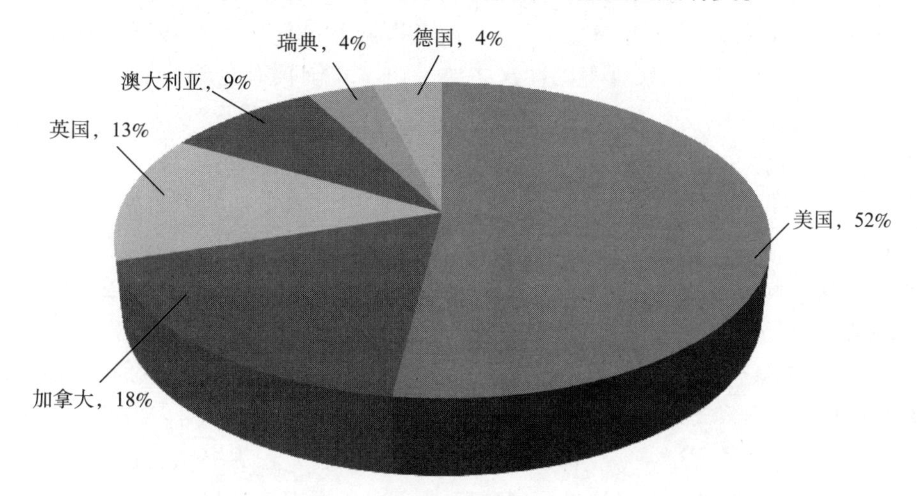

图 9－3　排名前 50 名气候变化智库中 23 所大学所在国家分布

此外，在前 50 名气候变化智库中，除大学以外的 27 家智库主要包括 NGO 型研究机构、政府设立型研究机构等。NGO 型研究机构包括世界自然基金会、世界资源研究所、美国未来资源研究所、国际应用系统分析学会、加拿大国际可持续发展研究所、印度能源与资源研究所等；政府设立型研究机构包括美国国家海洋与大气管理局、瑞典斯德哥尔摩环境研究所等。

9.3.2　各种影响力评估结果比较分析

政策影响力方面，发达国家特别是美国和英国的气候变化智库占绝对优势。政策影响力前 50 名智库中，有 18 家来自美国，占 36%；英国 9 家，占 18%；英美两国一共占据了 54%；发展中国家仅占 3 家，占 6%，分别来自印度、哥斯达黎加和南非。排在第一位的是英国剑桥大学。这主要是因为英国政府在气候变化领域一直比较积极，在气候变化研究方面经费支出较大。

学术影响力方面，美国在气候变化领域发表的论文和论文被引用次数都远远超过排在第 2 位的英国。在学术影响力前 50 名的气候变化智库中，18 家来自美国，其中排在第 1 名的是美国的普林斯顿大学。而且，大学在气候变化学术影响力上占有绝对主导地位。学术影响力前 10 名的全部为大学，前 50

名中有40所大学。这可能是由于：①大学对国际气候变化的学术问题及论文发表比较重视；②大学在学术人才储备上要显著优于非大学机构；③大学本身在学术研究上具有一定优势和特长。

企业影响力方面，欧美发达国家气候变化智库对相关大型企业的影响力远超其他地区智库。企业影响力前50名智库中，欧美发达国家最多，占46家；其中，美国19家，加拿大10家，两者占据了58%。企业影响力前10名气候变化智库中，8家来自美国。这主要是由于美国拥有全球最发达的科技，其研究机构众多，吸引着全球顶级研究人才，在气候变化研究领域对全球500强企业有着最大的影响力。同时，对企业战略决策最有影响力的气候变化智库是大学型研究机构。企业影响力前50名智库中，大学型研究机构有32家，占64%。

公众影响力方面，欧美发达国家特别是美国的气候变化智库的公众影响力优势突出。在公众影响力前50名的气候变化智库中，有27家来自美国，占54%，其次是英国和加拿大，分别占24%和8%。而且，公众影响力前10名气候变化智库全部来自欧美发达国家，其中，8家来自美国，占80%。但是，印度的能源与资源研究所（TERI）的公众影响力较为突出，在所有被评估智库中排第13名，在发展中国家的气候变化智库中排首位。这与该机构具有卓越的领导人，以及该所的研究人员广泛参与联合国气候变化谈判和IPCC相关事务密切相关。

9.4 气候变化国际智库的成功经验对我国的启示

国际影响显著的气候变化智库的成功经验为我国建立具有国际影响力的气候变化智库提供了诸多重要启示。

第一，围绕国家战略需求，促进多种类型的智库积极参与气候变化领域研究工作，提升话语权，维护国家利益。为此，需要充分发挥大学在气候变化研究方面的基础性作用，通过与国外高水平大学或科研机构建立跨国联盟，深入开展国际合作，提高我国大学在气候变化领域的科研能力和学术水平。进一步加强与相关大型企业的交流合作，创新合作方式，拓宽合作渠道，实现科学研究与企业生产的良好结合。此外，重视科学成果的宣传，丰富发布方式，增加公众对气候变化相关知识和进展的了解。

第二，遴选有影响的国际官员和专家担任气候变化智库的领导者。例如，印度能源与资源研究所的所长帕乔里是国际盛名的气候变化研究专家，曾于2002年当选IPCC主席；再如，世界资源研究所董事会成员包括美国前副总统戈尔、瑞典前首相佩尔松、美国环境保护局前署长鲁克豪斯、自然资源保护委员会主席拜内克等。

第三，关注热点问题开展研究，并在国际上发出自己的声音。哈特兰研究所在气候变化、全球变暖问题上的立场及理念或许不同于世界上的主流声音，但有坚实的论据并坚持自己的观点，从而备受关注；美国等发达国家专门针对气候变化领域国际谈判的热点或敏感性、有争议性（长期、复杂性）的问题设立了长期战略研究计划，并成立全球联合变化研究所。

第四，设立“应对气候变化国际合作奖”。例如，印度能源与资源研究所（TERI）创立了“环境保护杰出奖”“企业社会责任奖”等有一定影响力的奖项，颁发给印度及国际环保领域的杰出个人或机构；通过这些奖项的颁发，吸引全球的关注，增强研究所的影响力。

第五，建立“气候变化国际研究论坛”。如斯坦福大学能源建模论坛（EMF）、欧洲气候论坛（ECF）、牛津气候变化论坛（OCF）、剑桥气候变化论坛（CCF）、MIT 全球气候变化项目等；EMF 通过召开斯诺马斯会议、综合评估模型协会年度会议等，发起有影响力的专题讨论，影响政府的决策和政策制定。

第六，依托“973”“863”等重大科研专项，制定国家“应对气候变化战略计划”。例如，美国全球能源技术战略计划（GTSP）是在全球范围内公共与私人合作的背景下，为解决气候变化问题而设计的一个长期研究项目。2011 年已启动该计划第四阶段的研究。再如，国际气候与社会变化研究所（IRI）是在美国全球变化研究计划指导下，由美国国家海洋与大气管理局、哥伦比亚大学、加利福尼亚大学共同组建的研究所。

附录一

气候变化智库名录

1. 东西方研究中心

(1) 东西方研究中心概况

东西方研究中心（East – West Center）成立于1960年5月14日，坐落于美丽的夏威夷群岛，21英亩[①]的檀香山校园，毗邻夏威夷大学，拥有配套的国际会议设施和住宅。中心宗旨是："通过合作研究、培训和探索，促进美国与亚太地区国家之间的关系和相互了解。"中心还设有华盛顿特区办事处，其为美国处理亚太地区事务起到了不容忽视的作用。该中心是一个独立、公开、由美国政府资助的非营利组织。此外，私人机构、个人、基金会、公司和夏威夷地区政府也对其资助。

在过去50年里，东西方研究中心作为美国与亚太地区公共外交的智库，与亚太地区政府、民众组织、学校、科研机构等建立了良好的合作关系。该中心已建立了包含5.7万名校友和750多个伙伴组织的全球网络。

(2) 东西方研究中心的重点研究领域和研究特色

东西方研究中心采用多学科交叉的方法研究关于当代政策重要性的议题，着重研究亚太地区和美国共同关注的问题和面临的挑战。该中心与亚太地区许多研究机构进行合作研究，旨在促进各国各地区与美国之间的相互理解，改善它们之间的关系，同时也有助于双方的能力和机构构建。主要工作分为四个研究领域：经济；环境变化，易损性和治理；政治，治理与安全；人口与健康。

(3) 东西方研究中心的研究成果

东西方研究中心的研究成果主要发布在它自己以及与合作机构的出版物上。其系列出版物主要有亚太公告、亚太专刊、东西方对话、亚太地区现存问题、亚洲安全研究、政策研究、太平洋岛屿政策、东西方研究中心特别报告以及东西方研究中心工作论文等。

(4) 东西方研究中心的项目来源和经费来源

---

① 1英亩=0.004 046 9平方千米。

东西方研究中心现有研究项目38个，其中与能源、环境及气候变化相关的共有14个。已完成的研究项目有32个，其中与能源、环境及气候变化相关的共有6个。近年来，能源、环境及气候变化问题逐渐成为东西方研究中心研究的重点，中心对这一研究领域给予了更大的投入。

东西方研究中心的主要日常运行经费来源于美国国会，国家财政对其进行拨款，主要用于购买中心所需设备、支付研究人员工资等。中心还设有基金会，主要是给不发达地区过来学习、培训的学生或科研人员提供奖学金。

（5）东西方研究中心的组织结构和运行管理体制

东西方研究中心由一个18人董事会负责管理，其中5人由执政党秘书提名，5人由夏威夷州长提名，另外5名国际成员由先提名出来的10人提名产生，再加上夏威夷州州长和他的主管教育文化的助理共17人是由执政党决定的，最后1人即董事会主席是由夏威夷大学校长选定产生的。

2. 哈德利气候变化研究中心

（1）哈德利气候变化研究中心概况

哈德利气候变化研究中心（Hadley Centre for Climate Change）成立于1990年，隶属英国气象局，位于埃克塞特英国气象局总部。哈德利气候变化研究中心主要为英国政府提供气候变化相关科学问题的决策依据。其主要目标有：深入理解气候变化系统内物理、化学和生物过程，并开发前沿的气候变化模型来模拟这种过程；利用气候模型来模拟在过去100年内全球和区域气候的变化，并预测未来100年的趋势；监测全球和国家气候变化；研究具体因素对近期气候变化的影响；为了预测气候变化，研究自然的不同时期气候变化。

（2）哈德利气候变化研究中心的重点研究领域和研究特色

气候变化预测是哈德利气候变化研究中心的科学家和研究人员的一个重要的科研任务。他们开发了基于计算机的气候模型，来预测未来气候变化情景以及数个世纪的气候演变情况。哈德利气候变化研究中心的预测模型主要基于温室气体排放情景，比如二氧化碳排放量。同时，还考虑了不同的社会经济发展情景。

气候变化监测和预警是哈德利气候变化研究中心的另外一项重要的任务。中心监测着全球气候变化的一些指标，用来开展全球气候变化预警和气候模拟，同时也为气候变化的成因提供数据基础。

（3）哈德利气候变化研究中心的研究成果

该中心的代表成果是其开发的气候模型，称为全球气候模型，可用于世界各地的气候变化研究。此外，哈德利气候变化研究中心还为不同用户提供了大量气候变化影响的咨询服务。哈德利气候变化研究中心是英国气候变化预测报告的主要完成单位，为英国政府气候变化政策的制定提供大量依据。

(4) 哈德利气候变化研究中心的项目来源和经费来源

哈德利气候变化研究中心资金大部分来自英国环境食品和农村事务部以及英国政府其他部门和欧盟委员会。中心由英国环境食品和农村事务部、国防部和能源和气候变化部共同资助，其主要为英国政府提供气候变化相关的深入信息。

(5) 哈德利气候变化研究中心的组织结构和运行管理体制

哈德利气候变化研究中心设有主任和副主任以及首席科学家，下设气候变化顾问等 9 个具体部门。组织结构如图 A1 所示。

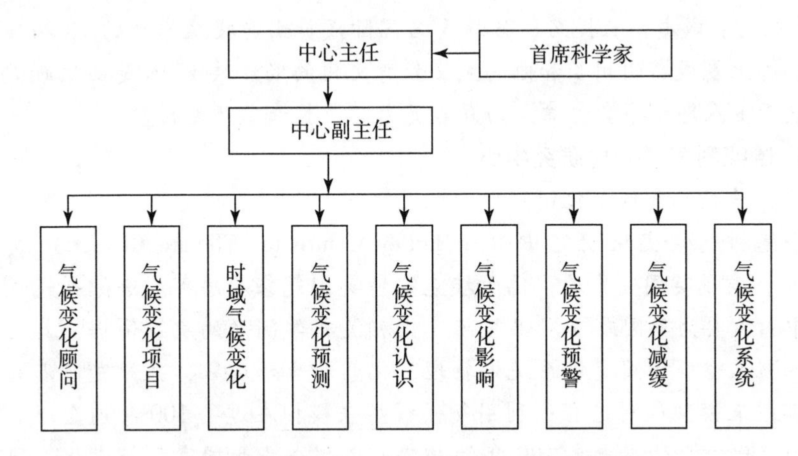

图 A1 哈德利气候变化研究中心组织机构图

3. 美国国家海洋和大气管理局

(1) 美国国家海洋和大气管理局概况

美国国家海洋和大气管理局（National Oceanic and Atmospheric Administration，简称 NOAA）于 1970 年建立，隶属于美国商业部科技部门，总部设在华盛顿特区。NOAA 的职责是了解并预测地球环境变化，保存并管理海岸与海洋资源，满足国家的经济、社会及环境需求。

(2) 美国国家海洋和大气管理局的重点研究领域和研究特色

NOAA 的重点研究领域包括：海洋与海岸生态系统管理、环境数据与信息服务、环境知识和技术、观测数据管理与模拟系统、组织支撑与管理等。

(3) 美国国家海洋和大气管理局的研究成果

NOAA 的诸多研究成果对维持经济、社会和环境的可持续发展起到了重要作用。在气候变化方面，NOAA 为联合国政府间气候变化专业委员会

(IPCC) 评估报告做出了重要贡献。其地球物理流体动力学实验室的研究成果为 IPCC 地球气候模拟提供了 20 种预测模型。在厄尔尼诺现象方面，NOAA 的气候预报中心是美国专门负责监测、评估和预报厄尔尼诺南方涛动、厄尔尼诺和拉尼娜周期的政府机构。

(4) 美国国家海洋和大气管理局的项目来源和经费来源

NOAA 作为一个美国联邦机构，项目主要来自于政府，以满足国家的经济、社会及环境需求。其经费均来自于美国政府拨款。

(5) 美国国家海洋和大气管理局的组织结构和运行管理体制

NOAA 管理局下设 6 个部门：国家气象局、国家海洋局、国家海洋渔业局、国家环境卫星、数据及信息服务中心、NOAA 研究中心以及综合司。NOAA 与很多研究机构合作设立研究所，包括 NOAA 研究中心合作研究所、国家海洋渔业局合作研究所、国家环境卫星数据及信息服务中心合作研究所、国家海洋局合作研究所、国家气象局合作研究所。

NOAA 的合作网络广泛，与国家科技委员会环境与自然资源委员会以及国家海洋学联盟计划建立了合作关系。它是大气科学研究大学联盟的发起者之一。此外，NOAA 几个所属机构是海洋研究和教育同盟的高级会员单位。

4. 日本国立环境研究所

(1) 日本国立环境研究所概况

日本国立环境研究所 (National Institute for Environmental Studies，简称 NIES) 于 1974 年建成，并投入环境科学研究工作。该所位于东京东北部，是日本环境厅直属的主要从事环境综合科学研究的智库。30 多年来，该所环境科学研究硕果累累，已成为世界上少数几个著名的环境智库之一。它为日本解决环境污染和可持续发展做出了重大贡献。

(2) 日本国立环境研究所的重点研究领域和研究特色

研究领域主要有地球环境、水与土壤环境、废弃物与回收研究、环境与社会研究、大气与生态、健康及亚太环境研究。其中，下设的大气环境部主要从事气候与环境相关课题，主要研究任务有：气候变化及大气运动，大气中物质传输以及应用所观测的数据模型和大气动力学的方法，能量和水循环的研究；平流层臭氧、反应温室气体的寿命和形成，对流层臭氧及其前身、酸雨形成、光化学烟雾形成机理方面的研究；利用雷达和激光遥感技术进行与地球区域环境有关的高空大气特征的观察研究；利用大型远程高分辨率激光雷达观测平流层、对流层气溶胶形成过程的研究；借助臭氧激光雷达观测平流层臭氧变化的研究；利用先进的激光雷达技术和光学遥感技术进行高空大气测定的研究；在遥测站长期采用各种痕量气体监测技术进行对流层、气溶胶、痕量反应气体、温室气体的寿命和分布及起源的研究。

(3) 日本国立环境研究所的研究成果

日本国立环境研究所每年发表各种年报及专题报告数十种，出版专题业务报告集百余册，包括日本国立环境研究所年报、日本国立环境研究所英文年报、日本国立环境研究所特别研究计划、特别研究报告、业务报告、地球环境研究报告等。其中，各种年报主要概述研究所该年度活动概况、调查研究、业务概要、成果发表、国际交流及各种其他业务资料等。

(4) 日本国立环境研究所的项目来源和经费来源

日本国立环境研究所各类经费主要由政府及有关部门划拨。

(5) 日本国立环境研究所的组织结构和运行管理体制

日本国立环境研究所学科齐全，研究领域丰富，主要由项目研究部门、基础研究部门、服务保障部门等10余个研究部和研究中心构成。其机构设置情况如图A2所示。

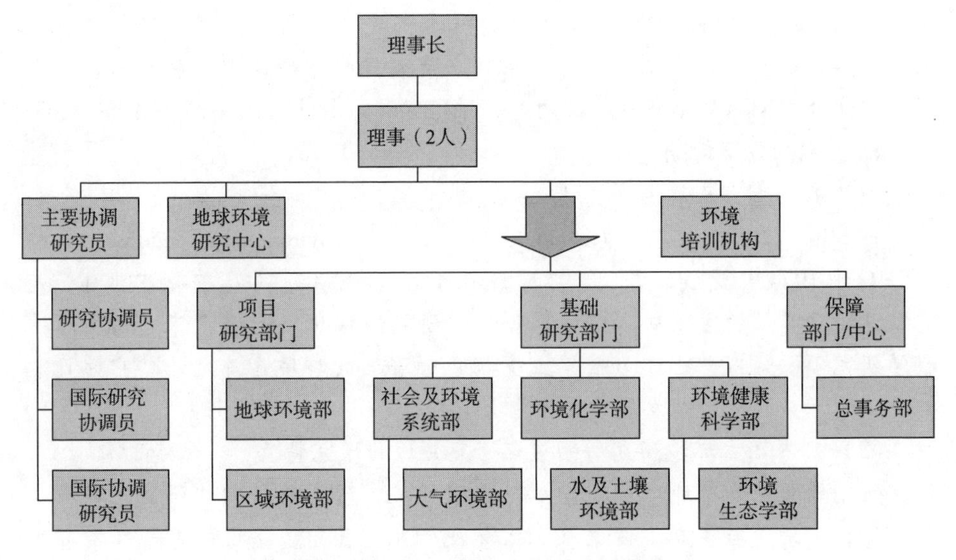

图A2 日本国立环境研究所的组织结构图

5. 瑞典斯德哥尔摩环境研究所

(1) 瑞典斯德哥尔摩环境研究所概况

瑞典斯德哥尔摩环境研究所（Stockholm Environment Institute，简称SEI）于1989年由瑞典政府创立，总部位于斯德哥尔摩。

它的目标是通过提供综合分析支持决策者，并结合科学与政策来实现可持续发展。其战略定位是运用科学知识应对世界各种变化，并连接科学决策和公共政策。

（2）瑞典斯德哥尔摩环境研究所的重点研究领域和研究特色

瑞典斯德哥尔摩环境研究所共有四大研究领域，即气候风险、气候系统管理、环境系统管理、治理改造和发展反思。瑞典斯德哥尔摩环境研究所在全球气候变化适应战略方面设立四个研究方向：

①适应气候变化的合作平台。SEI 在非洲、亚洲和拉丁美洲结合当地的国家和区域减灾知识网络，帮助该地区加强适应气候变化，并且与全球合作网络和组织合作。如与联合国环境计划署合作，从而提出相关气候政策。

②气候政策经济学。SEI 为气候政策成本和碳市场的作用提供经济学和体制上的分析，并对发展中国家提供气候融资服务。通过这些分析，SEI 对低碳技术和可持续发展方面提供新的见解。

③减缓与适应气候变化的公平性。从公平性的角度来分享气候主权、生计的影响、能源和土地使用政策和规划中人类共同的权利，SEI 对不同的减缓和适应方法提供了政策分析。它的目标是把“气候服务发展”政策纳入政策议程，以确保公平和公正的结果。

④气候变化分析框架。SEI 提供分析框架以支持应对气候变化的全球行动，支持社会和机构在能源供应和安全、发展和适应方面的学习和能力建设。

（3）瑞典斯德哥尔摩环境研究所的研究成果

瑞典斯德哥尔摩环境研究所开发了很多能源、环境与气候领域的模型。其中，臭氧的沉积气孔交流（DO_3SE）根据具体地点的总臭氧通量和气孔数据，评估总量和气孔通量。长期能源替代规划系统（LEAP）集中于能源使用基本需求、能源效率和能源规划相关问题。全球大气污染排放手册（GAP）为在非洲和亚洲的发展中国家编写空气污染清单提供最佳实践和方法。资源与环境分析方案（REAP）帮助决策者了解和衡量人类消费有关的环境压力。水资源评价规划系统（WEAP）提供了一个全面的、灵活的以及用户友好的政策分析框架。

（4）瑞典斯德哥尔摩环境研究所的项目来源和经费来源

瑞典斯德哥尔摩环境研究所经费主要来源于政府拨款、外部项目资金以及杂项收入。其中，外部项目资金约占 88%。

（5）瑞典斯德哥尔摩环境研究所的组织结构和运行管理体制

6. 德国波茨坦气候变化研究所

（1）德国波茨坦气候变化研究所概况

波茨坦气候变化研究所（The Potsdam Institute for Climate Impact Research，简称 PIK）成立于 1992 年，位于波茨坦，属于非营利性机构。该所致力于研究全球气候变化对生态系统、经济系统和社会系统的影响。它还研究地球系统的承载力，并为人类和自然系统设计可持续的发展战略。通过数据分析和计算机模拟以及建模分析，PIK 为可持续发展的政策制定者提供翔实、丰富、有影响力的信息和分析工具。它的使命是致力于解决全球气候变化及其影响以及可持续发展领域的关键科学问题。

（2）德国波茨坦气候变化研究所的重点研究领域和研究特色

波茨坦气候变化研究所的主要研究领域包括四个方面：地球系统分析、气候影响和脆弱性、可持续解决方案以及交叉学科的概念和方法研究。

（3）德国波茨坦气候变化研究所研究成果。

自 20 世纪 90 年代初开始，波茨坦气候变化研究所发表了数百篇学术论文、百余篇咨询报告和学术报告。内容包括了气候变化领域的科学问题、政策建议等。波茨坦气候变化研究所的研究人员发表了大量温室气体与全球气候变化及其影响的文章，引起了社会的广泛关注。

（4）德国波茨坦气候变化研究所的项目来源和经费来源。

波茨坦气候变化研究所是莱布尼茨协会成员，其经费主要来自德国联邦政府和勃兰登堡州政府，这两个机构出资额度基本相同。此外，研究所还从外部项目中获得研究经费，来源包括欧盟和其他国际组织、基金会、企业。

（5）德国波茨坦气候变化研究所的组织结构和运行管理体制

波茨坦气候变化研究所作为非营利性机构，其机构重要的管理单位为全所大会、理事会、主任委员会和科学顾问委员会。波茨坦气候变化研究所的研究是跨学科组织的四个研究领域。行政人员、日常管理人员和 IT 服务人员为科研活动提供支持。研究所主要结构如图 A3 所示。

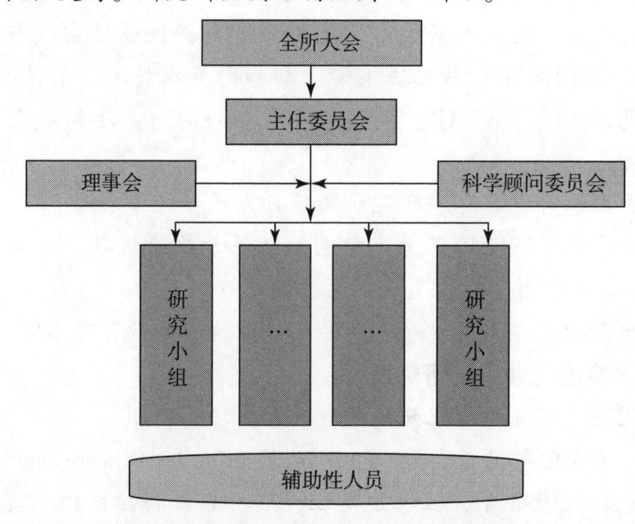

图 A3 波茨坦气候变化研究所组织结构图

7. 格兰瑟姆气候变化研究所

（1）格兰瑟姆气候变化研究所概况

格兰瑟姆气候变化研究所（Grantham Institute for Climate Change）于2007年成立。它的使命是致力于推动与气候变化相关的研究，并努力将研究成果转化为能够影响现实世界的活动。借助于帝国理工在诸如地球科学、生态学、工程学、医学、物理和经济学等领域的跨学科研究专业知识，该研究所重点关注以下问题的研究：如何提高在预测气候变化的速度和规模方面的能力；气候变化以何种方式对人类和生态系统产生影响；我们可以做些什么来减轻气候变化的影响；我们应该如何适应气候变化。

（2）格兰瑟姆气候变化研究所的重点研究领域和研究特色

格兰瑟姆气候变化研究所聚焦于气候变化领域先进的、有影响力的跨学科研究领域，关注为应对气候变化而产生的技术变革。它的研究工作主要覆盖以下四个研究主题：地球系统科学，风险、极端和不可逆转问题，可持续期货，脆弱的生态系统和人类福祉。

（3）格兰瑟姆气候变化研究所的研究成果

格兰瑟姆气候变化研究所把新闻发布会公开的文件、研究数据等以刊物的形式发布，进而影响政府和企业的决策和政策制定。通过讲座、活动和会议等多种形式，该研究所正在使他们的工作拥有一个包括政府、工业界和非政府组织的更广泛的受众。代表性出版物有：研究所报告、简报、讨论性论文、合作出版物、公开性答复文件。代表性演讲有年度讲座、公开讲座、新闻采访、研讨班、公众演讲、研讨会演讲。

（4）格兰瑟姆气候变化研究所的项目来源和经费来源

格兰瑟姆气候变化研究所的项目主要来源于研究所和帝国理工内部。对于被资助人员来说，他们的项目来自于其所在机构，或是与该研究所合作研究项目。

格兰瑟姆气候变化研究所的资金主要来自于外部捐助，包括格兰瑟姆环境保护基金以及合作伙伴等其他形式的资助，如Old Mutual公司。

（5）格兰瑟姆气候变化研究所的组织结构和运行管理体制

格兰瑟姆气候变化研究所的组织结构如图A4所示。

8. 麻省理工学院全球变化科学和技术联合项目

（1）麻省理工学院全球变化科学和技术联合项目概况

麻省理工学院全球变化科学和技术联合项目（MIT Joint Program on the Science and Policy of Global Change）成立于1991年，隶属于MIT全球变化科学中心和MIT能源与环境政策研究中心。其使命和战略定位为：提高对人类

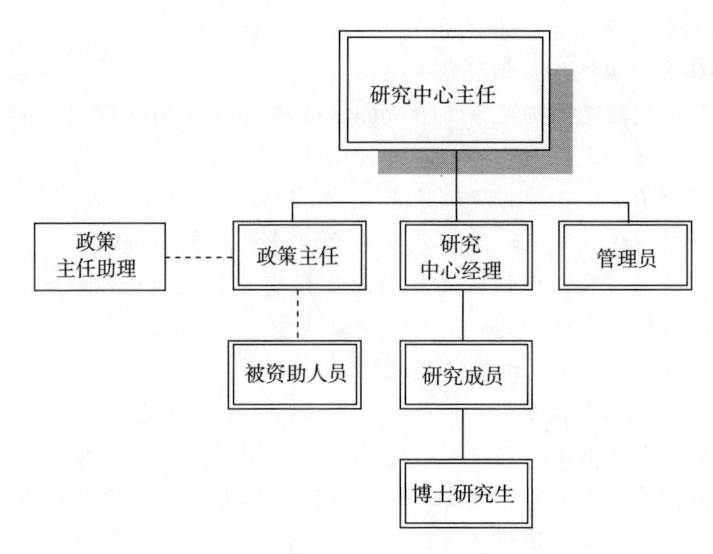

图 A4　格兰瑟姆气候变化研究所组织结构图

与自然地球系统间交互关系以及对全球变化驱动因素的认识，尤其关注气候和能源，对全球变化的风险及其社会环境影响进行定量分析；提供独立的对于通过减排和预期的适应等潜在的应对全球风险对策的评价，借此增进其他研究团体、决策机构和公众对这些问题的了解；通过对经济、地球科学分析和政策评价方法等相关学科的研究生和本科生教育，增加这一领域的人才储备。

（2）麻省理工学院全球变化科学和技术联合项目的重点研究领域和研究特色

该联合项目旨在提高对地球系统的了解，以及增进决策者和公众对全球变化的认识。最主要的研究工具是 MIT 集成系统建模框架（IGSM）。该框架用于对全球变化进行模拟，以及对政策影响进行评估，同时还提供了一个对全球变化问题各组成部分进行研究的平台。

该项目一方面继续 IGSM 的开发研究，改进各组件模型及它们相互间的联系；另一方面，加强 IGSM 的应用研究，保持研究工具的先进性，并提高分析问题的可行性。

（3）麻省理工学院全球变化科学和技术联合项目的研究成果

同行评议期刊文章是该项目一个很关键的宣传方式，既是为了向相关专家展示成果，也是为了替其信息的发布建立信用。另一类成果发布方式是项目的系列研究报告和技术说明。

另一个更直接的与决策者交流的方式是每年的大型 MIT 气候变化论坛。每次论坛的规模约 100 人。参与者主要是 MIT 教职员工、其他研究机构专家以及政府部门官员等。

(4) 麻省理工学院全球变化科学和技术联合项目的项目来源和经费来源

该项目经费主要来源于企业、基金会、政府及私人捐赠。其中，企业经费里来自美国国内的和来自国外的基本持平。来自美国政府的经费是通过争取研究项目得到的。来自企业、基金会和国外政府部门的绝大部分经费都是作为整个项目的公共资金。来自企业的经费只有一小部分是有任务要求的，绝大部分的企业经费是赠予的。这就使得该项目可以保持研究力量的平衡发展，并且专注于系统各组成部分间的复杂联系。

(5) 麻省理工学院全球变化科学和技术联合项目的组织结构和运行管理体制

中心的管理支撑团队由一个专注于该项目的人员组成，该项目两个上级中心的部门职员也会参与其中。领导组来自于 MIT 全球变化科学中心和 MIT 能源与环境政策研究中心。此外，还设有行政助理、外事、资源开发、论坛管理、IT 支持等岗位。

9. 东英吉利亚大学气候研究小组

(1) 东英吉利亚大学气候研究小组概况

东英吉利亚大学气候研究小组（Climatic Research Unit，简称 CRU）是公认的在自然和人为导致的气候变化研究方面世界领先的机构之一，1972 年成立于东英吉利亚大学环境科学学院。CRU 在全球早期的气候变化研究中发挥了重要的引导和支撑作用。CRU 开展气候变化领域的纯科学以及应用科学研究，与世界众多研究小组建立了密切的合作关系。CRU 旨在加深以下三个方面的科学认识：过去气候的历史及其对人类的影响、21 世纪气候变化的过程和原因、未来气候展望。

(2) 东英吉利亚大学气候研究小组的重点研究领域和研究特色

特色研究领域有全球温度数据集和数据库、二氧化碳排放的“指纹”监测方法、树木年轮数据库、南方涛动、人类行为对气候变化影响的预测、区域气候变化模型等。

CRU 最具国际影响力的工作是自 1978 年延续至今的世界陆地网格温度数据集。1986 年，海洋部门数据纳入进来，从而实现了真正的全球气温记录。除了全球气温数据集，CRU 还努力致力于全面的降水数据汇编。CRU 数据集包括世界各地最高和最低气温、降水、下雨天数、蒸气压、云量和风速等，为许多研究人员提供了重要的基础数据，成了世界上最重要的气候数据源之一。

CRU 的研究人员还建立了区域气候变化模型，可用来气候影响评价、环境规划和气候政策情景分析。自 20 世纪 90 年代始，CRU 的气候变化模型将英国、欧洲和美国整合进来，作为评估模型的基础方案。

(3) 东英吉利亚大学气候研究小组的研究成果

CRU 已开发了一系列的数据库，能广泛用于气候研究，包括全球气温监测、气候系统的状态、统计软件包，并开发了气候模型。CRU 发表了数百篇学术文章，发布了数十本气候报告，开发了气候数据库，为 IPCC 和全球气候变化研究提供了重要的数据基础。

(4) 东英吉利亚大学气候研究小组的项目来源和经费来源

CRU 的经费主要来自于学术基金理事会、政府部门、政府间机构、慈善基金会、非政府组织、商业和工业资助等。其中，来自欧盟的资助最多。

(5) 东英吉利亚大学气候研究小组的组织结构和运行管理体制

CRU 设有中心主任，负责中心主要事务的宏观管理。中心还设有学术委员会，负责中心的学术监管。中心的主要科研管理由科研主管负责，指导和监督每个研究小组的进展（图 A5）。

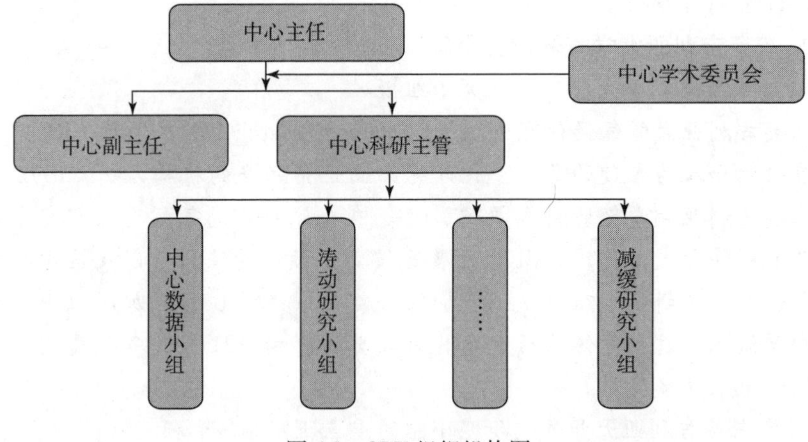

图 A5　CRU 组织机构图

10. 哈佛大学国际气候协议项目

(1) 哈佛大学国际气候协议项目概况

哈佛大学国际气候协议项目（Harvard Project on Climate Agreements）成立于 2000 年，隶属于哈佛大学肯尼迪政府学院，是一个非政府的联合智库，由哈佛环境经济计划组和 Belfer 科学与国际事务中心联合共建。

它的战略定位为：从科学性、经济可行性和政治上的务实性等方面，帮助国际社会和各国政府明确和提出减缓全球气候变化的公共政策选择；描绘澳大利亚、中国、欧洲、印度、日本和美国关于气候变化协议的主流理念，针对 2012 年后京都时代国际气候政策制度的政策框架和关键设计元素开展持续研究；同时，也为一些国家提供本国气候政策方面的建议，尤其是在这些政策的国际行动影响方面。

(2) 哈佛大学国际气候协议项目的重点研究领域和研究特色

哈佛大学国际气候协议项目持续开展关于2012年后京都时代可供选择的全球气候变化制度研究；注重于全球气候变化政策制定者和利益相关者（主要是大公司和非政府组织的领导）的接触，通过与他们沟通和交流相关研究成果，进而学习这些全球气候变化政策方面的实践者的思想和理念。

它的主要研究领域包括以下四个方面：

①可供选择的国际气候政策框架研究。包括气候条约的投资组合体系、温室气体排放费用的案例研究、未来所有国家的特定规则和排放目标、国际气候政策框架与贸易许可系统的连接、关于京都议定书后继设计的研究计划、部门方法作为新后京都框架的一个选择等。

②国际气候政策框架的关键元素研究。包括国际气候政策框架的目的和目标评价、技术转移的作用和方法研究、全球气候政策如何考虑森林采伐、国际气候政策的承诺机制的研究等。

③国际气候政策框架发展过程中的重要问题研究。包括国际气候变化谈判过程研究、经济发展与国际气候政策、全球气候政策和国际贸易等。

④可供选择的责任分配方案的影响模拟研究。

(3) 哈佛大学国际气候协议项目研究成果。

研究成果形式主要包括著作、文章、新闻及讨论报告等。代表性著作有《协议框架：后京都时代减缓全球气候变化》《后京都时代的国际气候政策：政策制定者的视觉》等。

其他代表性研究工作有国际气候变化政策谈判和实施阶段的制度层面上的选择、设计一个全球气候变化政策框架的选择权、承诺和参与国际协议的激励研究、国际气候协议中的责任分担问题、国际碳市场和技术转移、制定与全球气候政策相匹配的全球贸易政策、国际气候协议中的公平和公正研究等。

(4) 哈佛大学国际气候协议项目的项目来源和经费来源

科研经费主要来源于各种慈善基金会和企业的捐助。最大的经费来源是桃瑞丝·杜克慈善基金会（the Doris Duke Charitable Foundation）。其他的支持还有克里斯多夫·卡纳贝（Christopher P. Kaneb）等。

11. 哈佛大学国际事务研究中心

(1) 哈佛大学国际事务研究中心概况

哈佛大学国际事务研究中心（Weatherhead Center for International Affairs）成立于1958年，隶属于哈佛大学文理学院，基于国际事务的判断和挑战，形成了国际事务中心的愿景和宗旨。其宗旨是“鼓励各学科学者和其他国家的高级官员对世界一些根本问题开展研究”。国际事务中心是哈佛大学文理学院最大的国际研究中心，中心被定位为鼓励高级官员或各学科学者互相影响的团体。

(2) 哈佛大学国际事务研究中心的重点研究领域和研究特色

该中心的主要研究领域有国际经济、国际关系、国际安全、比较政治学、政治经济及全球问题等。国际事务中心的根本任务是围绕经济、社会和政治发展；当代世界政治、经济、军事等各种力量的运用；先进工业社会中的问题和各种关系；超越国家范围的各种作用和国际秩序；以及科学技术和国际事务的关系等方面进行研究。

它的特色在于认为知识是一种产品，不仅是独立的学术研究的产品，而且是学者和非学术专家之间有活力的、持续的、理智的对话的产品。为了激励这种对话，中心资助了一系列的研讨会、研究计划、工作组和会议。

(3) 哈佛大学国际事务研究中心的研究成果

研究成果主要包括工作报告、文章、研究简报、新闻、著作和特殊报告以及年度报告。

(4) 哈佛大学国际事务研究中心的项目来源和经费来源

哈佛大学国际事务研究中心的活动经费除校方提供外，主要得到福特基金会、洛克菲勒基金会和卡内基国际和平捐助基金几个东部财团控制的大基金会的资助。此外，也接受个人的捐助。该中心 20 世纪 70 年代以后接受政府的委托研究基金，委托单位主要有国家科学基金会、国际开发署、国防部和全国卫生研究学会等。一些公司企业也开始给予资助，并日益增加。

(5) 哈佛大学国际事务研究中心的组织结构和运行管理体制

中心的组织机构就是下设不同类型的项目组或研究中心，如表 A1 所示。管理体制就是主任负责的项目管理制度。

表 A1 哈佛大学国际事务研究中心下设的项目组和研究中心

中文名称	英文名称
加拿大项目组	Canada Program
历史和经济中心	Center for History and Economics
研究人员项目组	Fellows Program
哈佛国际和区域研究院	Harvard Academy for International and Area Studies
国家安全研究项目组	National Security Studies Program
跨大西洋国际关系研究项目组	Program on Transatlantic Relations
美国 - 日本关系研究项目组	Program on U. S. - Japan Relations

12. 剑桥大学气候变化减缓研究中心

（1）剑桥大学气候变化减缓研究中心概况

剑桥气候变化减缓研究中心（Cambridge Centre for Climate Change Mitigation Research，简称4CMR）成立于2006年，是隶属于剑桥大学土地经济系的跨学科研究中心。该中心重点关注气候变化经济学和减缓战略研究。它的目标是开发和测试有效减缓气候变化过程中的措施、定义和政策；说明和量化不同的减缓战略的后果，并确保研究成果传播到适当的关键利益相关者，最大限度地提高气候变化决策信息的相关性研究。

4CMR研究背景有环境科学、能源经济学、计量经济学、计算机模拟、应用数学、统计和技术变迁的社会经济学。相关领域的专家们利用能源、环境和经济等学科交叉的方法来研究减缓气候变化的机会和策略，以及不同减缓措施产生的可能后果。4CMR研究集中在对气候变化影响的经济模拟方法研究。这一构想通过与其他高级研究中心的合作研究和开发项目得以补充和强化。这些合作伙伴包括廷德尔中心、麻省理工学院、IPCC、Judge商学院、剑桥计量经济学会。除了计量经济模型外，研究还包括研究适应极端天气事件对航空和航运的影响、改变城市环境、可持续的技术和创新战略。

4CMR的目标包括：要预见能有效减轻人类活动引起的气候变化的战略、政策及过程；致力于由于经济手段导致的技术变迁在减缓气候变化领域的前沿研究；采用学科交叉的方法，并为国家和国际决策提供依据；与其他合作伙伴保持密切联系，如剑桥能源论坛、土地经济系的经济政策研究中心、剑桥电力政策研究小组等。

4CMR目前是英国廷德尔气候变化研究中心的核心合作伙伴。4CMR对气候变化缓解的研究主要着眼于英国、欧洲和全球水平上，围绕能源、环境和经济的计量经济模型开发和模拟。

（2）剑桥大学气候变化减缓研究中心的重点研究领域和研究特色

目前研究领域和课题：城市的适应能力和弹性、降低全球经济碳排放的新经济模型、综合模型、适应和减缓项目、英国能源研究中心的自顶向下模型。

（3）剑桥大学气候变化减缓研究中心的研究成果

截至2014年，4CMR在国际学术期刊上发表文章80余篇，包括在*Nature*和*Science*上发表相关研究成果。此外，4CMR和剑桥大学联合开发了全球能源－环境－经济模型（E3MG）。它探讨全球经济中能源与环境的相互依存关系，评价气候变化政策的短期和长期影响。该模型是IPCC的减缓模型中的中心模型，并且在气候变化其他领域得到广泛应用。相应地，还有针对欧洲的E3ME模型。

（4）剑桥大学气候变化减缓研究中心的项目来源和经费来源

剑桥大学气候变化减缓研究中心项目经费主要由欧洲委员会、三畿尼受托基金组织（Three Guineas Trust）、工程和物理科学研究委员会（EPSRC）和欧洲框架计划（EUFP）资助。

13. 英国廷德尔气候变化研究中心

（1）英国廷德尔气候变化研究中心概况

英国廷德尔气候变化研究中心（Tyndall Centre for Climate Change Research）成立于2000年，是一个致力于持续应对气候变化的跨学科交叉科学国家级以及国际研究中心。该中心的成员学科背景包括自然科学、工程学、经济学和社会科学等。廷德尔气候变化研究中心不仅为各领域的科学家提供了一个交流沟通的研究平台，而且还将企业家、决策者、媒体以及普通公众等群体纳入进来。目前，该研究中心有7个核心合作伙伴，分别是东安格利亚大学、曼彻斯特大学、南安普敦大学、牛津大学、纽卡斯尔大学、萨塞克斯大学和剑桥大学。

廷德尔气候变化研究中心的愿景为：成为国际知名的、高水平的、综合的气候变化智库，并能对英国和国际气候变化政策的长期战略的设计和实现施以开创性影响。它的宗旨为：通过独特的多学科交叉来研究、评估和交流减缓气候变化的方案选择、适应气候变化的必要措施。同时将这些成果融入全球性的、英国的以及区域性的可持续发展中。

（2）英国廷德尔气候变化研究中心的重点研究领域和研究特色

廷德尔气候变化研究中心主要研究内容和项目：气候变化和发展、社区综合评估系统、城市和海岸、能源、水和土地利用、气候变化治理。

2009—2010年度主要研究内容：减缓和适应气候变化相关研究。研究目标：确定并分析在不同时间和空间维度下，各种温室气体稳定路径带来的机会、收益、技术和经济风险；探索、评估并应用适应气候变化的可持续发展路线。

（3）英国廷德尔气候变化研究中心的研究成果

自成立以来，该中心取得了丰富的研究成果。截至2014年，中心出版了65本著作，发表了1 100余篇国际学术期刊论文、53份中心简报、81份技术性报告、160余篇工作文章。

中心为了传播其研究成果及观点，增加其在气候变化领域和社会上的影响力，采取多种方式发布其研究成果。

（4）英国廷德尔气候变化研究中心的项目来源和经费来源

该中心的主要资金由自然环境研究理事会、经济和社会研究理事会以及工程和物理科学研究委员会资助。

（5）英国廷德尔气候变化研究中心的组织结构和运行管理体制

廷德尔气候变化研究中心主要运行模式如下：廷德尔理事会负责制定中心的中长期政策和战略。理事会每四个月举行一次会议。廷德尔气候变化研究中心每年还举办一次中心大会，每两年中心还举行国际科学理事大会。中心设有监管机构监管委员会，成员由资助的研究理事会的代表构成。

廷德尔气候变化研究中心是由英国六所研究机构的研究人员组成的一个独特的合作伙伴关系。这些合作伙伴制定了廷德尔的运行章程。此外，廷德尔也与中国复旦大学合作建立了中国分部。上海复旦大学正在中国建立廷德尔气候变化研究中心中国分部，与英国东英吉利大学展开长期合作伙伴关系。

14. 哈特兰研究所

（1）哈特兰研究所概况

哈特兰研究所（Heartland Institute）成立于1984年，坐落于美国伊利诺伊州芝加哥。该研究所不隶属于任何政党、企业或是基金会，它是一个非营利性的公共政策研究中心。哈特兰研究所在其网站上写着“这是一个为自由研究和评论而建立的真正独立的平台”，以表明其研究目的及立场。

（2）哈特兰研究所的重点研究领域和研究特色

哈特兰研究所是研究社会公共政策的中心，在众多社会公共政策问题的争论上，也有自己坚持的观点，可总结为“五点支持两点反对”，即支持普通意义上的环保、支持转基因作物、支持公共服务私有化、支持引进教育券政策、支持放松医疗保险的管制、反对“科学垃圾”、反对烟草控制等烟草加税政策。

哈特兰研究所在美国有数百个智囊团。哈特兰研究所的网站为其他350个智囊团及团体提供了交流沟通的平台。在这个平台上，任何组织及个人都可以同8 400多名市政官员就教育改革、环境政策、医疗保健、预算税务及电子通信等领域的问题进行讨论。

（3）哈特兰研究所的研究成果

哈特兰研究所每个月出版发行六份各具特色的刊物，这些刊物介绍相关领域的最近新闻动态及哈特兰研究所的评注。这些刊物分别是：《金融保险房地产新闻》《医疗保健新闻》《电信新闻》《教育改革新闻》《预算税务新闻》《环境与气候新闻》。其中，美国国家民选官员中有57%阅读《环境与气候新闻》，有近半数（49%）的官员认为该新闻刊物提供了一些有用的信息，而20%的官员认为该新闻刊物对自身有一定影响力。

除了新闻刊物之外，哈特兰研究所还通过出版书籍、解读法律的宣传册、工作简报、政策研究报告，以及研究与评论等方式发布自己的研究成果，以扩大影响。

2008 年以来，哈特兰研究所主持召开国家气候变化会议。2015 年 6 月，哈特兰研究所在美国华盛顿召开了第 10 届国家气候变化会议。本次会议有三个主要议题：国会是否需要重新审视气候科学以及评估相关法律的经济效应？国会是否需要探索更科学的能源与环境政策？是否需要从头开始讨论全球变暖问题？

（4）哈特兰研究所的项目来源和经费来源

美国哈特兰研究所的经费主要来自捐赠，其中 71% 来自基金会，16% 来自企业，11% 来自个人。其中，没有任何一个企业捐赠的数额超过研究所年度预算的 5%。哈特兰研究所采取捐赠者分级制度。企业捐赠从 1 万美元开始受理，当捐赠 2.5 万美元时，支持者上升为银级别的支持者；黄金级别的支持者需要捐赠 5 万美元；当捐赠超过 10 万美元时，即可上升为最高级别，即白金级别的支持者。每一个级别的支持者可以得到相应的优待措施。哈特兰研究所早期曾经对外公开过向其捐赠的企业或基金会名单，但是现在研究所拒绝对外披露相关信息。

15. 国际可持续发展研究所

（1）国际可持续发展研究所概况

国际可持续发展研究所（International Institute for Sustainable Development，简称 IISD）是加拿大一所国际知名的非官方研究所，总部设在加拿大马尼托巴省温尼伯，长期致力于研究和发布世界经济的可持续发展资料。该研究所有能源、环境、技术、创新等各个领域的专家以及相关工作人员 100 多人，遍布全世界 30 多个国家和地区。通过各种研究项目和计划，该研究所与全球范围内 200 多个研究机构有着长期的联系与合作。国际可持续发展研究所的宗旨在于集合全人类的智慧促进全球经济、社会和环境的可持续发展。

（2）国际可持续发展研究所的重点研究领域和研究特色

国际可持续发展研究所长期致力于研究和发布世界经济的可持续发展资料，特别强调运用政策分析工具以及开展国际的交流与合作的方式，来探索全球范围内的可持续发展问题。其主要研究领域包括气候变化和能源、适应能力与减排风险、经济与可持续发展研究、国际可持续发展投资研究、可持续发展治理研究、可持续发展技术研究、可持续发展贸易机制研究、可持续发展评价机制研究等。

（3）国际可持续发展研究所的研究成果

IISD 以研究服务社会现实为宗旨，大部分研究成果都向社会公开、免费提供。研究成果的发布渠道主要有年报、出版中心、新闻中心、学术会议以及社区评论。IISD 的研究成果不仅为加拿大政府提供了很多政策支持，还给国际上其他国家和地区的可持续发展提供了很多借鉴。尤其是其一些针对发展中国家的研究对发展中国家的环境保护、经济发展提供了很大帮助。

（4）国际可持续发展研究所的项目来源和经费来源

国际可持续发展研究所是一个非官方、非营利的智库，除了自主主持一些科学研究以外，也积极承担很多政府、企业和其他私人机构委托的研究课题，并与国内外很多知名研究机构有着长期的合作关系。其研究经费的来源主要有以下几个渠道：加拿大政府的资助，国内外相关组织、企业、私人的捐赠，课题项目承担经费。

（5）国际可持续发展研究所的组织结构和运行管理体制

国际可持续发展研究所的组织机构采用的是事业部式的组织结构与项目小组式的组织结构的有机结合的方式，除了必要的行政组织以外，按照研究领域的不同分为 13 个研究小组和 3 个创新中心；另外还专门设有各种研究基金，负责为国内外相关学术研究提供资金支持，由基金管理中心进行统一的配置和管理。其具体组织结构如图 A6 所示。

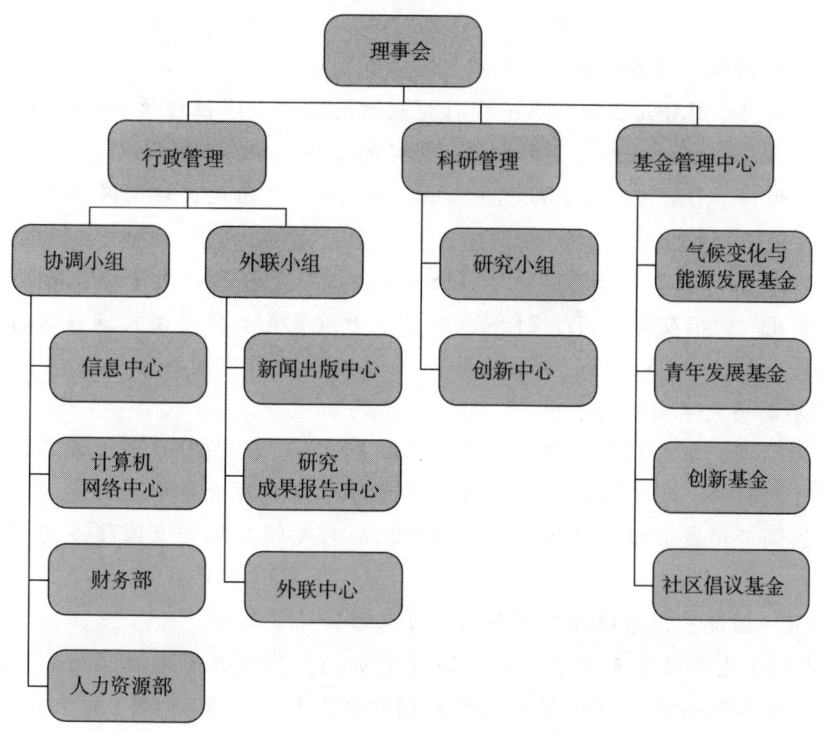

图 A6　国际可持续发展研究所组织结构

16. 国际应用系统分析学会

(1) 国际应用系统分析学会概况

国际应用系统分析学会（International Institute of Applied System Analysis，简称IIASA）是一个国际性软科学智库，着重系统科学的应用研究，是一个多学科交叉、非政府、非营利的研究型国际组织，旨在通过国际合作来研究发达国家所面临的一些共同性问题，如环境、生态、都市、能源和人口等。该学会由位于非洲、亚洲、欧洲和北美洲的成员国组织资助。

(2) 国际应用系统分析学会的重点研究领域和研究特色

IIASA研究主要针对具有重要意义的国际和全球性问题，例如在全球气候变化大背景下的环境、能源、经济、科技和社会问题。IIASA的研究主要围绕具有政策意义的重大问题，而非纯学术研究。IIASA科研人员主要结合自然和社会科学方面的方法和模型来进行多学科的交叉研究。IIASA的研究领域主要包括以下几个方面：全球气候变化、世界农业潜力、能源、地区酸排放和处理模式、风险分析和管理、人口变化导致的社会和经济影响、系统分析理论和方法。从2000年开始，IIASA管理委员会确立了其战略和研究目标，研究工作主要针对以下三个核心主题：环境与自然资源，人口与社会，能源与技术。

(3) 国际应用系统分析学会的研究成果

1981年，IIASA出版了第一个针对能源问题的全球性评估*Energy in a Finite World*，这个评估产生了影响整个世界的报告。

1989年，IIASA开发的欧洲酸雨模型被28个日内瓦公约国家正式采纳为气体污染谈判的主要技术支持。

1998年，世界能源委员会与IIASA合作进行了一项针对全球能源视角的独特研究。此项研究分析了21世纪短期能源政策是如何产生长期影响的，研究成果分别在1995年和1998年被呈递给世界能源委员会，并且被刊登在1998年剑桥大学出版的书中。

2002年，联合国要求IIASA的科学家分析从现在到2080年气候变化对农业的可能影响。研究报告在约翰内斯堡的可持续发展世界峰会上发布。这份报告强调了扩展京都议定书减排视野和把应对气候变化提上国际谈判议程的必要性。

(4) 国际应用系统分析学会的项目来源和经费来源

IIASA主要经费来源于各成员国科学机构。另外也有来自政府、国际组织、企业和个人的项目经费，赠送和捐款也是该机构取得收入的重要途径。这些不同来源的经费构成使IIASA真正独立的研究成为可能。

（5）国际应用系统分析学会的组织结构和运行管理体制

IIASA 的组织结构如图 A7 所示。

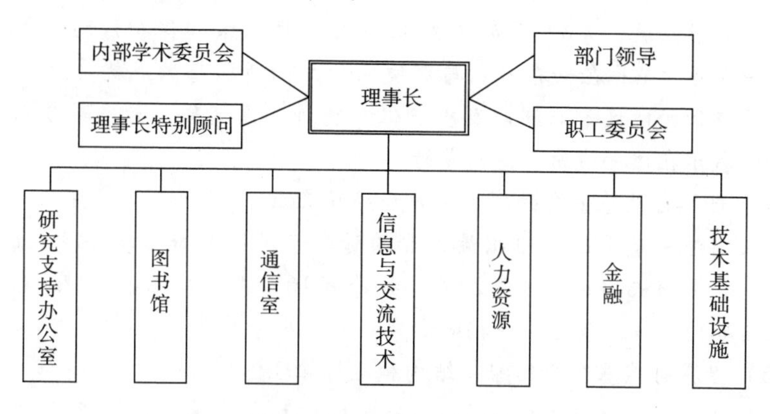

图 A7 IIASA 的组织机构图

17. 世界自然基金会

（1）世界自然基金会概况

世界自然基金会（World Wide Fund for Nature，简称 WWF）是在全球享有盛誉的、最大的独立性非政府环境保护组织之一，1961 年 9 月 11 日成立于瑞士，创始人为英国著名生物学家，曾任联合国教科文组织第一任总干事的朱立安·赫胥黎先生。其基本目标是保护地球的生物资源。

（2）世界自然基金会的重点研究领域和研究特色

世界自然基金会的行动主要包括保护生物多样性和减少人类活动对自然的影响。

世界自然基金会已经确定了 14 个可以发挥关键作用的优先领域，其中包括：全球气候倡议、森林碳倡议。世界自然基金会也重视两个世界上最富饶的海洋生境——珊瑚三角洲和非洲东部沿海，以及世界最大的山脉。通过一个全球性的倡议，世界自然基金会还正在努力减轻人类不合理的对地球资源的需求。

世界自然基金会在启发和采取保护行动方面发挥着主导作用；世界自然基金会为人们交流搭建平台，建立跨国界和跨文化的合作伙伴关系；世界自然基金会具备开阔的视野/眼界；世界自然基金会不独立运行保护项目；世界自然基金会为各种多样性保护问题寻求解决方案，并采取积极的和建设性的办法。

（3）世界自然基金会的研究成果

WWF 通过出版相应的项目报告以展示其研究成果，大部分的报告在其国际主页和分支机构主页能够下载得到。这些报告主要聚焦于以下几个方面：森林保护、海洋生态系统及资源、淡水生态系统及资源、气候变化与全球变暖、可持续性发展。WWF 总部从 2008 年起每年出版《保护行动精要报告》，以展现一年中 WWF 在世界自然与环境保护方面所取得的成就。此外，WWF 还针对重点保护地区如非洲以及重点保护物种如大熊猫、老虎等分别出版专门报告，展示在该领域所取得的成绩。

(4) 世界自然基金会的项目来源和经费来源

个人捐赠一直是这个组织最重要的资金来源，大概占其年收入的一半，来自政府和援助机构的捐赠占 20%，另外有 16% 来自信托基金和遗赠，其余 17% 来自其他地方，包括企业捐赠和商品专利税等。

(5) 世界自然基金会的组织结构和运行管理体制

世界自然基金会组织拥有 24 个分支机构和 5 个未列入其名下的附属机构。WWF 在全球 40 多个国家和地区设有主要办事处和联盟机构。

世界自然基金会是根据瑞士法律注册的一个独立的基金会，由国际主席下的董事会管辖，总部位于瑞士 Gland。该组织的核心机构是秘书处，它的作用是领导和协调世界各地的办事处，通过制定政策和优先事项，促进全球伙伴关系，协调国际活动，并提供配套措施，以帮助 WWF 在全球可以顺利运行。

18. 世界资源研究所

(1) 世界资源研究所概况

世界资源研究所（The World Resources Institute，简称 WRI）的创始人意识到针对世界各地许多严重的全球环境、资源、人口和发展问题开展研究和提出解决方案的迫切需要。为了解决这些问题，需要成立一个机构，该机构将是独立的且具有广泛公信力，而不是作为一个激进的环保成员组织。此外，该机构还将针对全球环境和资源问题以及它们与人口和发展的关系进行政策研究和分析。这种研究和分析，必须同时具备良好的科学基础和政治可行性，必须获得国内外科学界的尊重和公共与私营部门关键决策者的注意。

该研究所成立于 1982 年 6 月 3 日，当时芝加哥约翰和凯瑟琳·麦克阿瑟基金会宣布，“将提供 1 500 万美元，以资助一个新成立的非营利性组织第一个 5 年的运作”，世界资源研究所，将是“一个主要的全球资源和环境问题政策研究和分析中心”。它作为一个特拉华州的非营利性公司，根据美国国内税收法典条款，接受捐款和赠品可以享受税收抵扣。

世界资源研究所是一个解决环境方面问题的智囊团，它所从事的不仅仅是研究工作，而且也开拓实际的方法来保护地球、提高人民生活质量。世界资源研究所的任务是使人类社会在生活的同时，保护地球的环境，以满足我们以及子孙后代的需求。

（2）世界资源研究所的重点研究领域和研究特色

为了完成智库的目标，世界资源研究所从以下四个领域开展相关的工作：气候保护、管理、市场与企业、人类与生态系统。

（3）世界资源研究所的研究成果

世界资源研究所的研究课题分布在全球气候变化、可持续市场、生态系统保护和负责任的环境治理四个领域。其中包括《世界资源报告》系列，在联合国环境计划署（UNEP）、联合国发展计划署（UNDP）、世界银行和世界资源研究所之间不同寻常的20年合作中，一个很重要的成果就是世界资源报告，该报告已出版了10多版，以十几个语种在世界各地出版，最近这一合作扩大了双边合作试点，包括了荷兰、瑞典、丹麦和美国的一些国际发展机构。

（4）世界资源研究所项目来源和经费来源

作为一个非营利性组织，其主要从以下几个方面获得项目和资金支持：合作伙伴（主要包括战略合作伙伴、合作咨询顾问、项目合作伙伴、赞助商私人、基金会个人、政府与多边组织等）、私人基金会、个人、政府与多边组织。

（5）世界资源研究所的组织结构和运行管理体制

董事会现有30名董事会成员，其中设有董事长、副董事长、名誉董事长及名誉副董事长各一名，下设5个职能结构支撑研究所的工作，包括财务、人力资源、战略发展、资料信息服务及营销、对外交流部门。另设3个办公室，分别辅助科学研究、各研究小组负责人和副主席、主席的日常事务处理。研究所下设4个研究小组，分别负责一个领域的研究工作，另外在中国建立常设机构，专门针对中国问题进行研究和开展合作交流。

19. 未来资源研究所

（1）未来资源研究所概况

未来资源研究所（Resources For the Future，简称RFF）成立于1952年，位于华盛顿哥伦比亚特区，是一个非营利的、无党派智库，它是华盛顿最早的专门从事能源环境自然资源政策分析的智囊机构。50多年来，RFF致力于将经济学作为应用工具，以制定对利用资源和节约自然资源更为有效的政策。RFF学者不断地分析研究各种社会热点问题，如污染控制、能源与交通政策、土地和水资源利用、有害废物处理、气候变化、物种多样性、生态系统管理、公共健康以及发展中国家的环境威胁等。

(2) 未来资源研究所的重点研究领域和研究特色

RFF 确定了五个重点研究的核心领域：能源与气候、人类健康、自然世界、风险控制和交通及城市土地。其中，能源与气候领域方面的工作主要围绕两个项目来开展：气候政策项目以及电力与环境项目。主要包括有效控制温室气体排放的战略政策研究、减少成本的不确定性、促进发展中国家参与减排、通过避免砍伐森林和植树造林减少排放以及适应气候变化等方面的政策研究。

(3) 未来资源研究所的研究成果

过去半个世纪以来，RFF 已具有一种思路，即环保意识已经发展成一种政策热点。RFF 早年一些开创者便通过应用环境经济学知识，形成了国家政策。

未来资源研究所则充分利用网络的力量，其研究成果及发行物都可以从其网站上下载。未来资源研究所的发行物包括多种类型，其中比较有特色的有季刊杂志、每周政策评论以及气候政策博客等。

(4) 未来资源研究所的项目来源和经费来源

未来资源研究所 2014 年的运营收入为 1 010 万美元，其中，69.6% 来自于个人捐款、基金会资助、企业捐款和政府拨款，30.4% 来自于投资和资金收入。

未来资源研究所为广大的慈善捐赠者提供了多条便捷的途径，捐赠者可以通过未来资源研究所的网页在线向其捐赠任意大于 10 美元的金额。同时，未来资源研究所还鼓励配套捐赠、股票捐赠、高额未来捐赠和企业会员捐赠机会等多条渠道，大大拓宽了资金来源。

(5) 未来资源研究所的组织结构和运行管理体制

RFF 除了其董事会外，还有具体的组织结构，除了它的研究人员，RFF 还有一个发展办公室、一个通信办公室、一个图书出版运作机构，以及各种研究的支持功能，包括一个专门的图书馆。董事会决定组织的整体方向，并每年组织两次会议。董事会成员可以连任三届，每届为 3 年任期。

未来资源研究所特别重视与各类国际知名机构开展广泛合作与服务，曾与世界银行、IPCC、美国能源部等 20 多个知名机构有过合作，并对其做出重要贡献。

20. 印度能源与资源研究所

(1) 印度能源与资源研究所概况

印度能源与资源研究所（The Energy and Resources Institute，简称 TERI）创建于 1974 年，研究总部设在新德里，是一个科研型民间环境非政府组织。

印度能源与资源研究所以发展永续科技、解决现今环境能源问题为己任，由IPCC主席拉金德拉·帕乔里担任所长。该研究所致力于可持续发展的各个方面，重点是寻找新的解决方案，使得世界成为更好的生活场所。研究所深深扎根于印度的土壤，并具有放眼全球的视野。研究所的活动包括形成当地和全国层面的战略，并就至关重要的能源与环境有关问题提出全球性的解决方案。

研究所已经在班加罗尔、果阿、古瓦哈蒂和穆克特什瓦等地建立了地区中心，在孟买设立了一个办公室，并在日本和马来西亚设立了代表处。研究所还设立了附属智库，包括在美国华盛顿哥伦比亚特区设立的印度能源与资源研究所北美分所和在英国伦敦设立的印度能源与资源研究所欧洲分所。

（2）印度能源与资源研究所的重点研究领域和研究特色

研究所下设17个研究部门：生物工程和生物资源部门、非集中供电解决方案部门、地球科学和气候变化部门、能源环境技术发展部门、环境教育和青少年服务部门、环境和工业生物技术部门、工业能源效率部门、信息技术和服务部门、知识管理部门、模型和经济分析部门、资源及经济法规和全球安全部门、社会转型部门、可持续发展延伸部门、可持续发展环境部门、技术传播和企业发展部门、TERI愿景和远景规划部门、水资源部门。

（3）印度能源与资源研究所的研究成果

研究成果主要通过年度报告、信息简报、政府政策报告、国际会议集、学术论文、案例集、专著等形式发布。通过积极为IPCC会议提供技术支持、组织相关会议等方式间接传播研究成果，TERI目前是发展中国家最大的研究人类社会永续发展的机构。主要研究成果包括：和皮尤全球气候变化中心共同发布《印度气候变化减缓措施》，对印度的温室气体排放与能源状况进行了概述，并对印度参与国际减排的情况进行了阐述；建立节能小区等绿色建筑案例；积极应对全球变化——印度农业的脆弱性和可适应性；快速追踪印度清洁发展机制。

（4）印度能源与资源研究所的项目来源和经费来源

TERI是一个非营利研究所。由国家和国际组织委任和提供资金，包括福特基金、联合国组织、世界银行、国家教育研究和培训委员会、国家部委和行业协会等国家和国际组织，还有部分资金来源于企业合作项目。

21. 国际气候与社会研究所

（1）国际气候与社会研究所概况

国际气候与社会研究所（The International Research Institute for Climate and Society，简称IRI）于1992年开始筹建，早期设在加利福尼亚州的圣地亚哥，

于 1996 年迁至在纽约的哥伦比亚大学。IRI 隶属于哥伦比亚地球研究所。国际气候与社会研究所建立的初衷是利用最新科学技术预测气候变化，是全球气候变化研究计划的一部分。此计划要求每年必须利用预测设备到实地采集相关数据，进行预测，根据数据采集地的气候条件等处理数据，再综合利用这些数据，使之在制定法律、政策等的过程中得到有效的应用。IRI 制定并实施一些策略来加强社会在气候风险面前的承受力。IRI 与当地机构合作，深入了解当地的需求及风险所在。IRI 通过向当地提供较好的科学技术，以帮助当地管理部门在风险管理方面实现可持续的发展。

(2) 国际气候与社会研究所的重点研究领域和研究特色

IRI 成立时秉承着利用对于气候科学的认识，帮助发展中国家解决一些持久性抑或者是具有毁灭性的问题的理念。气候对健康、水资源、农业及其他部门都有直接或间接的影响，IRI 希望通过自身的努力帮助社会解决目前面临的这样一系列的问题。

IRI 是一个创造和应用科学知识的组织，也是迎合发展中国家需要的组织。它同非洲、亚洲及拉丁美洲的研究所合作，促进当地的科研能力。IRI 的科研方向和工具是问题导向的，根据当地的需要，IRI 帮助它们解决具体的发展、适应及管理的问题。

随着对各地区深入的了解，IRI 更多地把时间和精力投放到了和气候敏感性相关的问题上，并进一步明确了研究所的目标：为不同经济部门的决策者提供和改进气候科学信息；发展、了解及评估气候风险管理策略；加强气候风险管理的一体化；获取、培训及共享气候风险相关的信息。

(3) 国际气候与社会研究所的研究成果

截至 2014 年，IRI 共发表 1 018 篇论文。IRI 发表的文章有一定的影响力，故很多成果都发表在顶级期刊上。IRI 的科研人员参与了上百部书籍的编写，其中部分以工作报告的形式发布。研究所负责出版的资料包括 IRI 年度报告、IRI 活动记录、IRI 系列丛书及 IRI 技术报告。

(4) 国际气候与社会研究所的项目来源和经费来源

IRI 的项目经费来源分为政府组织、非政府组织（各团体、基金会）、企业、科研院所（大学的研究所、研究机构）四种。通过总结 IRI 承担的 121 项研究课题的详细资料，可以发现共有 39 个组织共 197 次对 IRI 的项目给予了资金支持。其中，政府组织对于 IRI 项目的支持力度最大，而仅有 3% 的项目是通过企业支持进行的。

(5) 国际气候与社会研究所的组织结构和运行管理体制

IRI 主要采用矩阵制的组织结构形式。该研究所按照地区和研究方向，将科研人员分到了不同的小组中。而研究所的项目又将各个小组联系到了一起。在 IRI 组织结构图中，每一个交叉点就是 IRI 所承担的项目。

22. 美国全球能源技术战略计划

（1）美国全球能源技术战略计划概况

美国全球能源技术战略计划（Global Technology Strategy Program，简称 GTSP）是在全球的公共与私人合作的背景下，为解决气候变化问题而设计的一个长期研究项目。该项目的目标是评价技术在解决气候变化的长期风险中所起的作用。GTSP 对这些问题的研究是建立在他们独特的整体建模框架以及相应工具的基础上的。这些工具可以模拟能源需求、技术选择、经济、自然资源、土地利用（包括农业）与气候变化间的交互动态。作为一个国际性的团体，GTSP 的研究人员来自世界各地，也反映了多种多样的观点。

项目的第一阶段从 1998 年开始，由西北太平洋国家实验室（PNNL）和电力研究所（EPRI）联合发起。这一阶段的主要研究成果集合在著作《全球能源技术战略：致力于气候变化》中。这些研究结果在联合国气候变化框架公约成员国会议、美国参议院的听证会以及其他学术会议上得到了发表。

随后，英国石油阿莫科公司（BP - Amoco）和埃克森美孚集团加入 GTSP 项目，作为主要的资助者。1999—2000 年，美国能源部加入 GTSP 项目。2001 年，在全球能源技术战略计划（GTSP）下，由马里兰大学和西北太平洋国家实验室共同成立全球变化联合研究所（JGCRI）。

（2）美国全球能源技术战略计划的重点研究领域和研究特色

全球变化联合研究所（JGCRI）是在 GTSP 的第二期资助下，旨在研究应对气候变化挑战的关键技术组合。在三年时间内，GTSP 运用综合建模框架和相应的分析工具来研究技术选择问题。GTSP 的研究人员正在深入研究如何实现一个近乎零排放的能源系统。重点研究领域包括：碳捕获及处置方法、应用生物学、氢气及运输系统、可再生能源以及核能等。

GTSP 长期在全球能源 - 经济建模方面保持着领先地位，先后开发了具有影响力的综合评价模型，包括全球变化评估建模系统（GCAM）、微型气候评估模型（MiniCAM）和二代模型（SGM）等。综合评价是一种将不同学科、不同时间和空间的与经济、能源、气候相关的变量信息综合起来的方法论。作为一个综合信息的平台，在设计综合评价模型时需要在复杂性、部门覆盖情况、灵活性和易用性之间进行权衡取舍。

（3）美国全球能源技术战略计划的研究成果

在连续两期的 GTSP 计划资助下，全球气候变化联合研究所代表性研究成果主要通过期刊文章、会议论文、报告、著作等方式发布。

（4）美国全球能源技术战略计划的项目来源和经费来源

全球的公共或私人团体都可以参与 GTSP，并为项目提供经费。基于他们的专业知识和兴趣，会在制定项目的研究议程中扮演重要角色。项目的研究成果将会优先提供给成员，最终公开发表。

23. 亚太经济合作组织及其能源工作组

（1）亚太经济合作组织及其能源工作组概况

亚太经济合作组织（Asia - Pacific Economic Cooperation，简称 APEC）是亚太地区最具影响力的经济合作官方论坛，成立于 1989 年。APEC 能源工作组（EWG）成立于 1990 年，旨在最大限度地提高能源在经济和社会福祉方面对亚太地区发挥的作用，同时减少由于能源供应和使用而对环境造成的破坏性影响。能源工作组的宗旨是开展相互合作，建立地区能源供求数据库，交流煤炭利用及科技研究成果，促进节能研究、资源开发和技术转让。由于各成员间在能源发展水平、能源政策及法律法规完善程度上存在较大差异，目前发展中成员还不可能完全放开能源市场（包括投资与贸易）、制定完全透明的法律法规，因此目前发展中成员在能源工作组中仍然处于守势。

（2）亚太经济合作组织及其能源工作组的重点研究领域和研究特色

亚太经济合作组织及其能源工作组主要开展亚太地区能源安全合作、提高能效、清洁利用化石燃料、促进可再生能源和核能发展、智能电网技术、低碳城镇示范项目等方面的议题。

（3）亚太经济合作组织及其能源工作组的研究成果

亚太经合组织能源合作是在能源安全方案（ESI）框架下进行的，该框架是能源工作组在 2000 年首次提出的。能源安全方案的目标是采取措施应对亚太地区可能发生的能源供应中断，以及减少其对经济活动造成的影响。能源安全方案（ESI）涵盖的话题范围包括：月度石油数据方案、海事安全、紧急信息实时共享、石油供应紧急响应、能源投资、天然气贸易、核能源、能源效率、可再生能源、氢气、甲烷水合物以及清洁化石能源。

（4）亚太经济合作组织及其能源工作组的项目来源和经费来源

APEC 每年资助大约 100 个项目，2014 年可用项目资金超过 900 万美元。这些项目包括讲习班、研讨会、出版物以及研究，对 21 个 APEC 成员经济体开放。APEC 项目主题集中在成员国之间的知识和技术转移以及能力建设，主要包括四个主题：促进区域经济一体化、鼓励经济和技术合作、增进人类安全以及促进一个可持续商业环境。截至 2015 年 6 月，APEC 正在实施的项目共有 172 个。

能源工作组目前正在实施的项目一共有 28 项，其中 APEC 资助项目 24

项，占项目总数的85.7%；自筹资金项目4项，占项目总数的14.3%。美国在能源工作组的项目中独立主持10项，与澳大利亚合作主持1项，位居首位；日本7项，居第二位；中国仅1项。

（5）亚太经济合作组织及其能源工作组的组织结构和运行管理体制

亚太经合组织是亚太地区的区域性经济合作论坛与平台，其运作的基础是非约束性承诺、开放对话、平等尊重各成员意见，这不同于世界范围内的其他政府间组织。世界贸易组织及其他多边贸易体要求成员签订具有约束性的条约，但亚太经合组织与此不同，其决议是通过全体共识达成，并由成员自愿执行。

24. 中美清洁能源联合研究中心

（1）中美清洁能源联合研究中心概况

中美清洁能源联合研究中心（U.S. – China Clean Energy Research Center）是由中国科技部、国家能源局和美国能源部于2009年7月15日在人民大会堂共同举行新闻发布会并成立的，国务委员刘延东出席发布会。科技部部长万钢、国家能源局局长张国宝和美国能源部部长朱棣文共同宣布成立中美清洁能源联合研究中心。该中心的成立为两国能源领域科技合作的深入开展搭建了良好的平台，对深化中美能源科技合作具有重要的意义。

（2）中美清洁能源联合研究中心的重点研究领域和研究特色

中美清洁能源联合研究中心目前主要包括三个部分，分别为：由清华大学与密歇根大学牵头清洁能源汽车产学研联盟的合作、华中科技大学与西弗吉尼亚大学牵头清洁煤产学研联盟的合作、住房和城乡建设部建筑节能中心与劳伦斯伯克利国家实验室牵头建筑能效产学研联盟的合作。

（3）中美清洁能源联合研究中心的项目来源及经费来源

根据中美清洁联合能源中心协议及其知识产权附约，中美双方在技术管理达成约定后在清洁煤技术联盟中开展以下项目：基于IGCC的二氧化碳捕集与封存；二氧化碳捕集、利用与封存技术；抵制封存能力和近期机遇；微藻固碳与利用；富氧燃烧研究、开发与示范；煤炭多联产与二氧化碳捕集。

（4）中美清洁能源联合研究中心的组织结构和运行管理体制

中美清洁能源联合研究中心以中美两国政府签署的《关于中美清洁能源联合研究中心合作议定书》为管理原则，实施中国、美国双方共同管理，具体管理工作由中美清洁能源联合研究中心指导委员会执行操作。

25. 斯坦福大学能源建模论坛

（1）斯坦福大学能源建模论坛概况

斯坦福能源建模论坛（Energy Modeling Forum，简称EMF）于1976年在

斯坦福大学成立。能源建模论坛的战略定位是提供一个平台，使能源专家、分析家、政策制定者针对能源关键问题进行交流，成为建模者和决策者之间的桥梁，为公司和政府提供政策建议。

能源建模论坛的宗旨是通过利用参与专家的集体能力增进对能源与环境重大问题的理解，比较可选择分析方法的优点、缺点和注意事项，提高能源模型的使用率和有效性，并为未来的研究确定方向。

(2) 斯坦福能源建模论坛的重点研究领域和研究特色

能源建模论坛成立以来一直致力于能源规划与政策研究中的分析方法与模型的比较，分别针对能源部门减排政策的经济影响、气候变化综合评估模型、京都议定书的能源经济影响等专题做了大量工作。目前为止，能源建模论坛主要研究可归纳为以下几个方面：气候变化情景分析、碳排放成本和政策选择分析；能源需求和供给对宏微观经济的影响；煤炭、石油、天然气、电力等规划预测。

(3) 斯坦福能源建模论坛的研究成果

气候变化代表性研究成果：气候变化的综合评价、技术策略和国际交易、多气体减排和气候变化、气候变化控制情景、完成气候政策目标的技术策略。成果发布方式包括工作组报告、工作组技术文件、专题文件、专题报告、书籍等。

(4) 斯坦福能源建模论坛的项目来源和经费来源

气候变化论坛型智库的主要经费是由政府部门资助，如能源部、环境部等。其主要科研任务也多数是为解决国家的某些问题开展的。斯坦福能源建模论坛的经费主要来自于美国能源部、美国环境保护署和美国国家海洋与大气管理局等政府部门，以及与能源和环境问题上有较大经济利益的私人公司和其他组织。在能源部门中，该论坛也从能源信息署（EIA），政策、规划和分析办公室，规划和环境办公室等机构获得支持。此外，许多政府和研究机构围绕能源建模论坛的成果开展研究，这为能源建模论坛获得大量投资。

(5) 斯坦福能源建模论坛的组织结构和运行管理体制

能源建模论坛的组织结构使高级咨询小组、工作组、电力研究所员工、能源建模论坛员工、模型开发者、能源使用者之间广泛沟通。能源建模论坛工作者是论坛的核心部门。工作组主席和研究主题在工作组形成前便被选定。工作组包括资源参与人员、模型开发者、模型使用者以及其他感兴趣者。工作组主席从多元化角度出发选择工作组成员。

高级咨询小组一般由高级能源政策制定者组成，以协助能源建模论坛工作组。小组每年召开会议，对未来工作提出建议，主要有以下几个方面的作用：提出合适的研究主题；为招募工作组主席和成员提供建议和帮助；审阅工作组的最终报告；宣传研究结果。

26. 麦肯锡公司全球研究院

（1）麦肯锡公司全球研究院概况

麦肯锡公司（McKinsey）是世界领先的全球管理咨询公司。自1926年成立以来，公司的使命就是帮助领先的企业机构实现显著、持久的经营业绩改善，打造能够吸引、培育和激励杰出人才的优秀组织机构。麦肯锡采取“公司一体”的合作伙伴关系制度，在全球44个国家有80多个分公司，共拥有9 000多名咨询顾问。麦肯锡大中华分公司包括北京、香港、上海与台北四家分公司，共有40多位董事和250多位咨询顾问。

（2）麦肯锡公司全球研究院的重点研究领域和研究特色

麦肯锡在气候变化方面的主要研究重点如下：

①可持续发展与资源生产率。

麦肯锡提出了一个可持续发展和资源生产率的研究课题，组织了全球1 000多名研究人员参与这一课题，综合气候学、环境经济学、海洋学、农业学、林业学、核科学等领域对气候变化对各行业的影响、气候变化战略、低碳行动和风险管理等问题进行了研究。著名的麦肯锡减排成本图就来自于这个研究课题。

②气候服务台。

气候服务台是一个模拟仿真平台，能够模拟气候变化政策，基于麦肯锡温室气体减排成本曲线模型建立的一个网络平台，分为针对企业和针对政府两类服务台。针对企业的气候服务台专为满足企业客户的需求，提供了分析工具和专家支持，为投资、碳交易战略等提供决策参考。针对政府的气候服务台是满足各国政府机构的相关需求，如国家间的减排机会比较、不同温室气体减排方案的经济评估以及国际气候谈判结果的经济效益分析等。该服务包括：全平台访问的气候模拟平台；基于Web访问的气候与经济相结合的模拟模型；全面的支持材料（包括模型的方法指南和技术手册等）；麦肯锡年度气候会议的参与权；优先获得麦肯锡气候相关文件的权利；根据客户具体需求提供的收费服务。

（3）麦肯锡公司全球研究院的研究成果

麦肯锡主要通过书籍、音频、幻灯片、影片、实时报道以及期刊文章等途径发布自己的研究成果。

（4）麦肯锡公司全球研究院的项目来源和经费来源

麦肯锡的资金来自麦肯锡公司的合作伙伴、股东投资、商业运营等。

（5）麦肯锡公司全球研究院的组织结构和运行管理体制

麦肯锡公司强调为客户所有信息保密的原则，同时也对任何个人所表达的敏感性意见保密。公司内部人员必须接受专门训练，保证在任何场合都不透露客户信息；为某一特定客户服务的项目小组在两年之内不能为这一客户的竞争对手服务；公司内项目资料互相封锁，调用资料要经董事批准。

27. 英国石油公司

（1）英国石油公司概况

英国石油公司（British Petroleum Company，简称 BP）是一个实力雄厚的上下游一体化的跨国石油公司。1998 年以来，先后完成了对美国阿莫科公司（Amoco）、大西洋福田公司，即阿科公司（ARCO）和美国润滑油集团嘉实多公司（Burmah Castrol Plc）的合并和收购，公司的业务活动扩展到世界100 多个国家。BP 公司主要业务范围包括勘探和生产、天然气和电力、炼油和销售、化工产品和其他业务。BP 公司的生产基地遍布世界。BP 对气候变化的研究工作，由其发布《BP 能源统计年鉴》的部门负责。

BP 一向标榜自己致力于推动低碳科技，宣传支持气候变化谈判的态度。在国际气候变化方面，BP 认同 IPCC 关于全球温度上升很可能是由人类活动引起的观点。BP 认为要避免气候变化所带来的严重后果，全球气温的上升须被控制在比工业化前高 2℃ ~3℃。因此，BP 呼吁国际就气候变化问题展开合作。气候变化是一个全球化问题，需要所有国家团结合作，共同应对。BP 同时呼吁政府要做出慎重决定，在积极应对气候变化的同时保障经济发展与能源安全。

（2）英国石油公司的重点研究领域和研究特色

BP 公司在每年发布的《BP 能源统计年鉴》中发布世界上主要国家的二氧化碳排放量。目前，国际上学术界广泛认可的国家二氧化碳排放数据源有 3 个，分别为美国能源部、世界银行世界发展指数及《BP 能源统计年鉴》。其中，美国能源部公布的是化石燃料使用所排放的二氧化碳，而后两者公布的是国家二氧化碳排放总量。三者中，BP 的数据更新最快。BP 数据起始于 1965 年，且各年份数据不存在缺失，因此在气候变化研究中具有广泛的应用。BP 所公布的二氧化碳排放量是把石油、天然气和煤炭的消费量乘以相应的平均排放系数计算得到，因此与实际排放量存在一定误差。2015 年 6 月 25 日，《BP 能源统计年鉴 2015》在广东发布。这是 BP 连续第 64 年发布此年鉴。

（3）英国石油公司的研究成果

BP 对气候变化研究的一个重要贡献是提供了一个时间尺度较长、覆盖面较广、更新最快的国家二氧化碳排放量。这一数据被学术界所接受，并在科研论文中被广泛使用。BP 的碳排放数据计算方法相对简单，就是能源消费量乘以相应的排放系数。排放系数是指消耗单位能源所排放的二氧化碳量。

（4）英国石油公司的项目来源和经费来源

《BP 能源统计年鉴》的经费，来自 BP 公司自身。

（5）英国石油公司的组织结构和运行管理体制

如前所述，BP 没有专门的气候变化研究部门和研究人员。《BP 能源统计年鉴》的编写部门，直属于 BP 总部。目前，《BP 能源统计年鉴》的负责部门共有 13 人，其中亚太区 1 人，美国 2 人，莫斯科 2 人，其余均在伦敦。其中，1 人负责发放调查问卷，1 人负责数据库的录入与维护，数据核实、分析和报告的撰写由 13 人一起进行。

附录二

314 家气候变化智库的评估排名

表 A2 ~ 表 A6 为 314 家气候变化智库的评估排名。

表 A2　314 家气候变化智库的综合影响力排名

排序	气候变化智库名称	得分	注册国家
1	Harvard University	238. 07	United States of America
2	Princeton University	184. 81	United States of America
3	Stanford University	157. 35	United States of America
4	University of East Anglia	151. 15	United Kingdom of Great Britain and Northern Ireland
5	University of Cambridge	143. 83	United Kingdom of Great Britain and Northern Ireland
6	Competitive Enterprise Institute	140. 19	United States of America
7	Massachusetts Institute of Technology	136. 44	United States of America
8	World Wide Fund For Nature	135. 80	United States of America
9	National Oceanic and Atmospheric Administration	135. 75	United States of America
10	York University	131. 61	Canada
11	START International, Inc. （START）	131. 06	United States of America
12	American Nuclear Society （ANS）	130. 07	United States of America
13	Colorado State University	128. 11	United States of America
14	Cornell University	122. 11	United States of America
15	Club of Madrid	120. 00	Spain
16	Australian National University （ANU）	118. 14	Australia

续表

排序	气候变化智库名称	得分	注册国家
17	Lund University	106.59	Sweden
18	Pew Center on Global Climate Change	104.31	United States of America
19	Duke University	104.10	United States of America
20	World Resources Institute	103.03	United States of America
21	University of Michigan	94.89	United States of America
22	Amnesty International	91.47	United Kingdom of Great Britain and Northern Ireland
23	Science and Environmental Policy Project (SEPP)	91.21	United States of America
24	Boston University	88.46	United States of America
25	International Union of Forest Research Organizations (IUFRO)	86.65	Austria
26	International Institute for Applied Systems Analysis (IIASA)	82.78	Austria
27	The Energy and Resources Institute	81.95	India
28	McGill University	81.40	Canada
29	National Institute of Public Health and the Environment (RIVM)	80.43	Netherlands
30	Georgetown University	75.42	United States of America
31	Stockholm Environment Institute (SEI)	71.20	Sweden
32	Dartmouth College	70.51	United States of America
33	Center for International Climate and Environmental Research (CICERO)	69.46	Norway
34	Open University	69.03	United Kingdom of Great Britain and Northern Ireland
35	University of Minnesota	68.55	United States of America
36	University of Toronto	67.84	Canada
37	National Institute for Environmental Studies (NIES)	67.30	Japan
38	Millennium Institute (MI)	67.19	United States of America
39	Transparency International (TI)	66.65	Germany
40	Resources for the Future	65.17	United States of America

续表

排序	气候变化智库名称	得分	注册国家
41	University of Guelph – Global Environmental Change Group（GECG）	64.63	Canada
42	Council on Foreign Relations	63.21	United States of America
43	Centro Agronómico Tropical de Investigación y Ensenanza（CATIE）	63.09	Costa Rica
44	University of Melbourne	63.06	Australia
45	Institute for Social and Environmental Transition（ISET）	63.00	United States of America
46	International Institute for Sustainable Development（IISD）	62.94	Canada
47	The Gold Standard Foundation	62.41	Switzerland
48	International Institute for Environment and Development（IIED）	62.20	United Kingdom of Great Britain and Northern Ireland
49	Tyndall Centre for Climate Change Research	61.71	United Kingdom of Great Britain and Northern Ireland
50	Technical University Munich（TUM）	61.36	Germany
51	The Royal Society	60.26	United Kingdom of Great Britain and Northern Ireland
52	University of Bayreuth	58.63	Germany
53	The Potsdam Institute for Climate Impact Research（PIK）	57.64	Germany
54	University of Cape Town（UCT）	56.93	South Africa
55	Greenhouse Gas Management Institute（GHGMI）	56.81	United States of America
56	Pennsylvania State University（PSU）	56.57	United States of America
57	Umea University	56.32	Sweden
58	George Mason University	56.29	United States of America
59	New Energy and Industrial Technology Development Organization（NEDO）	56.25	Japan
60	University of Leeds	55.97	United Kingdom of Great Britain and Northern Ireland
61	American University（AU）	55.77	United States of America
62	Imperial College London	55.68	United Kingdom of Great Britain and Northern Ireland

续表

排序	气候变化智库名称	得分	注册国家
63	Institute for Global Environmental Strategies（IGES）	55.61	Japan
64	The International Research Institute for Climate and Society	54.37	United States of America
65	Institute of Development Studies（IDS）	54.22	United Kingdom of Great Britain and Northern Ireland
66	International Development Research Centre（IDRC）	54.22	Canada
67	University of Calgary	54.15	Canada
68	University of Tokyo（IR3S）	53.80	Japan
69	Aarhus University	53.57	Denmark
70	Met Office Hadley Center	53.54	United Kingdom of Great Britain and Northern Ireland
71	The McKinsey Global Institute	53.41	United States of America
72	University of Copenhagen	53.32	Denmark
73	British Council	52.67	United Kingdom of Great Britain and Northern Ireland
74	Brown University – Watson Institute	52.61	United States of America
75	University of Edinburgh	52.22	United Kingdom of Great Britain and Northern Ireland
76	University College London（UCL）	51.98	United Kingdom of Great Britain and Northern Ireland
77	Global Industrial and Social Progress Research Institute（GISPRI）	51.72	Japan
78	University of Potsdam	51.66	Germany
79	University of Oxford, Environmental Change Institute（ECI）	51.58	United Kingdom of Great Britain and Northern Ireland
80	University of Heidelberg	51.15	Germany
81	Midwest Research Institute/National Renewable Energy Laboratory（MRI/NREL）	50.72	United States of America
82	Climate Institute（CI）	50.65	United States of America
83	University of Oslo（UiO）	50.59	Norway
84	London School of Economics and Political Science（LSE）	50.45	United Kingdom of Great Britain and Northern Ireland

续表

排序	气候变化智库名称	得分	注册国家
85	Kyoto University, Institute of Economic Research (KIER)	50. 25	Japan
86	Electric Power Research Institute (EPRI)	49. 93	United States of America
87	Oeko – Institut (Institute for Applied Ecology e. V.), Berlin	49. 57	Germany
88	University of Linköping (LiU)	49. 31	Sweden
89	Overseas Development Institute (ODI)	49. 28	United Kingdom of Great Britain and Northern Ireland
90	Stockholm University – Institute for International Economic Studies (IIES)	49. 07	Sweden
91	Centre for International Governance Innovation (CIGI)	48. 43	Canada
92	Joanneum Research (JR)	47. 91	Austria
93	German Advisory Council on Global Change (WBGU)	47. 82	Germany
94	Korea University (KUCE)	47. 80	Republic of Korea
95	University of Colorado at Boulder (CU – Boulder)	47. 75	United States of America
96	Center for Clean Air Policy (CCAP)	47. 62	United States of America
97	Euro – Mediterranean Center for Climate Change (CMCC)	47. 52	Italy
98	Macaulay Land Use Research Institute (MLURI)	47. 24	United Kingdom of Great Britain and Northern Ireland
99	University of Stuttgart	47. 11	Germany
100	Center for International Relations (CIR)	46. 75	Poland
101	Joint Global Change Research Institute	46. 47	United States of America
102	Victoria University Wellington (VUW)	46. 45	New Zealand
103	Ecologic Institute	46. 37	Germany
104	Bangladesh Centre for Advanced Studies (BCAS)	46. 24	Bangladesh
105	Carnegie Endowment for International Peace (CEIP)	46. 07	United States of America
106	Instituto Torcuato Di Tella (ITDT) Sr. Daniel Perczyk	45. 95	Argentina

续表

排序	气候变化智库名称	得分	注册国家
107	Chatham House	45.79	United Kingdom of Great Britain and Northern Ireland
108	Central Research Institute of Electric Power Industry（CRIEPI）	45.62	Japan
109	IVL Swedish Environmental Research Institute Ltd.	45.44	Sweden
110	ONE Campaign（ONE）	45.42	United Kingdom of Great Britain and Northern Ireland
111	Ouranos	45.39	Canada
112	Université du Québec à Montréal	45.21	Canada
113	Rutgers, The State University of New Jersey（Rutgers）	45.15	United States of America
114	University of Amsterdam（UvA）	44.89	Netherlands
115	Asia Society	44.86	United States of America
116	Rideau Institute on International Affairs	44.63	Canada
117	Mie University	44.56	Japan
118	Centre de coopération internationale en recherche agronomique pour le développement（CIRAD）	44.41	France
119	University of Lapland	44.35	Finland
120	ProClim – Forum for Climate and Global Change	44.27	Switzerland
121	German Committee for Disaster Reduction（DKKV）	44.23	Germany
122	The Heartland Institute	44.06	United States of America
123	Purdue University – Purdue Climate Change Research Center（PCCRC）	43.99	United States of America
124	World Federation of United Nations Associations（WFUNA）	43.86	United States of America
125	Fondazione Eni Enrico Mattei（FEEM）	43.84	Italy
126	Université Laval（Institut EDS）	43.83	Canada
127	Norwegian University of Science and Technology（NTNU）	43.78	Norway
128	Carnegie Institution for Washington	43.74	United States of America

续表

排序	气候变化智库名称	得分	注册国家
129	Action Against Hunger (ACF)	43.68	United Kingdom of Great Britain and Northern Ireland
130	East – West Center (EWC)	43.64	United States of America
131	Northeastern University	43.60	United States of America
132	Centre for European Policy Studies (CEPS)	43.59	Belgium
133	World Vision International (WVI)	43.35	United States of America
134	University Corporation for Atmospheric Research (UCAR)	43.16	United States of America
135	International Institute of Geo – Information Science and Earth Observation (ITC)	43.11	Netherlands
136	Fridtjof Nansen Institute (FNI)	43.06	Norway
137	Xavier University	43.06	United States of America
138	Joint Implementation Network (JIN)	43.01	Netherlands
139	International Institute for Strategic Studies (IISS)	43.00	United Kingdom of Great Britain and Northern Ireland
140	Oxford Institute for Energy Studies (OIES)	42.97	United Kingdom of Great Britain and Northern Ireland
141	International Organisation of Supreme Audit Institutions (INTOSAI)	42.86	Austria
142	University of Delaware, Center for Energy and Environmental Policy (CEEP)	42.80	United States of America
143	World Growth	42.80	United States of America
144	Energy Research Centre of the Netherlands (ECN)	42.58	Netherlands
145	International Save the Children Alliance	42.55	United Kingdom of Great Britain and Northern Ireland
146	Royal Institute of Technology (KTH)	42.52	Sweden
147	Global Environment Centre Foundation (GEC)	42.45	Japan
148	Lancaster University	42.43	United Kingdom of Great Britain and Northern Ireland
149	University of Technology, Sydney (UTS) Mr. Jeffrey John Francis	42.43	Australia

续表

排序	气候变化智库名称	得分	注册国家
150	Technical University of Denmark（DTU）	42. 39	Denmark
151	Dalhousie University – Marine and Environmental Law Institute	42. 37	Canada
152	AccountAbility Strategies（AA）	42. 36	United Kingdom of Great Britain and Northern Ireland
153	Lutheran World Federation（LWF）	42. 32	Switzerland
154	University of Hamburg（UHH）	42. 24	Germany
155	German Development Institute（DIE – Bonn）	42. 21	Germany
156	Global Environment Centre（GEC）	42. 20	Malaysia
157	Environmental Law Institute（ELI）	42. 18	United States of America
158	University of Tampere（TaY）	42. 07	Finland
159	Global Public Policy Institute（GPPi）	41. 94	Germany
160	Curtin University of Technology Mr. Garry John Middle	41. 90	Australia
161	Clean Air Task Force（CATF）	41. 88	United States of America
162	Sovereignty International	41. 86	United States of America
163	University of Regina	41. 86	Canada
164	Association of American Geographers（AAG）	41. 84	United States of America
165	Global Humanitarian Forum（GHF）	41. 83	Switzerland
166	Finnish Institute of International Affairs（UPI – FIIA）	41. 78	Finland
167	Centre for International Sustainable Development Law（CISDL）	41. 78	Canada
168	American Chemical Society（ACS）	41. 77	United States of America
169	Oxford Climate Policy	41. 75	United Kingdom of Great Britain and Northern Ireland
170	Universidad de Barcelona，Instituto de Economía Pública（UB – IEPYC）	41. 68	Spain
171	Pusan National University – Marine Research Institute（PNU/MRI）	41. 67	Republic of Korea
172	Fondation INSEAD（INSEAD）	41. 66	United Kingdom of Great Britain and Northern Ireland

续表

排序	气候变化智库名称	得分	注册国家
173	Brahma Kumaris World Spiritual University（BKWSU）	41.60	India
174	Institute for Transportation and Development Policy（ITDP）	41.58	United States of America
175	Transnational Institute（TNI）	41.57	Netherlands
176	Global Dynamics Institute（GDI）	41.56	Italy
177	University of Iceland	41.55	Iceland
178	Japan Economic Research Institute（JERI）	41.54	Japan
179	Research Centre Juelich（Jülich）	41.50	Germany
180	Cooperation internationale pour le développement et la solidarité（CIDSE）	41.45	Belgium
181	Organization for Industrial, Spiritual and Cultural Advancement – International（OISCA – International）	41.42	Japan
182	Université Libre de Bruxelles, Centre d'Etudes Economiques et Sociales de l'Environnement（ULB – CEESE）	41.40	Belgium
183	Scientific Committee on Problems of the Environment（SCOPE）	41.39	France
184	Forest Peoples' Programme（FPP）	41.38	United Kingdom of Great Britain and Northern Ireland
185	Center for Policy Research（CPR）	41.37	India
186	National Institute for Geophysics and Volcanology（INGV）	41.36	Italy
187	Loss Prevention Council（LPC）	41.35	United Kingdom of Great Britain and Northern Ireland
188	International Association of Public Transport（UITP）	41.35	Belgium
189	Transport Research Foundation（TRF）	41.33	United Kingdom of Great Britain and Northern Ireland
190	Academy for Educational Development（AED）	41.24	United States of America
191	Sustainable Development Institute	41.20	United States of America

续表

排序	气候变化智库名称	得分	注册国家
192	German Marshall Fund of the United States（GMF）	41.19	United States of America
193	ClimateNet	41.18	Germany
194	University of Nijmegen（RU）	41.17	Netherlands
195	Catholic Institute for International Relations（CIIR）	41.17	United Kingdom of Great Britain and Northern Ireland
196	DePaul University	41.15	United States of America
197	Skoll Foundation	41.14	United States of America
198	Dickinson College	41.14	United States of America
199	ECONEXUS	41.08	United Kingdom of Great Britain and Northern Ireland
200	Fundación Amigos de la Naturaleza（FAN Bolivia）	41.03	Bolivia
201	World Future Council（WFC）	41.02	Germany
202	Centre for European Economic Research（ZEW）	41.00	Germany
203	Marmara University（MURCIR）	41.00	Turkey
204	Grantham Institute for Climate Change	40.97	United Kingdom of Great Britain and Northern Ireland
205	Basque Centre for Climate Change（BC3）	40.95	Spain
206	Ateneo de Manila University（ADMU）	40.95	Philippines
207	Institute for European Environmental Policy（IEEP）	40.94	United Kingdom of Great Britain and Northern Ireland
208	International Plant Genetic Resources Institute（Bioversity）	40.94	Italy
209	Global Footprint Network	40.94	United States of America
210	Energy Research Austria	40.94	Austria
211	College of the Atlantic（COA）	40.94	United States of America
212	Overseas Environmental Cooperation Center, Japan（OECC）	40.89	Japan
213	Institut du développement durable et des relations internationales（IDDRI）	40.89	France
214	National Spiritual Assembly of the Baha'is of the United States	40.86	United States of America

续表

排序	气候变化智库名称	得分	注册国家
215	Freie Universität Berlin（FUB）	40. 84	Germany
216	Foundation Environment – Law Society (FURG)	40. 84	Belgium
217	World Medical Association（WMA）	40. 84	France
218	Institute for Energy Technology（IFE）	40. 83	Norway
219	World Alliance of Young Men's Christian Associations（YMCA）	40. 81	Switzerland
220	Centre for Socio – Economic Development（CSEND）	40. 79	Switzerland
221	climatepolicy. net e. V.	40. 79	Germany
222	University of Maastricht, Institute for Transnational Legal Research（METRO）	40. 79	Netherlands
223	Fundación Bariloche（FB）Sr. Leonidas Osvaldo Girardin	40. 78	Argentina
224	Climate Strategies	40. 71	United Kingdom of Great Britain and Northern Ireland
225	Mediators Beyond Borders（MBB）	40. 70	United States of America
226	Ithaca College	40. 68	United States of America
227	University of Freiburg, Institute of Forest and Environmental Policy（IFP）	40. 66	Germany
228	Earthwatch Institute	40. 65	United Kingdom of Great Britain and Northern Ireland
229	Pomona College	40. 65	United States of America
230	Friedrich Schiller University Jena (FSU Jena)	40. 65	Germany
231	International Maritime Emission Reduction Scheme（IMERS）	40. 62	United Kingdom of Great Britain and Northern Ireland
232	Fundación Nueva Cultura del Agua (FNCA)	40. 61	Spain
233	Food, Agriculture and Natural Resources Policy Analysis Network（FANRPAN）	40. 61	South Africa
234	National Center for Public Policy Research（NCPPR）	40. 58	United States of America
235	University of Western Sydney（UWS）Mr. Andrew Cheetham	40. 58	Australia

续表

排序	气候变化智库名称	得分	注册国家
236	The Australia Institute Ltd.	40. 58	Australia
237	Ibon Foundation Inc. (IBON)	40. 56	Philippines
238	Fia Foundation for the Automobile and Society (Fia Foundation)	40. 55	United Kingdom of Great Britain and Northern Ireland
239	University of Mannheim	40. 55	Germany
240	Widener University	40. 54	United States of America
241	BIOCAP Canada Foundation (BIOCAP)	40. 53	Canada
242	ParisTech (ParisTech)	40. 53	France
243	International Polar Foundation (IPF)	40. 52	Belgium
244	Foundation DLO (DLO)	40. 51	Netherlands
245	Amazon Institute of People and the Environment (Imazon)	40. 51	Brazil
246	Climate Analytics GmbH	40. 49	Germany
247	International Council for Capital Formation (ICCF)	40. 47	Belgium
248	Feasta Ltd (Feasta)	40. 46	Ireland
249	University Luigi Bocconi, Institute of Energy and Environment Economics and Policy (IEFE)	40. 44	Italy
250	Research Institute of Organic Agriculture (FiBL)	40. 43	Switzerland
251	Foundation Open University of Catalonia (FUOC)	40. 42	Spain
252	Adelphi Research (AR)	40. 42	Germany
253	Centre for Applied Studies in International Negotiations (CASIN)	40. 39	Switzerland
254	Joint Center for Political and Economic Studies (JCPES)	40. 39	United States of America
255	International Society of Biometeorology (ISB)	40. 38	United States of America
256	Health and Environment Alliance (HEAL)	40. 38	Belgium
257	Unisféra International Centre	40. 37	Canada

续表

排序	气候变化智库名称	得分	注册国家
258	Canadian Energy Research Institute（CERI）	40. 37	Canada
259	SeaTrust Institute	40. 36	United States of America
260	International Council on Human Rights Policy（ICHRP）	40. 34	Switzerland
261	Freedom from Debt Coalition Inc.（FDC）	40. 33	Argentina
262	HafenCity University Hamburg（HCU）	40. 33	Germany
263	Colegio de Abogados Especialistas en Derecho Ambiental de Colombia（CAE-DAC）	40. 32	Colombia
264	Petroleum Technology Research Centre（PTRC）	40. 31	Canada
265	Institution for Transport Policy Studies（ITPS）	40. 29	Japan
266	Global Forum for Health Research（Global Forum）	40. 28	Switzerland
267	Global Marshall Plan Foundation	40. 28	Germany
268	Consortium for Trade and Development（CENTAD）	40. 28	India
269	Community Forestry International（CFI）	40. 27	United States of America
270	Centre Hélios	40. 26	Canada
271	AMPLA Limited	40. 26	Australia
272	Associacao de Protecao a Ecossistemas Costeiros（APREC）	40. 26	Brazil
273	International Environmental Law Research Centre（IELRC）	40. 25	Switzerland
274	Turkish Association for Energy Economics（EED）	40. 25	Turkey
275	Center for Progressive Reform（CPR）	40. 25	United States of America
276	Initiatives of Change International（IofC International）	40. 25	Switzerland
277	Lewis and Clark College	40. 24	United States of America
278	Moravian College	40. 23	United States of America
279	Network for Promotion of Agriculture and Environmental Studies（NETPROAES）	40. 23	Ghana

续表

排序	气候变化智库名称	得分	注册国家
280	Association pour la protection de la nature et de l'environnement (APNEK)	40.22	Tunisia
281	Economic Development Foundation (IKV)	40.22	Turkey
282	Economic Research Institute for Northeast Asia (ERINA)	40.21	Japan
283	The CNA Corporation (CNA)	40.20	United States of America
284	Foundation for the Rights of Future Generations (FRFG)	40.20	Germany
285	Green European Institute AISBL (GEI)	40.20	Germany
286	Green Economics Institute (GEI)	40.19	United Kingdom of Great Britain and Northern Ireland
287	Asian Resource Foundation (ARF)	40.18	Thailand
288	NATURpur Institute for Climate and Environmental Protection	40.18	Germany
289	Le Centre québécois du droit de l'environnement (CQDE)	40.17	Canada
290	Council of European Energy Regulators (CEER)	40.17	Belgium
291	Association européene des expositions scientifique, techniques et industrielles (ECSITE)	40.16	Belgium
292	CECODHAS – European Liaison Committee for Social Housing (CECODHAS)	40.16	Italy
293	Association of Science – Technology Centers, Inc (ASTC)	40.15	United States of America
294	AHEAD Energy Corporation	40.15	United States of America
295	Eberhard Karls Universitat Tubingen (EKU)	40.15	Germany
296	Share The World's Resources (STWR)	40.14	United Kingdom of Great Britain and Northern Ireland
297	Meridian International Center (MIC)	40.14	United States of America
298	Salve Regina University	40.14	United States of America
299	Action pour la taxation des transactions pour l'aide aux citoyens (ATTAC France)	40.14	France

续表

排序	气候变化智库名称	得分	注册国家
300	Trustees of Tufts College	40.14	United States of America
301	Université de Moncton	40.13	Canada
302	Sociedad Meteorologica de Cuba (SOMETCUBA)	40.13	Cuba
303	EcoArts Connections (EAC)	40.13	United States of America
304	Lincoln Theological Institute (LTI)	40.13	France
305	Strömstad Academy	40.13	Sweden
306	Natural Hisotry Museum of the Adirondacks	40.11	United States of America
307	Fondation Mohammed VI pour la protection de l'environnement (FM6E)	40.10	Morocco
308	International Volunteering Center for Development Cooperation (CEVI)	40.10	Belgium
309	Association pour la promotion de la recherche sur l'economie de carbon (APREC)	40.10	France
310	Corporate Europe Observatory Foundation (CEO)	40.10	Belgium
311	Fundación e - ciudad (e - c) Sr. Marcelo Sanoner	40.08	Philippines
312	The Energy + Environment Foundation	40.03	United States of America
313	Academia Argentina de Ciencias del Ambiente (AACA) H. E. Mr. Raúl A. Estrada - Oyuela	40.03	Argentina
314	Scientific and Research Center Ecosphere (Ecosphere)	40.03	Ukraine

表 A3　314 家气候变化智库的政策影响力排名

排序	气候变化智库名称	得分	注册国家
1	University of Cambridge	100	United Kingdom of Great Britain and Northern Ireland
2	World Wide Fund For Nature	88.23	United States of America
3	Massachusetts Institute of Technology	68.70	United States of America
4	Harvard University	62.74	United States of America

续表

排序	气候变化智库名称	得分	注册国家
5	World Resources Institute	60. 79	United States of America
6	International Union of Forest Research Organizations（IUFRO）	56. 62	Austria
7	National Oceanic and Atmospheric Administration（NOAA）	56. 47	United States of America
8	International Institute for Applied Systems Analysis（IIASA）	52. 10	Austria
9	National Institute of Public Health and the Environment（RIVM）	50. 40	Netherlands
10	The Energy and Resources Institute（TERI）	39. 14	India
11	Center for International Climate and Environmental Research（CICERO）	38. 74	Norway
12	Stanford University	35. 44	United States of America
13	Stockholm Environment Institute（SEI）	34. 33	Sweden
14	Centro Agronómico Tropical de Investigación y Enseñanza（CATIE）	33. 07	Costa Rica
15	Institute for Social and Environmental Transition（ISET）	33. 00	United States of America
16	Amnesty International（AI）	32. 53	United Kingdom of Great Britain and Northern Ireland
17	The Gold Standard Foundation	32. 04	Switzerland
18	Princeton University	31. 85	United States of America
19	International Institute for Environment and Development（IIED）	30. 67	United Kingdom of Great Britain and Northern Ireland
20	International Institute for Sustainable Development（IISD）	30. 41	Canada
21	Transparency International（TI）	28. 97	Germany
22	Resources for the Future	28. 08	United States of America
23	York University	27. 33	Canada
24	Greenhouse Gas Management Institute（GHGMI）	26. 78	United States of America
25	New Energy and Industrial Technology Development Organization（NEDO）	26. 14	Japan

续表

排序	气候变化智库名称	得分	注册国家
26	Institute for Global Environmental Strategies（IGES）	25. 57	Japan
27	University of East Anglia（UEA）	25. 52	United Kingdom of Great Britain and Northern Ireland
28	Cornell University	25. 07	United States of America
29	The Potsdam Institute for Climate Impact Research（PIK）	24. 89	Germany
30	Pew Center on Global Climate Change (Pew Center)	24. 82	United States of America
31	International Development Research Centre（IDRC）	23. 15	Canada
32	The McKinsey Global Institute	23. 02	United States of America
33	The International Research Institute for Climate and Society	3. 01	United States of America
34	Institute of Development Studies（IDS）	22. 60	United Kingdom of Great Britain and Northern Ireland
35	National Institute for Environmental Studies（NIES）	21. 97	Japan
36	Brown University – Watson Institute	21. 88	United States of America
37	Global Industrial and Social Progress Research Institute（GISPRI）	21. 71	Japan
38	University of Oxford，Environmental Change Institute（ECI）	21. 56	United Kingdom of Great Britain and Northern Ireland
39	University of Cape Town（UCT）	20. 80	South Africa
40	Tyndall Centre for Climate Change Research	20. 75	United Kingdom of Great Britain and Northern Ireland
41	Midwest Research Institute/National Renewable Energy Laboratory（MRI/NREL）	20. 72	United States of America
42	The Royal Society	20. 31	United Kingdom of Great Britain and Northern Ireland
43	Kyoto University，Institute of Economic Research（KIER）	20. 24	Japan
44	Open University（OU）	19. 73	United Kingdom of Great Britain and Northern Ireland
45	Oeko – Institut（Institute for Applied Ecology e. V.），Berlin	19. 57	Germany

续表

排序	气候变化智库名称	得分	注册国家
46	University of Toronto	18.82	Canada
47	University of Tokyo (IR3S)	18.35	Japan
48	Climate Institute (CI)	18.23	United States of America
49	University of Michigan	18.22	United States of America
50	Australian National University (ANU)	18.05	Australia
51	Overseas Development Institute (ODI)	17.94	United Kingdom of Great Britain and Northern Ireland
52	German Advisory Council on Global Change (WBGU)	17.71	Germany
53	Euro – Mediterranean Center for Climate Change (CMCC)	17.52	Italy
54	American University (AU)	17.29	United States of America
55	Center for Clean Air Policy (CCAP)	17.16	United States of America
56	London School of Economics and Political Science (LSE)	17.13	United Kingdom of Great Britain and Northern Ireland
57	Boston University	16.58	United States of America
58	University of Oslo (UiO)	16.28	Norway
59	Center for International Relations (CIR)	16.22	Poland
60	Ecologic Institute	16.16	Germany
61	Bangladesh Centre for Advanced Studies (BCAS)	16.15	Bangladesh
62	Instituto Torcuato Di Tella (ITDT) Sr. Daniel Perczyk	15.95	Argentina
63	University of Colorado at Boulder (CU – Boulder)	15.77	United States of America
64	University College London (UCL)	15.72	United Kingdom of Great Britain and Northern Ireland
65	Central Research Institute of Electric Power Industry (CRIEPI)	15.57	Japan
66	British Council	15.48	United Kingdom of Great Britain and Northern Ireland
67	IVL Swedish Environmental Research Institute Ltd.	15.04	Sweden

续表

排序	气候变化智库名称	得分	注册国家
68	Duke University	14. 74	United States of America
69	Centre de coopération internationale en recherche agronomique pour le développement (CIRAD)	14. 39	France
70	Chatham House	14. 34	United Kingdom of Great Britain and Northern Ireland
71	Joanneum Research (JR)	14. 30	Austria
72	Rutgers, The State University of New Jersey (Rutgers)	14. 30	United States of America
73	Ouranos	14. 29	Canada
74	ProClim – Forum for Climate and Global Change	14. 27	Switzerland
75	German Committee for Disaster Reduction (DKKV)	14. 23	Germany
76	Carnegie Endowment for International Peace (CEIP)	14. 18	United States of America
77	University of Melbourne	14. 08	Australia
78	Colorado State University	14. 08	United States of America
79	ONE Campaign (ONE)	14. 02	United Kingdom of Great Britain and Northern Ireland
80	University of Edinburgh	13. 99	United Kingdom of Great Britain and Northern Ireland
81	University of Amsterdam (UvA)	13. 98	Netherlands
82	World Federation of United Nations Associations (WFUNA)	13. 84	United States of America
83	Fondazione Eni Enrico Mattei (FEEM)	13. 79	Italy
84	Carnegie Institution for Washington	13. 72	United States of America
85	George Mason University	13. 66	United States of America
86	McGill University	13. 59	Canada
87	Electric Power Research Institute (EPRI)	13. 56	United States of America
88	Pennsylvania State University (PSU)	13. 51	United States of America
89	Centre for European Policy Studies (CEPS)	13. 50	Belgium

续表

排序	气候变化智库名称	得分	注册国家
90	University of Copenhagen	13.45	Denmark
91	Action Against Hunger (ACF)	13.42	United Kingdom of Great Britain and Northern Ireland
92	University of Minnesota (UMN)	13.35	United States of America
93	World Vision International (WVI)	13.28	United States of America
94	Georgetown University	13.17	United States of America
95	International Institute of Geo – Information Science and Earth Observation (ITC)	13.09	Netherlands
96	Université du Québec à Montréal	13.06	Canada
97	Imperial College London	13.02	United Kingdom of Great Britain and Northern Ireland
98	Joint Implementation Network (JIN)	12.99	Netherlands
99	University of Guelph – Global Environmental Change Group (GECG)	12.91	Canada
100	Joint Global Change Research Institute	12.89	United States of America
101	Oxford Institute for Energy Studies (OIES)	12.88	United Kingdom of Great Britain and Northern Ireland
102	International Organisation of Supreme Audit Institutions (INTOSAI)	12.85	Austria
103	University of Delaware, Center for Energy and Environmental Policy (CEEP)	12.80	United States of America
104	Fridtjof Nansen Institute (FNI)	12.80	Norway
105	University Corporation for Atmospheric Research (UCAR)	12.74	United States of America
106	Stockholm University – Institute for International Economic Studies (IIES)	12.68	Sweden
107	Lund University	12.58	Sweden
108	Council on Foreign Relations (CFR)	12.51	United States of America
109	Energy Research Centre of the Netherlands (ECN)	12.50	Netherlands
110	Global Environment Centre Foundation (GEC)	12.45	Japan
111	Purdue University – Purdue Climate Change Research Center (PCCRC)	12.42	United States of America

续表

排序	气候变化智库名称	得分	注册国家
112	AccountAbility Strategies（AA）	12.36	United Kingdom of Great Britain and Northern Ireland
113	Lutheran World Federation（LWF）	12.30	Switzerland
114	Norwegian University of Science and Technology（NTNU）	12.25	Norway
115	German Development Institute（DIE - Bonn）	12.11	Germany
116	Global Environment Centre（GEC）	12.09	Malaysia
117	University of Hamburg（UHH）	11.99	Germany
118	University of Leeds	11.97	United Kingdom of Great Britain and Northern Ireland
119	Dalhousie University - Marine and Environmental Law Institute	11.96	Canada
120	Global Public Policy Institute（GPPi）	11.93	Germany
121	Asia Society	11.88	United States of America
122	Sovereignty International	11.84	United States of America
123	Centre for International Sustainable Development Law（CISDL）	11.78	Canada
124	Association of American Geographers（AAG）	11.77	United States of America
125	Environmental Law Institute（ELI）	11.74	United States of America
126	Korea University（KUCE）	11.68	Republic of Korea
127	Victoria University Wellington（VUW）	11.67	New Zealand
128	Fondation INSEAD（INSEAD）	11.66	United Kingdom of Great Britain and Northern Ireland
129	East - West Center（EWC）	11.62	United States of America
130	Université Laval（Institut EDS）	11.60	Canada
131	Global Dynamics Institute（GDI）	11.56	Italy
132	Transnational Institute（TNI）	11.54	Netherlands
133	Brahma Kumaris World Spiritual University（BKWSU）	11.53	India
134	Japan Economic Research Institute（JERI）	11.53	Japan

续表

排序	气候变化智库名称	得分	注册国家
135	Institute for Transportation and Development Policy（ITDP）	11.51	United States of America
136	University of Calgary	11.49	Canada
137	Research Centre Juelich（Jülich）	11.49	Germany
138	Cooperation internationale pour le développement et la solidarité（CIDSE）	11.45	Belgium
139	Organization for Industrial, Spiritual and Cultural Advancement – International（OISCA – International）	11.42	Japan
140	Université Libre de Bruxelles, Centre d'Etudes Economiques et Sociales de l'Environnement（ULB – CEESE）	11.40	Belgium
141	University of Stuttgart	11.38	Germany
142	Loss Prevention Council（LPC）	11.35	United Kingdom of Great Britain and Northern Ireland
143	Forest Peoples' Programme（FPP）	11.35	United Kingdom of Great Britain and Northern Ireland
144	National Institute for Geophysics and Volcanology（INGV）	11.34	Italy
145	International Save the Children Alliance	11.34	United Kingdom of Great Britain and Northern Ireland
146	Scientific Committee on Problems of the Environment（SCOPE）	11.33	France
147	Transport Research Foundation（TRF）	11.32	United Kingdom of Great Britain and Northern Ireland
148	Millennium Institute（MI）	11.30	United States of America
149	American Nuclear Society（ANS）	11.29	United States of America
150	Global Humanitarian Forum（GHF）	11.28	Switzerland
151	International Association of Public Transport（UITP）	11.27	Belgium
152	Competitive Enterprise Institute（CEI）	11.25	United States of America
153	ClimateNet	11.18	Germany
154	Oxford Climate Policy	11.11	United Kingdom of Great Britain and Northern Ireland

续表

排序	气候变化智库名称	得分	注册国家
155	Academy for Educational Development (AED)	11.10	United States of America
156	Technical University of Denmark (DTU)	11.10	Denmark
157	START International, Inc. (START)	11.09	United States of America
158	University of Iceland	11.08	Iceland
159	ECONEXUS	11.08	United Kingdom of Great Britain and Northern Ireland
160	Fundación Amigos de la Naturaleza (FAN Bolivia)	11.03	Bolivia (Plurinational State of)
161	Dartmouth College	11.00	United States of America
162	University of Tampere (TaY)	10.99	Finland
163	German Marshall Fund of the United States (GMF)	10.94	United States of America
164	Energy Research Austria	10.94	Austria
165	International Plant Genetic Resources Institute (Bioversity)	10.93	Italy
166	Club of Madrid	10.93	Spain
167	Centre for European Economic Research (ZEW)	10.92	Germany
168	University of Regina	10.91	Canada
169	Ateneo de Manila University (ADMU)	10.91	Philippines
170	World Future Council (WFC)	10.91	Germany
171	Overseas Environmental Cooperation Center, Japan (OECC)	10.88	Japan
172	Institut du développement durable et des relations internationales (IDDRI)	10.88	France
173	Institute for European Environmental Policy (IEEP)	10.87	United Kingdom of Great Britain and Northern Ireland
174	National Spiritual Assembly of the Baha'is of the United States	10.86	United States of America
175	University of Lapland	10.84	Finland
176	Foundation Environment - Law Society (FURG)	10.84	Belgium

续表

排序	气候变化智库名称	得分	注册国家
177	DePaul University	10. 83	United States of America
178	Institute for Energy Technology（IFE）	10. 81	Norway
179	World Medical Association（WMA）	10. 80	France
180	Clean Air Task Force（CATF）	10. 80	United States of America
181	Centre for Socio – Economic Development（CSEND）	10. 79	Switzerland
182	World Alliance of Young Men's Christian Associations（YMCA）	10. 79	Switzerland
183	climatepolicy. net e. V.	10. 79	Germany
184	Fundación Bariloche（FB）Sr. Leonidas Osvaldo Girardin	10. 78	Argentina
185	University of Maastricht, Institute for Transnational Legal Research（METRO）	10. 78	Netherlands
186	College of the Atlantic（COA）	10. 78	United States of America
187	University of Bayreuth	10. 77	Germany
188	Pusan National University – Marine Research Institute（PNU/MRI）	10. 77	Republic of Korea
189	University of Linköping（LiU）	10. 77	Sweden
190	Skoll Foundation	10. 76	United States of America
191	Royal Institute of Technology（KTH）	10. 75	Sweden
192	Xavier University	10. 74	United States of America
193	Freie Universität Berlin（FUB）	10. 68	Germany
194	University of Freiburg, Institute of Forest and Environmental Policy（IFP）	10. 66	Germany
195	Finnish Institute of International Affairs（UPI – FIIA）	10. 65	Finland
196	University of Nijmegen（RU）	10. 64	Netherlands
197	Universidad de Barcelona, Instituto de Economía Pública（UB – IEPYC）	10. 64	Spain
198	Dickinson College	10. 62	United States of America
199	International Maritime Emission Reduction Scheme（IMERS）	10. 62	United Kingdom of Great Britain and Northern Ireland

续表

排序	气候变化智库名称	得分	注册国家
200	Umea University	10.61	Sweden
201	Lancaster University	10.60	United Kingdom of Great Britain and Northern Ireland
202	Global Footprint Network	10.60	United States of America
203	Mediators Beyond Borders（MBB）	10.60	United States of America
204	The Australia Institute Ltd.	10.58	Australia
205	University of Technology, Sydney（UTS）Mr. Jeffrey John Francis	10.57	Australia
206	Food, Agriculture and Natural Resources Policy Analysis Network（FANRPAN）	10.57	South Africa
207	University of Potsdam	10.56	Germany
208	American Chemical Society（ACS）	10.56	United States of America
209	Friedrich Schiller University Jena（FSU Jena）	10.55	Germany
210	Ibon Foundation Inc.（IBON）	10.55	Philippines
211	Fia Foundation for the Automobile and Society（Fia Foundation）	10.53	United Kingdom of Great Britain and Northern Ireland
212	BIOCAP Canada Foundation（BIOCAP）	10.53	Canada
213	Catholic Institute for International Relations（CIIR）	10.52	United Kingdom of Great Britain and Northern Ireland
214	Northeastern University	10.52	United States of America
215	Aarhus University	10.51	Denmark
216	Foundation DLO（DLO）	10.51	Netherlands
217	International Institute for Strategic Studies（IISS）	10.51	United Kingdom of Great Britain and Northern Ireland
218	Amazon Institute of People and the Environment（Imazon）	10.51	Brazil
219	University of Western Sydney（UWS）Mr. Andrew Cheetham	10.50	Australia
220	Climate Analytics GmbH	10.49	Germany
221	University of Heidelberg	10.48	Germany
222	Ithaca College	10.47	United States of America

续表

排序	气候变化智库名称	得分	注册国家
223	Widener University	10. 46	United States of America
224	Feasta Ltd（Feasta）	10. 46	Ireland
225	International Council for Capital Formation（ICCF）	10. 46	Belgium
226	University Luigi Bocconi, Institute of Energy and Environment Economics and Policy（IEFE）	10. 44	Italy
227	Marmara University（MURCIR）	10. 44	Turkey
228	International Polar Foundation（IPF）	10. 43	Belgium
229	Curtin University of Technology Mr. Garry John Middle	10. 42	Australia
230	Research Institute of Organic Agriculture（FiBL）	10. 42	Switzerland
231	Earthwatch Institute	10. 41	United Kingdom of Great Britain and Northern Ireland
232	Centre for International Governance Innovation（CIGI）	10. 41	Canada
233	Center for Policy Research（CPR）	10. 39	India
234	National Center for Public Policy Research（NCPPR）	10. 39	United States of America
235	Met Office Hadley Center	10. 39	United Kingdom of Great Britain and Northern Ireland
236	International Society of Biometeorology（ISB）	10. 38	United States of America
237	Adelphi Research（AR）	10. 38	Germany
238	Centre for Applied Studies in International Negotiations（CASIN）	10. 38	Switzerland
239	Grantham Institute for Climate Change	10. 38	United Kingdom of Great Britain and Northern Ireland
240	Unisféra International Centre	10. 37	Canada
241	Climate Strategies	10. 36	United Kingdom of Great Britain and Northern Ireland
242	Basque Centre for Climate Change（BC3）	10. 35	Spain

续表

排序	气候变化智库名称	得分	注册国家
243	SeaTrust Institute	10.35	United States of America
244	Technical University Munich (TUM)	10.34	Germany
245	Mie University	10.34	Japan
246	International Council on Human Rights Policy (ICHRP)	10.34	Switzerland
247	Fundación Nueva Cultura del Agua (FNCA)	10.34	Spain
248	Freedom from Debt Coalition Inc. (FDC)	10.33	Argentina
249	Sustainable Development Institute	10.33	United States of America
250	ParisTech (ParisTech)	10.32	France
251	University of Mannheim	10.32	Germany
252	Colegio de Abogados Especialistas en Derecho Ambiental de Colombia (CAE-DAC)	10.32	Colombia
253	Canadian Energy Research Institute (CERI)	10.32	Canada
254	HafenCity University Hamburg (HCU)	10.31	Germany
255	Petroleum Technology Research Centre (PTRC)	10.31	Canada
256	Health and Environment Alliance (HEAL)	10.29	Belgium
257	Institution for Transport Policy Studies (ITPS)	10.29	Japan
258	Global Marshall Plan Foundation	10.28	United States of America
259	Joint Center for Political and Economic Studies (JCPES)	10.28	Germany
260	Consortium for Trade and Development (CENTAD)	10.28	India
261	Science and Environmental Policy Project (SEPP)	10.28	United States of America
262	Global Forum for Health Research (Global Forum)	10.27	Switzerland
263	AMPLA Limited	10.26	United States of America

续表

排序	气候变化智库名称	得分	注册国家
264	Associacao de Protecao a Ecossistemas Costeiros（APREC）	10.26	Canada
265	Centre Hélios	10.26	Australia
266	Community Forestry International（CFI）	10.26	Brazil
267	Initiatives of Change International（IofC International）	10.24	Switzerland
268	Network for Promotion of Agriculture and Environmental Studies（NETPROAES）	10.23	Ghana
269	Moravian College	10.21	United States of America
270	Economic Development Foundation（IKV）	10.21	Turkey
271	Association pour la protection de la nature et de l'environnement（APNEK）	10.20	Switzerland
272	International Environmental Law Research Centre（IELRC）	10.20	Tunisia
273	Economic Research Institute for Northeast Asia（ERINA）	10.20	United States of America
274	Lewis and Clark College	10.20	Japan
275	Green European Institute AISBL（GEI）	10.20	Germany
276	Foundation for the Rights of Future Generations（FRFG）	10.20	Germany
277	Asian Resource Foundation（ARF）	10.18	United Kingdom of Great Britain and Northern Ireland
278	Green Economics Institute（GEI）	10.18	Thailand
279	NATURpur Institute for Climate and Environmental Protection	10.18	Germany
280	Le Centre québécois du droit de l'environnement（CQDE）	10.17	Canada
281	Association europêene des expositions scientifique, techniques et industrielles（ECSITE）	10.16	Belgium
282	CECODHAS – European Liaison Committee for Social Housing（CECODHAS）	10.16	Belgium
283	Council of European Energy Regulators（CEER）	10.16	Italy

续表

排序	气候变化智库名称	得分	注册国家
284	Pomona College	10. 16	United States of America
285	Association of Science – Technology Centers, Inc (ASTC)	10. 15	United States of America
286	AHEAD Energy Corporation	10. 15	Spain
287	Foundation Open University of Catalonia (FUOC)	10. 15	United States of America
288	Meridian International Center (MIC)	10. 14	United States of America
289	Share The World's Resources (STWR)	10. 14	United Kingdom of Great Britain and Northern Ireland
290	Action pour la taxation des transactions pour l'aide aux citoyens (ATTAC France)	10. 14	France
291	EcoArts Connections (EAC)	10. 13	United States of America
292	Lincoln Theological Institute (LTI)	10. 13	Cuba
293	Sociedad Meteorologica de Cuba (SOMETCUBA)	10. 13	United States of America
294	Strömstad Academy	10. 13	France
295	Trustees of Tufts College	10. 13	Sweden
296	Rideau Institute on International Affairs	10. 12	Canada
297	Université de Moncton	10. 12	Canada
298	Salve Regina University	10. 12	United States of America
299	Macaulay Land Use Research Institute (MLURI)	10. 11	United Kingdom of Great Britain and Northern Ireland
300	Natural Hisotry Museum of the Adirondacks	10. 11	United States of America
301	Association pour la promotion de la recherche sur l'economie de carbon (APREC)	10. 10	Turkey
302	Center for Progressive Reform (CPR)	10. 10	United States of America
303	Corporate Europe Observatory Foundation (CEO)	10. 10	United States of America
304	Fondation Mohammed VI pour la protection de l'environnement (FM6E)	10. 10	Morocco
305	International Volunteering Center for Development Cooperation (CEVI)	10. 10	Belgium
306	The CNA Corporation (CNA)	10. 10	France

续表

排序	气候变化智库名称	得分	注册国家
307	Turkish Association for Energy Economics（EED）	10.10	Belgium
308	Fundación e – ciudad （e – c） Sr. Marcelo Sanoner	10.08	Philippines
309	Eberhard Karls Universitat Tubingen（EKU）	10.08	Germany
310	World Growth	10.05	United States of America
311	Academia Argentina de Ciencias del Ambiente（AACA） H. E. Mr. Raúl A. Estrada – Oyuela	10.03	United States of America
312	The Energy + Environment Foundation	10.03	Argentina
313	Scientific and Research Center Ecosphere（Ecosphere）	10.02	Ukraine
314	The Heartland Institute	10.00	United States of America

表 A4　314 家气候变化智库的学术影响力排名

排序	气候变化智库名称	得分	注册国家
1	Princeton University	100	United States of America
2	Colorado State University	89.70	United States of America
3	University of East Anglia	89.51	United Kingdom of Great Britain and Northern Ireland
4	Harvard University	89.51	United States of America
5	Australian National University（ANU）	76.17	Australia
6	Lund University	73.58	Sweden
7	Cornell University	67.61	United States of America
8	Duke University	62.07	United States of America
9	Boston University	43.05	United States of America
10	McGill University	38.58	Canada
11	Technical University Munich（TUM）	30.97	Germany
12	University of Michigan	28.05	United States of America
13	University of Bayreuth	27.85	Germany

续表

排序	气候变化智库名称	得分	注册国家
14	University of Melbourne	26.75	Australia
15	Umea University	25.64	Sweden
16	National Institute for Environmental Studies (NIES)	25.27	Japan
17	Met Office Hadley Center	23.05	United Kingdom of Great Britain and Northern Ireland
18	York University	22.87	Canada
19	Aarhus University	22.72	Denmark
20	University of Leeds	21.88	United Kingdom of Great Britain and Northern Ireland
21	University of Potsdam	20.92	Germany
22	University of Heidelberg	20.52	Germany
23	Tyndall Centre for Climate Change Research	20.31	United Kingdom of Great Britain and Northern Ireland
24	National Oceanic and Atmospheric Administration	19.18	United States of America
25	Imperial College London	19.04	United Kingdom of Great Britain and Northern Ireland
26	Dartmouth College	18.20	United States of America
27	George Mason University	18.12	United States of America
28	University of Minnesota	17.36	United States of America
29	Open University	17.35	United Kingdom of Great Britain and Northern Ireland
30	Macaulay Land Use Research Institute (MLURI)	17.12	United Kingdom of Great Britain and Northern Ireland
31	University of Toronto	16.14	Canada
32	Korea University (KUCE)	15.91	Republic of Korea
33	Resources for the Future	15.89	United States of America
34	University of Stuttgart	15.66	Germany
35	Stockholm Environment Institute (SEI)	15.64	Sweden
36	Stockholm University – Institute for International Economic Studies (IIES)	15.08	Sweden

续表

排序	气候变化智库名称	得分	注册国家
37	Victoria University Wellington（VUW）	14. 67	New Zealand
38	Pennsylvania State University（PSU）	14. 54	United States of America
39	University of Edinburgh	14. 29	United Kingdom of Great Britain and Northern Ireland
40	Mie University	14. 21	Japan
41	Electric Power Research Institute（EPRI）	14. 18	United States of America
42	Joanneum Research（JR）	13. 59	Austria
43	Joint Global Change Research Institute	13. 52	United States of America
44	University of Cambridge	13. 28	United Kingdom of Great Britain and Northern Ireland
45	University of Oslo（UiO）	13. 24	Norway
46	Massachusetts Institute of Technology	12. 84	United States of America
47	Northeastern University	12. 61	United States of America
48	University of Lapland	12. 43	Finland
49	University of Copenhagen	12. 35	Denmark
50	Xavier University	12. 08	United States of America
51	American University（AU）	11. 99	United States of America
52	Lancaster University	11. 67	United Kingdom of Great Britain and Northern Ireland
53	University College London（UCL）	11. 58	United Kingdom of Great Britain and Northern Ireland
54	Purdue University – Purdue Climate Change Research Center（PCCRC）	11. 52	United States of America
55	Norwegian University of Science and Technology（NTNU）	11. 48	Norway
56	World Resources Institute	11. 46	United States of America
57	East – West Center（EWC）	11. 45	United States of America
58	The International Research Institute for Climate and Society	11. 32	United States of America
59	Technical University of Denmark（DTU）	11. 13	Denmark
60	Ouranos	11. 06	Canada

续表

排序	气候变化智库名称	得分	注册国家
61	University of Cape Town（UCT）	11.04	South Africa
62	Georgetown University	10.91	United States of America
63	Pusan National University – Marine Research Institute（PNU/MRI）	10.87	Republic of Korea
64	University of Tokyo（IR3S）	10.87	Japan
65	University of Calgary	10.84	Canada
66	Brown University – Watson Institute	10.72	United States of America
67	World Wide Fund For Nature	10.64	United States of America
68	University of Colorado at Boulder（CU – Boulder）	10.61	United States of America
69	Clean Air Task Force（CATF）	10.58	United States of America
70	Marmara University（MURCIR）	10.55	Turkey
71	Sustainable Development Institute	10.50	United States of America
72	University of Nijmegen（RU）	10.49	Netherlands
73	The Energy and Resources Institute	10.48	India
74	University of Technology, Sydney（UTS） Mr. Jeffrey John Francis	10.45	Australia
75	Basque Centre for Climate Change（BC3）	10.44	Spain
76	The Heartland Institute	10.44	United States of America
77	University of Amsterdam（UvA）	10.42	Netherlands
78	IVL Swedish Environmental Research Institute Ltd.	10.39	Sweden
79	Climate Institute（CI）	10.38	United States of America
80	International Institute for Applied Systems Analysis（IIASA）	10.37	Austria
81	Grantham Institute for Climate Change	10.37	United Kingdom of Great Britain and Northern Ireland
82	Royal Institute of Technology（KTH）	10.33	Sweden
83	Center for International Climate and Environmental Research（CICERO）	10.27	Norway
84	Millennium Institute（MI）	10.25	United States of America

续表

排序	气候变化智库名称	得分	注册国家
85	Global Footprint Network	10.24	United States of America
86	Fridtjof Nansen Institute (FNI)	10.23	Norway
87	Pomona College	10.22	United States of America
88	University of Mannheim	10.20	Germany
89	ParisTech (ParisTech)	10.18	France
90	Rutgers, The State University of New Jersey (Rutgers)	10.18	United States of America
91	University of Hamburg (UHH)	10.16	Germany
92	Turkish Association for Energy Economics (EED)	10.15	Turkey
93	Dickinson College	10.14	United States of America
94	University of Regina	10.13	Canada
95	University of Guelph - Global Environmental Change Group (GECG)	10.13	Canada
96	Earthwatch Institute	10.10	United Kingdom of Great Britain and Northern Ireland
97	The Royal Society	10.10	United Kingdom of Great Britain and Northern Ireland
98	Ithaca College	10.09	United States of America
99	DePaul University	10.09	United States of America
100	Friedrich Schiller University Jena (FSU Jena)	10.09	Germany
101	Stanford University	10.09	United States of America
102	Overseas Development Institute (ODI)	10.08	United Kingdom of Great Britain and Northern Ireland
103	Eberhard Karls Universitat Tubingen (EKU)	10.06	Germany
104	Pew Center on Global Climate Change	10.06	United States of America
105	Science and Environmental Policy Project (SEPP)	10.06	United States of America
106	Environmental Law Institute (ELI)	10.05	United States of America
107	German Development Institute (DIE - Bonn)	10.05	Germany

续表

排序	气候变化智库名称	得分	注册国家
108	Chatham House	10.05	United Kingdom of Great Britain and Northern Ireland
109	Canadian Energy Research Institute (CERI)	10.05	Canada
110	Widener University	10.04	United States of America
111	London School of Economics and Political Science (LSE)	10.04	United Kingdom of Great Britain and Northern Ireland
112	University of Iceland	10.03	Iceland
113	Adelphi Research (AR)	10.03	Germany
114	University of Tampere (TaY)	10.02	Finland
115	Ibon Foundation Inc. (IBON)	10.01	Philippines
116	HafenCity University Hamburg (HCU)	10.01	Germany
117	International Institute for Environment and Development (IIED)	10.01	United Kingdom of Great Britain and Northern Ireland
118	BIOCAP Canada Foundation (BIOCAP)	10.00	Canada
119	International Polar Foundation (IPF)	10.00	Belgium
120	ECONEXUS	10.00	United Kingdom of Great Britain and Northern Ireland
121	World Medical Association (WMA)	10.00	France
122	Climate Strategies	10.00	United Kingdom of Great Britain and Northern Ireland
123	Health and Environment Alliance (HEAL)	10.00	Belgium
124	International Union of Forest Research Organizations (IUFRO)	10.00	Austria
125	National Institute of Public Health and the Environment (RIVM)	10.00	Netherlands
126	Centro Agronómico Tropical de Investigación y Enseñanza (CATIE)	10.00	Costa Rica
127	Institute for Social and Environmental Transition (ISET)	10.00	United States of America
128	Amnesty International	10.00	United Kingdom of Great Britain and Northern Ireland

续表

排序	气候变化智库名称	得分	注册国家
129	The Gold Standard Foundation	10. 00	Switzerland
130	International Institute for Sustainable Development (IISD)	10. 00	Canada
131	Transparency International (TI)	10. 00	Germany
132	Greenhouse Gas Management Institute (GHGMI)	10. 00	United States of America
133	New Energy and Industrial Technology Development Organization (NEDO)	10. 00	Japan
134	Institute for Global Environmental Strategies (IGES)	10. 00	Japan
135	The Potsdam Institute for Climate Impact Research (PIK)	10. 00	Germany
136	International Development Research Centre (IDRC)	10. 00	Canada
137	The McKinsey Global Institute	10. 00	United States of America
138	Institute of Development Studies (IDS)	10. 00	United Kingdom of Great Britain and Northern Ireland
139	Global Industrial and Social Progress Research Institute (GISPRI)	10. 00	Japan
140	University of Oxford, Environmental Change Institute (ECI)	10. 00	United Kingdom of Great Britain and Northern Ireland
141	Midwest Research Institute/National Renewable Energy Laboratory (MRI/NREL)	10. 00	United States of America
142	Kyoto University, Institute of Economic Research (KIER)	10. 00	Japan
143	Oeko – Institut (Institute for Applied Ecology e. V.), Berlin	10. 00	Germany
144	German Advisory Council on Global Change (WBGU)	10. 00	Germany
145	Euro – Mediterranean Center for Climate Change (CMCC)	10. 00	Italy
146	Center for Clean Air Policy (CCAP)	10. 00	United States of America
147	Center for International Relations (CIR)	10. 00	Poland
148	Ecologic Institute	10. 00	Germany
149	Bangladesh Centre for Advanced Studies (BCAS)	10. 00	Bangladesh

续表

排序	气候变化智库名称	得分	注册国家
150	Instituto Torcuato Di Tella（ITDT）Sr. Daniel Perczyk	10.00	Argentina
151	Central Research Institute of Electric Power Industry（CRIEPI）	10.00	Japan
152	British Council	10.00	United Kingdom of Great Britain and Northern Ireland
153	Centre de coopération internationale en recherche agronomique pour le développement（CIRAD）	10.00	France
154	ProClim – Forum for Climate and Global Change	10.00	Switzerland
155	German Committee for Disaster Reduction（DKKV）	10.00	Germany
156	Carnegie Endowment for International Peace（CEIP）	10.00	United States of America
157	ONE Campaign（ONE）	10.00	United Kingdom of Great Britain and Northern Ireland
158	World Federation of United Nations Associations（WFUNA）	10.00	United States of America
159	Fondazione Eni Enrico Mattei（FEEM）	10.00	Italy
160	Carnegie Institution for Washington	10.00	United States of America
161	Centre for European Policy Studies（CEPS）	10.00	Belgium
162	Action Against Hunger（ACF）	10.00	United Kingdom of Great Britain and Northern Ireland
163	World Vision International（WVI）	10.00	United States of America
164	International Institute of Geo – Information Science and Earth Observation（ITC）	10.00	Netherlands
165	Université du Québec à Montréal	10.00	Canada
166	Joint Implementation Network（JIN）	10.00	Netherlands
167	Oxford Institute for Energy Studies（OIES）	10.00	United Kingdom of Great Britain and Northern Ireland
168	International Organisation of Supreme Audit Institutions（INTOSAI）	10.00	Austria
169	University of Delaware，Center for Energy and Environmental Policy（CEEP）	10.00	United States of America

续表

排序	气候变化智库名称	得分	注册国家
170	University Corporation for Atmospheric Research (UCAR)	10.00	United States of America
171	Council on Foreign Relations	10.00	United States of America
172	Energy Research Centre of the Netherlands (ECN)	10.00	Netherlands
173	Global Environment Centre Foundation (GEC)	10.00	Japan
174	AccountAbility Strategies (AA)	10.00	United Kingdom of Great Britain and Northern Ireland
175	Lutheran World Federation (LWF)	10.00	Switzerland
176	Global Environment Centre (GEC)	10.00	Malaysia
177	Dalhousie University – Marine and Environmental Law Institute	10.00	Canada
178	Global Public Policy Institute (GPPi)	10.00	Germany
179	Asia Society	10.00	United States of America
180	Sovereignty International	10.00	United States of America
181	Centre for International Sustainable Development Law (CISDL)	10.00	Canada
182	Association of American Geographers (AAG)	10.00	United States of America
183	Fondation INSEAD (INSEAD)	10.00	United Kingdom of Great Britain and Northern Ireland
184	Université Laval (Institut EDS)	10.00	Canada
185	Global Dynamics Institute (GDI)	10.00	Italy
186	Transnational Institute (TNI)	10.00	Netherlands
187	Brahma Kumaris World Spiritual University (BKWSU)	10.00	India
188	Japan Economic Research Institute (JERI)	10.00	Japan
189	Institute for Transportation and Development Policy (ITDP)	10.00	United States of America
190	Research Centre Juelich (Jülich)	10.00	Germany
191	Cooperation internationale pour le développement et la solidarité (CIDSE)	10.00	Belgium

续表

排序	气候变化智库名称	得分	注册国家
192	Organization for Industrial, Spiritual and Cultural Advancement – International (OISCA – International)	10.00	Japan
193	Université Libre de Bruxelles, Centre d'Etudes Economiques et Sociales de l'Environnement (ULB – CEESE)	10.00	Belgium
194	Loss Prevention Council (LPC)	10.00	United Kingdom of Great Britain and Northern Ireland
195	Forest Peoples' Programme (FPP)	10.00	United Kingdom of Great Britain and Northern Ireland
196	National Institute for Geophysics and Volcanology (INGV)	10.00	Italy
197	International Save the Children Alliance	10.00	United Kingdom of Great Britain and Northern Ireland
198	Scientific Committee on Problems of the Environment (SCOPE)	10.00	France
199	Transport Research Foundation (TRF)	10.00	United Kingdom of Great Britain and Northern Ireland
200	American Nuclear Society (ANS)	10.00	United States of America
201	Global Humanitarian Forum (GHF)	10.00	Switzerland
202	International Association of Public Transport (UITP)	10.00	Belgium
203	Competitive Enterprise Institute	10.00	United States of America
204	ClimateNet	10.00	Germany
205	Oxford Climate Policy	10.00	United Kingdom of Great Britain and Northern Ireland
206	Academy for Educational Development (AED)	10.00	United States of America
207	START International, Inc. (START)	10.00	United States of America
208	Fundación Amigos de la Naturaleza (FAN Bolivia)	10.00	Bolivia (Plurinational State of)
209	German Marshall Fund of the United States (GMF)	10.00	United States of America
210	Energy Research Austria	10.00	Austria

续表

排序	气候变化智库名称	得分	注册国家
211	International Plant Genetic Resources Institute (Bioversity)	10.00	Italy
212	Club of Madrid	10.00	Spain
213	Centre for European Economic Research (ZEW)	10.00	Germany
214	Ateneo de Manila University (ADMU)	10.00	Philippines
215	World Future Council (WFC)	10.00	Germany
216	Overseas Environmental Cooperation Center, Japan (OECC)	10.00	Japan
217	Institut du développement durable et des relations internationales (IDDRI)	10.00	France
218	Institute for European Environmental Policy (IEEP)	10.00	United Kingdom of Great Britain and Northern Ireland
219	National Spiritual Assembly of the Baha'is of the United States	10.00	United States of America
220	Foundation Environment – Law Society (FURG)	10.00	Belgium
221	Institute for Energy Technology (IFE)	10.00	Norway
222	Centre for Socio – Economic Development (CSEND)	10.00	Switzerland
223	World Alliance of Young Men's Christian Associations (YMCA)	10.00	Switzerland
224	climatepolicy. net e. V.	10.00	Germany
225	Fundación Bariloche (FB) Sr. Leonidas Osvaldo Girardin	10.00	Argentina
226	University of Maastricht, Institute for Transnational Legal Research (METRO)	10.00	Netherlands
227	College of the Atlantic (COA)	10.00	United States of America
228	University of Linköping (LiU)	10.00	Sweden
229	Skoll Foundation	10.00	United States of America
230	Freie Universität Berlin (FUB)	10.00	Germany
231	University of Freiburg, Institute of Forest and Environmental Policy (IFP)	10.00	Germany
232	Finnish Institute of International Affairs (UPI – FIIA)	10.00	Finland

续表

排序	气候变化智库名称	得分	注册国家
233	Universidad de Barcelona, Instituto de Economía Pública（UB – IEPYC）	10.00	Spain
234	International Maritime Emission Reduction Scheme（IMERS）	10.00	United Kingdom of Great Britain and Northern Ireland
235	Mediators Beyond Borders（MBB）	10.00	United States of America
236	The Australia Institute Ltd.	10.00	Australia
237	Food, Agriculture and Natural Resources Policy Analysis Network（FANRPAN）	10.00	South Africa
238	American Chemical Society（ACS）	10.00	United States of America
239	Fia Foundation for the Automobile and Society（Fia Foundation）	10.00	United Kingdom of Great Britain and Northern Ireland
240	Catholic Institute for International Relations（CIIR）	10.00	United Kingdom of Great Britain and Northern Ireland
241	Foundation DLO（DLO）	10.00	Netherlands
242	International Institute for Strategic Studies（IISS）	10.00	United Kingdom of Great Britain and Northern Ireland
243	Amazon Institute of People and the Environment（Imazon）	10.00	Brazil
244	University of Western Sydney（UWS） Mr. Andrew Cheetham	10.00	Australia
245	Climate Analytics GmbH	10.00	Germany
246	Feasta Ltd（Feasta）	10.00	Ireland
247	International Council for Capital Formation（ICCF）	10.00	Belgium
248	University Luigi Bocconi, Institute of Energy and Environment Economics and Policy（IEFE）	10.00	Italy
249	Curtin University of Technology Mr. Garry John Middle	10.00	Australia
250	Research Institute of Organic Agriculture（FiBL）	10.00	Switzerland
251	Centre for International Governance Innovation（CIGI）	10.00	Canada
252	Center for Policy Research（CPR）	10.00	India

续表

排序	气候变化智库名称	得分	注册国家
253	National Center for Public Policy Research (NCPPR)	10.00	United States of America
254	International Society of Biometeorology (ISB)	10.00	United States of America
255	Centre for Applied Studies in International Negotiations (CASIN)	10.00	Switzerland
256	Unisféra International Centre	10.00	Canada
257	SeaTrust Institute	10.00	United States of America
258	International Council on Human Rights Policy (ICHRP)	10.00	Switzerland
259	Fundación Nueva Cultura del Agua (FNCA)	10.00	Spain
260	Freedom from Debt Coalition Inc. (FDC)	10.00	Argentina
261	Colegio de Abogados Especialistas en Derecho Ambiental de Colombia (CAEDAC)	10.00	Colombia
262	Petroleum Technology Research Centre (PTRC)	10.00	Canada
263	Institution for Transport Policy Studies (ITPS)	10.00	Japan
264	Joint Center for Political and Economic Studies (JCPES)	10.00	United States of America
265	Global Marshall Plan Foundation	10.00	Germany
266	Consortium for Trade and Development (CENTAD)	10.00	India
267	Global Forum for Health Research (Global Forum)	10.00	Switzerland
268	Community Forestry International (CFI)	10.00	United States of America
269	Centre Hélios	10.00	Canada
270	AMPLA Limited	10.00	Australia
271	Associacao de Protecao a Ecossistemas Costeiros (APREC)	10.00	Brazil
272	Initiatives of Change International (IofC International)	10.00	Switzerland
273	Network for Promotion of Agriculture and Environmental Studies (NETPROAES)	10.00	Ghana

续表

排序	气候变化智库名称	得分	注册国家
274	Moravian College	10.00	United States of America
275	Economic Development Foundation（IKV）	10.00	Turkey
276	International Environmental Law Research Centre（IELRC）	10.00	Switzerland
277	Association pour la protection de la nature et de l'environnement（APNEK）	10.00	Tunisia
278	Lewis and Clark College	10.00	United States of America
279	Economic Research Institute for Northeast Asia（ERINA）	10.00	Japan
280	Green European Institute AISBL（GEI）	10.00	Germany
281	Foundation for the Rights of Future Generations（FRFG）	10.00	Germany
282	Green Economics Institute（GEI）	10.00	United Kingdom of Great Britain and Northern Ireland
283	Asian Resource Foundation（ARF）	10.00	Thailand
284	NATURpur Institute for Climate and Environmental Protection	10.00	Germany
285	Le Centre québécois du droit de l'environnement（CQDE）	10.00	Canada
286	Association européene des expositions scientifique，techniques et industrielles（ECSITE）	10.00	Belgium
287	Council of European Energy Regulators（CEER）	10.00	Belgium
288	CECODHAS – European Liaison Committee for Social Housing（CECODHAS）	10.00	Italy
289	Association of Science – Technology Centers，Inc（ASTC）	10.00	United States of America
290	Foundation Open University of Catalonia（FUOC）	10.00	Spain
291	AHEAD Energy Corporation	10.00	United States of America
292	Meridian International Center（MIC）	10.00	United States of America
293	Share The World's Resources（STWR）	10.00	United Kingdom of Great Britain and Northern Ireland

续表

排序	气候变化智库名称	得分	注册国家
294	Action pour la taxation des transactions pour l'aide aux citoyens (ATTAC France)	10.00	France
295	Trustees of Tufts College	10.00	United States of America
296	Sociedad Meteorologica de Cuba (SOMETCUBA)	10.00	Cuba
297	EcoArts Connections (EAC)	10.00	United States of America
298	Lincoln Theological Institute (LTI)	10.00	France
299	Strömstad Academy	10.00	Sweden
300	Rideau Institute on International Affairs	10.00	Canada
301	Université de Moncton	10.00	Canada
302	Salve Regina University	10.00	United States of America
303	Natural Hisotry Museum of the Adirondacks	10.00	United States of America
304	Center for Progressive Reform (CPR)	10.00	United States of America
305	The CNA Corporation (CNA)	10.00	United States of America
306	Fondation Mohammed VI pour la protection de l'environnement (FM6E)	10.00	Morocco
307	International Volunteering Center for Development Cooperation (CEVI)	10.00	Belgium
308	Association pour la promotion de la recherche sur l'economie de carbon (APREC)	10.00	France
309	Corporate Europe Observatory Foundation (CEO)	10.00	Belgium
310	Fundación e – ciudad (e – c) Sr. Marcelo Sanoner	10.00	Philippines
311	World Growth	10.00	United States of America
312	The Energy + Environment Foundation	10.00	United States of America
313	Academia Argentina de Ciencias del Ambiente (AACA) H. E. Mr. Raúl A. Estrada – Oyuela	10.00	Argentina
314	Scientific and Research Center Ecosphere (Ecosphere)	10.00	Ukraine

表 A5 314 家气候变化智库的企业影响力排名

排序	气候变化智库名称	得分	注册国家
1	CEI	100	United States of America
2	START International, Inc. （START）	99.97	United States of America
3	American Nuclear Society（ANS）	98.63	United States of America
4	Club of Madrid	87.68	Spain
5	Science and Environmental Policy Project（SEPP）	60.70	United States of America
6	Georgetown University	36.07	United States of America
7	Princeton Uni.	35.83	United States of America
8	Millennium Institute（MI）	35.57	United States of America
9	Harvard Uni.	34.30	United States of America
10	University of Guelph – Global Environmental Change Group（GECG）	30.38	Canada
11	Dartmouth College	29.21	United States of America
12	University of Linköping（LiU）	18.54	Sweden
13	York Uni.	18.35	Canada
14	Centre for International Governance Innovation（CIGI）	17.99	Canada
15	University of Toronto	17.62	Canada
16	Amnesty International	17.37	United Kingdom of Great Britain and Northern Ireland
17	McGill University	17.25	Canada
18	University of Calgary	17.20	Canada
19	MIT	14.92	United States of America
20	Rideau Institute on International Affairs	14.50	Canada
21	University of Tokyo（IR3S）	13.72	Japan
22	University of Cape Town（UCT）	13.62	South Africa
23	University of Copenhagen	13.60	Denmark
24	London School of Economics and Political Science（LSE）	12.76	United Kingdom of Great Britain and Northern Ireland
25	University of Michigan	12.71	United States of America

续表

排序	气候变化智库名称	得分	注册国家
26	International Institute for Sustainable Development（IISD）	12. 17	Canada
27	Université Laval（Institut EDS）	12. 16	Canada
28	Université du Québec à Montréal	12. 14	Canada
29	Stanford Uni.	11. 82	United States of America
30	International Institute for Strategic Studies（IISS）	11. 63	United Kingdom of Great Britain and Northern Ireland
31	Uni. of East Anglia	11. 62	United Kingdom of Great Britain and Northern Ireland
32	Duke University	11. 48	United States of America
33	Curtin University of Technology Mr. Garry John Middle	11. 43	Australia
34	Royal Institute of Technology（KTH）	11. 42	Sweden
35	University of Technology, Sydney（UTS） Mr. Jeffrey John Francis	11. 35	Australia
36	Stockholm University – Institute for International Economic Studies（IIES）	11. 31	Sweden
37	International Save the Children Alliance	11. 21	United Kingdom of Great Britain and Northern Ireland
38	British Council	11. 14	United Kingdom of Great Britain and Northern Ireland
39	University of Minnesota	11. 11	United States of America
40	Finnish Institute of International Affairs（UPI – FIIA）	11. 10	Finland
41	University of Tampere（TaY）	11. 06	Finland
42	University of Lapland	11. 05	Finland
43	Universidad de Barcelona, Instituto de Economía Pública（UB – IEPYC）	11. 04	Spain
44	Council on Foreign Relations	10. 87	United States of America
45	NOAA	10. 82	United States of America
46	Boston University	10. 81	United States of America
47	Transparency International（TI）	10. 72	Germany
48	George Mason University	10. 70	United States of America

续表

排序	气候变化智库名称	得分	注册国家
49	Cornell University	10.69	United States of America
50	Catholic Institute for International Relations (CIIR)	10.64	United Kingdom of Great Britain and Northern Ireland
51	Oxford Climate Policy	10.64	United Kingdom of Great Britain and Northern Ireland
52	Uni. of Cambridge	10.63	United Kingdom of Great Britain and Northern Ireland
53	Open University	10.62	United Kingdom of Great Britain and Northern Ireland
54	Pennsylvania State University (PSU)	10.56	United States of America
55	The Royal Society	10.54	United Kingdom of Great Britain and Northern Ireland
56	Rutgers, The State University of New Jersey (Rutgers)	10.52	United States of America
57	University College London (UCL)	10.52	United Kingdom of Great Britain and Northern Ireland
58	Center for International Relations (CIR)	10.46	Poland
59	Imperial College London	10.42	United Kingdom of Great Britain and Northern Ireland
60	University of Edinburgh	10.35	United Kingdom of Great Britain and Northern Ireland
61	World Growth	10.33	United States of America
62	University of Leeds	10.30	United Kingdom of Great Britain and Northern Ireland
63	The Gold Standard Foundation	10.29	Switzerland
64	Foundation Open University of Catalonia (FUOC)	10.27	Spain
65	Fundación Nueva Cultura del Agua (FNCA)	10.27	Spain
66	World Resources Institute	10.27	United States of America
67	Northeastern University	10.25	United States of America
68	Action Against Hunger (ACF)	10.23	United Kingdom of Great Britain and Northern Ireland
69	Australian National University (ANU)	10.21	Australia

续表

排序	气候变化智库名称	得分	注册国家
70	Tyndall Centre for Climate Change Research	10. 20	United Kingdom of Great Britain and Northern Ireland
71	University of Melbourne	10. 20	Australia
72	American Chemical Society（ACS）	10. 19	United States of America
73	WWF	10. 19	United States of America
74	Aarhus University	10. 19	Denmark
75	DePaul University	10. 18	United States of America
76	Colorado State University	10. 17	United States of America
77	Korea University（KUCE）	10. 16	Republic of Korea
78	Basque Centre for Climate Change（BC3）	10. 16	Spain
79	Chatham House	10. 13	United Kingdom of Great Britain and Northern Ireland
80	Asia Society	10. 13	United States of America
81	Technical University of Denmark（DTU）	10. 13	Denmark
82	Academy for Educational Development（AED）	10. 13	United States of America
83	Global Humanitarian Forum（GHF）	10. 10	Switzerland
84	Earthwatch Institute	10. 10	United Kingdom of Great Britain and Northern Ireland
85	International Institute for Environment and Development（IIED）	10. 10	United Kingdom of Great Britain and Northern Ireland
86	Pew Center on Global Climate Change	10. 09	United States of America
87	The CNA Corporation（CNA）	10. 09	United States of America
88	German Marshall Fund of the United States（GMF）	10. 09	United States of America
89	Skoll Foundation	10. 08	United States of America
90	University of Regina	10. 08	Canada
91	International Association of Public Transport（UITP）	10. 07	Belgium
92	The Energy and Resources Institute	10. 07	India
93	University of Colorado at Boulder（CU－Boulder）	10. 07	United States of America

续表

排序	气候变化智库名称	得分	注册国家
94	Joint Center for Political and Economic Studies (JCPES)	10.06	United States of America
95	Brahma Kumaris World Spiritual University (BKWSU)	10.06	India
96	Lund University	10.06	Sweden
97	International Institute for Applied Systems Analysis (IIASA)	10.06	Austria
98	Resources for the Future	10.06	United States of America
99	New Energy and Industrial Technology Development Organization (NEDO)	10.06	Japan
100	Centre for European Economic Research (ZEW)	10.06	Germany
101	National Center for Public Policy Research (NCPPR)	10.06	United States of America
102	Stockholm Environment Institute (SEI)	10.05	Sweden
103	Institute of Development Studies (IDS)	10.05	United Kingdom of Great Britain and Northern Ireland
104	Overseas Development Institute (ODI)	10.05	United Kingdom of Great Britain and Northern Ireland
105	The Potsdam Institute for Climate Impact Research (PIK)	10.05	Germany
106	ONE Campaign (ONE)	10.05	United Kingdom of Great Britain and Northern Ireland
107	Lancaster University	10.04	United Kingdom of Great Britain and Northern Ireland
108	Central Research Institute of Electric Power Industry (CRIEPI)	10.04	Japan
109	Center for Policy Research (CPR)	10.04	India
110	Dickinson College	10.04	United States of America
111	Global Footprint Network	10.04	United States of America
112	Pomona College	10.04	United States of America
113	Ithaca College	10.03	United States of America
114	Climate Institute (CI)	10.03	United States of America
115	Fondazione Eni Enrico Mattei (FEEM)	10.03	Italy

续表

排序	气候变化智库名称	得分	注册国家
116	Scientific Committee on Problems of the Environment (SCOPE)	10.03	France
117	East – West Center (EWC)	10.03	United States of America
118	The McKinsey Global Institute	10.03	United States of America
119	Ouranos	10.03	Canada
120	Xavier University	10.03	United States of America
121	Institute for European Environmental Policy (IEEP)	10.03	United Kingdom of Great Britain and Northern Ireland
122	The Heartland Institute	10.02	United States of America
123	Climate Strategies	10.02	United Kingdom of Great Britain and Northern Ireland
124	German Advisory Council on Global Change (WBGU)	10.02	Germany
125	International Union of Forest Research Organizations (IUFRO)	10.02	Austria
126	Freie Universität Berlin (FUB)	10.02	Germany
127	Centre for European Policy Studies (CEPS)	10.02	Belgium
128	National Institute of Public Health and the Environment (RIVM)	10.02	Netherlands
129	Fia Foundation for the Automobile and Society (Fia Foundation)	10.02	United Kingdom of Great Britain and Northern Ireland
130	Centro Agronómico Tropical de Investigación y Enseñanza (CATIE)	10.02	Costa Rica
131	International Development Research Centre (IDRC)	10.02	Canada
132	University of Nijmegen (RU)	10.02	Netherlands
133	Center for Clean Air Policy (CCAP)	10.02	United States of America
134	University of Heidelberg	10.02	Germany
135	Clean Air Task Force (CATF)	10.02	United States of America
136	Food, Agriculture and Natural Resources Policy Analysis Network (FANRPAN)	10.02	South Africa
137	World Vision International (WVI)	10.02	United States of America
138	Umea University	10.02	Sweden

续表

排序	气候变化智库名称	得分	注册国家
139	University of Hamburg（UHH）	10.02	Germany
140	Pusan National University – Marine Research Institute（PNU/MRI）	10.02	Republic of Korea
141	Scientific and Research Center Ecosphere（Ecosphere）	10.02	Ukraine
142	International Organisation of Supreme Audit Institutions（INTOSAI）	10.02	Austria
143	World Medical Association（WMA）	10.01	France
144	University of Stuttgart	10.01	Germany
145	Electric Power Research Institute（EPRI）	10.01	United States of America
146	World Federation of United Nations Associations（WFUNA）	10.01	United States of America
147	University of Amsterdam（UvA）	10.01	Netherlands
148	University Corporation for Atmospheric Research（UCAR）	10.01	United States of America
149	University of Oslo（UiO）	10.01	Norway
150	Energy Research Centre of the Netherlands（ECN）	10.01	Netherlands
151	Association of American Geographers（AAG）	10.01	United States of America
152	University of Iceland	10.01	Iceland
153	Association pour la protection de la nature et de l'environnement（APNEK）	10.01	Tunisia
154	Technical University Munich（TUM）	10.01	Germany
155	Grantham Institute for Climate Change	10.01	United Kingdom of Great Britain and Northern Ireland
156	International Institute of Geo – Information Science and Earth Observation（ITC）	10.01	Netherlands
157	Centre de coopération internationale en recherche agronomique pour le développement（CIRAD）	10.01	France
158	ParisTech（ParisTech）	10.01	France
159	Joint Implementation Network（JIN）	10.01	Netherlands

续表

排序	气候变化智库名称	得分	注册国家
160	International Council for Capital Formation（ICCF）	10.01	Belgium
161	Environmental Law Institute（ELI）	10.01	United States of America
162	College of the Atlantic（COA）	10.01	United States of America
163	Forest Peoples' Programme（FPP）	10.01	United Kingdom of Great Britain and Northern Ireland
164	Université de Moncton	10.01	Canada
165	Widener University	10.01	United States of America
166	Oxford Institute for Energy Studies（OIES）	10.01	United Kingdom of Great Britain and Northern Ireland
167	Victoria University Wellington（VUW）	10.01	New Zealand
168	World Future Council（WFC）	10.01	Germany
169	Lutheran World Federation（LWF）	10.01	Switzerland
170	Norwegian University of Science and Technology（NTNU）	10.01	Norway
171	The International Research Institute for Climate and Society	10.01	United States of America
172	Institute for Global Environmental Strategies（IGES）	10.01	Japan
173	Kyoto University，Institute of Economic Research（KIER）	10.01	Japan
174	Institute for Energy Technology（IFE）	10.01	Norway
175	Canadian Energy Research Institute（CERI）	10.01	Canada
176	Transnational Institute（TNI）	10.01	Netherlands
177	Ateneo de Manila University（ADMU）	10.01	Philippines
178	University of Potsdam	10.01	Germany
179	Instituto Torcuato Di Tella（ITDT）Sr. Daniel Perczyk	10.01	Argentina
180	Moravian College	10.01	United States of America
181	National Institute for Environmental Studies（NIES）	10.01	Japan
182	Council of European Energy Regulators（CEER）	10.01	Belgium

续表

排序	气候变化智库名称	得分	注册国家
183	Mie University	10.01	Japan
184	Eberhard Karls Universitat Tubingen (EKU)	10.01	Germany
185	Research Institute of Organic Agriculture (FiBL)	10.01	Switzerland
186	University of Mannheim	10.01	Germany
187	Bangladesh Centre for Advanced Studies (BCAS)	10.01	Bangladesh
188	Fondation Mohammed VI pour la protection de l'environnement (FM6E)	10.01	Morocco
189	Center for International Climate and Environmental Research (CICERO)	10.00	Norway
190	University of Bayreuth	10.00	Germany
191	Trustees of Tufts College	10.00	United States of America
192	ECONEXUS	10.00	United Kingdom of Great Britain and Northern Ireland
193	Joanneum Research (JR)	10.00	Austria
194	Research Centre Juelich (Jülich)	10.00	Germany
195	Global Forum for Health Research (Global Forum)	10.00	Switzerland
196	Lewis and Clark College	10.00	United States of America
197	Institut du développement durable et des relations internationales (IDDRI)	10.00	France
198	Share The World's Resources (STWR)	10.00	United Kingdom of Great Britain and Northern Ireland
199	Health and Environment Alliance (HEAL)	10.00	Belgium
200	Transport Research Foundation (TRF)	10.00	United Kingdom of Great Britain and Northern Ireland
201	Friedrich Schiller University Jena (FSU Jena)	10.00	Germany
202	Institute for Transportation and Development Policy (ITDP)	10.00	United States of America
203	Institute for Social and Environmental Transition (ISET)	10.00	United States of America

续表

排序	气候变化智库名称	得分	注册国家
204	International Council on Human Rights Policy（ICHRP）	10.00	Switzerland
205	International Plant Genetic Resources Institute（Bioversity）	10.00	Italy
206	Carnegie Endowment for International Peace（CEIP）	10.00	United States of America
207	Fundación Amigos de la Naturaleza（FAN Bolivia）	10.00	Bolivia（Plurinational State of）
208	Dalhousie University – Marine and Environmental Law Institute	10.00	Canada
209	Adelphi Research（AR）	10.00	Germany
210	Foundation for the Rights of Future Generations（FRFG）	10.00	Germany
211	German Development Institute（DIE – Bonn）	10.00	Germany
212	Oeko – Institut（Institute for Applied Ecology e. V.），Berlin	10.00	Germany
213	Joint Global Change Research Institute	10.00	United States of America
214	Ecologic Institute	10.00	Germany
215	Petroleum Technology Research Centre（PTRC）	10.00	Canada
216	Euro – Mediterranean Center for Climate Change（CMCC）	10.00	Italy
217	Sustainable Development Institute	10.00	United States of America
218	University of Maastricht，Institute for Transnational Legal Research（METRO）	10.00	Netherlands
219	Green Economics Institute（GEI）	10.00	United Kingdom of Great Britain and Northern Ireland
220	Greenhouse Gas Management Institute（GHGMI）	10.00	United States of America
221	Foundation DLO（DLO）	10.00	Netherlands
222	Macaulay Land Use Research Institute（MLURI）	10.00	United Kingdom of Great Britain and Northern Ireland
223	Global Industrial and Social Progress Research Institute（GISPRI）	10.00	Japan

续表

排序	气候变化智库名称	得分	注册国家
224	Salve Regina University	10.00	United States of America
225	Global Public Policy Institute（GPPi）	10.00	Germany
226	Fridtjof Nansen Institute（FNI）	10.00	Norway
227	World Alliance of Young Men's Christian Associations（YMCA）	10.00	Switzerland
228	Met Office Hadley Center	10.00	United Kingdom of Great Britain and Northern Ireland
229	International Polar Foundation（IPF）	10.00	Belgium
230	Natural Hisotry Museum of the Adirondacks	10.00	United States of America
231	University of Oxford, Environmental Change Institute（ECI）	10.00	United Kingdom of Great Britain and Northern Ireland
232	National Spiritual Assembly of the Baha'is of the United States	10.00	United States of America
233	Sovereignty International	10.00	United States of America
234	IVL Swedish Environmental Research Institute Ltd.	10.00	Sweden
235	Centre for Applied Studies in International Negotiations（CASIN）	10.00	Switzerland
236	Marmara University（MURCIR）	10.00	Turkey
237	Initiatives of Change International（IofC International）	10.00	Switzerland
238	Brown University - Watson Institute	10.00	United States of America
239	International Society of Biometeorology（ISB）	10.00	United States of America
240	Community Forestry International（CFI）	10.00	United States of America
241	Japan Economic Research Institute（JERI）	10.00	Japan
242	Global Environment Centre（GEC）	10.00	Malaysia
243	Economic Development Foundation（IKV）	10.00	Turkey
244	German Committee for Disaster Reduction（DKKV）	10.00	Germany
245	Loss Prevention Council（LPC）	10.00	United Kingdom of Great Britain and Northern Ireland

续表

排序	气候变化智库名称	得分	注册国家
246	BIOCAP Canada Foundation（BIOCAP）	10.00	Canada
247	Economic Research Institute for Northeast Asia（ERINA）	10.00	Japan
248	Organization for Industrial, Spiritual and Cultural Advancement – International (OISCA – International)	10.00	Japan
249	HafenCity University Hamburg（HCU）	10.00	Germany
250	Fundación Bariloche（FB）Sr. Leonidas Osvaldo Girardin	10.00	Argentina
251	American University（AU）	10.00	United States of America
252	AccountAbility Strategies（AA）	10.00	United Kingdom of Great Britain and Northern Ireland
253	Centre for International Sustainable Development Law（CISDL）	10.00	Canada
254	University of Delaware, Center for Energy and Environmental Policy（CEEP）	10.00	United States of America
255	International Environmental Law Research Centre（IELRC）	10.00	Switzerland
256	Center for Progressive Reform（CPR）	10.00	United States of America
257	Mediators Beyond Borders（MBB）	10.00	United States of America
258	ProClim – Forum for Climate and Global Change	10.00	Switzerland
259	Global Dynamics Institute（GDI）	10.00	Italy
260	Le Centre québécois du droit de l'environnement（CQDE）	10.00	Canada
261	Global Environment Centre Foundation (GEC)	10.00	Japan
262	Ibon Foundation Inc.（IBON）	10.00	Philippines
263	Colegio de Abogados Especialistas en Derecho Ambiental de Colombia（CAEDAC）	10.00	Colombia
264	Midwest Research Institute/National Renewable Energy Laboratory（MRI/NREL）	10.00	United States of America

续表

排序	气候变化智库名称	得分	注册国家
265	Association of Science – Technology Centers, Inc (ASTC)	10.00	United States of America
266	Unisféra International Centre	10.00	Canada
267	AHEAD Energy Corporation	10.00	United States of America
268	Sociedad Meteorologica de Cuba (SOMETCUBA)	10.00	Cuba
269	Amazon Institute of People and the Environment (Imazon)	10.00	Brazil
270	ClimateNet	10.00	Germany
271	Overseas Environmental Cooperation Center, Japan (OECC)	10.00	Japan
272	National Institute for Geophysics and Volcanology (INGV)	10.00	Italy
273	International Maritime Emission Reduction Scheme (IMERS)	10.00	United Kingdom of Great Britain and Northern Ireland
274	Centre Hélios	10.00	Canada
275	Institution for Transport Policy Studies (ITPS)	10.00	Japan
276	SeaTrust Institute	10.00	United States of America
277	Asian Resource Foundation (ARF)	10.00	Thailand
278	Centre for Socio – Economic Development (CSEND)	10.00	Switzerland
279	Global Marshall Plan Foundation	10.00	Germany
280	Energy Research Austria	10.00	Austria
281	AMPLA Limited	10.00	Australia
282	EcoArts Connections (EAC)	10.00	United States of America
283	Climate Analytics GmbH	10.00	Germany
284	climatepolicy. net e. V.	10.00	Germany
285	The Australia Institute Ltd.	10.00	Australia
286	Feasta Ltd (Feasta)	10.00	Ireland
287	Associacao de Protecao a Ecossistemas Costeiros (APREC)	10.00	Brazil

续表

排序	气候变化智库名称	得分	注册国家
288	Turkish Association for Energy Economics (EED)	10.00	Turkey
289	Fondation INSEAD (INSEAD)	10.00	United Kingdom of Great Britain and Northern Ireland
290	Lincoln Theological Institute (LTI)	10.00	France
291	Cooperation internationale pour le développement et la solidarité (CIDSE)	10.00	Belgium
292	Purdue University – Purdue Climate Change Research Center (PCCRC)	10.00	United States of America
293	Foundation Environment – Law Society (FURG)	10.00	Belgium
294	Green European Institute AISBL (GEI)	10.00	Germany
295	Carnegie Institution for Washington	10.00	United States of America
296	Strömstad Academy	10.00	Sweden
297	Consortium for Trade and Development (CENTAD)	10.00	India
298	Network for Promotion of Agriculture and Environmental Studies (NETPROAES)	10.00	Ghana
299	CECODHAS – European Liaison Committee for Social Housing (CECODHAS)	10.00	Italy
300	International Volunteering Center for Development Cooperation (CEVI)	10.00	Belgium
301	Freedom from Debt Coalition Inc. (FDC)	10.00	Argentina
302	Fundación e – ciudad (e – c) Sr. Marcelo Sanoner	10.00	Philippines
303	University Luigi Bocconi, Institute of Energy and Environment Economics and Policy (IEFE)	10.00	Italy
304	University of Freiburg, Institute of Forest and Environmental Policy (IFP)	10.00	Germany
305	Association européene des expositions scientifique, techniques et industrielles (ECSITE)	10.00	Belgium
306	Action pour la taxation des transactions pour l'aide aux citoyens (ATTAC France)	10.00	France

续表

排序	气候变化智库名称	得分	注册国家
307	Association pour la promotion de la recherche sur l' economie de carbon (APREC)	10.00	France
308	Université Libre de Bruxelles, Centre d' Etudes Economiques et Sociales de l' Environnement (ULB - CEESE)	10.00	Belgium
309	NATURpur Institute for Climate and Environmental Protection	10.00	Germany
310	The Energy + Environment Foundation	10.00	United States of America
311	Corporate Europe Observatory Foundation (CEO)	10.00	Belgium
312	Meridian International Center (MIC)	10.00	United States of America
313	University of Western Sydney (UWS) Mr. Andrew Cheetham	10.00	Australia
314	Academia Argentina de Ciencias del Ambiente (AACA) H. E. Mr. Raúl A. Estrada - Oyuela	10.00	Argentina

表 A6　314 家气候变化智库的公众影响力排名

排序	气候变化智库名称	得分	注册国家
1	Stanford University	100	United States of America
2	York University	63.07	Canada
3	Pew Center on Global Climate Change	59.34	United States of America
4	Harvard University	51.52	United States of America
5	National Oceanic and Atmospheric Administration	49.28	United States of America
6	Massachusetts Institute of Technology	39.99	United States of America
7	University of Michigan	35.90	United States of America
8	Amnesty International	31.57	United Kingdom of Great Britain and Northern Ireland
9	Council on Foreign Relations	29.84	United States of America
10	World Wide Fund For Nature	26.74	United States of America

续表

排序	气候变化智库名称	得分	注册国家
11	University of Minnesota	26. 73	United States of America
12	University of East Anglia	24. 50	United Kingdom of Great Britain and Northern Ireland
13	The Energy and Resources Institute	22. 25	India
14	Open University	21. 32	United Kingdom of Great Britain and Northern Ireland
15	World Resources Institute	20. 50	United States of America
16	University of Cambridge	19. 92	United Kingdom of Great Britain and Northern Ireland
17	The Royal Society	19. 32	United Kingdom of Great Britain and Northern Ireland
18	Competitive Enterprise Institute	18. 94	United States of America
19	Cornell University	18. 75	United States of America
20	Boston University	18. 02	United States of America
21	Pennsylvania State University (PSU)	17. 96	United States of America
22	Princeton University	17. 13	United States of America
23	Transparency International (TI)	16. 96	Germany
24	American University (AU)	16. 49	United States of America
25	British Council	16. 05	United Kingdom of Great Britain and Northern Ireland
26	Duke University	15. 81	United States of America
27	Georgetown University	15. 26	United States of America
28	University of Toronto	15. 26	Canada
29	University of Calgary	14. 61	Canada
30	University College London (UCL)	14. 17	United Kingdom of Great Britain and Northern Ireland
31	Colorado State University	14. 16	United States of America
32	University of Copenhagen	13. 93	Denmark
33	George Mason University	13. 81	United States of America
34	Australian National University (ANU)	13. 70	Australia
35	The Heartland Institute	13. 60	United States of America

续表

排序	气候变化智库名称	得分	注册国家
36	University of Edinburgh	13. 59	United Kingdom of Great Britain and Northern Ireland
37	Imperial College London	13. 20	United Kingdom of Great Britain and Northern Ireland
38	Asia Society	12. 85	United States of America
39	The Potsdam Institute for Climate Impact Research（PIK）	12. 70	Germany
40	World Growth	12. 42	United States of America
41	Electric Power Research Institute（EPRI）	12. 18	United States of America
42	Dartmouth College	12. 09	United States of America
43	University of Melbourne	12. 03	Australia
44	Climate Institute（CI）	12. 01	United States of America
45	McGill University	11. 99	Canada
46	Carnegie Endowment for International Peace（CEIP）	11. 89	United States of America
47	University of Leeds	11. 83	United Kingdom of Great Britain and Northern Ireland
48	Institute of Development Studies（IDS）	11. 57	United Kingdom of Great Britain and Northern Ireland
49	University of Cape Town（UCT）	11. 47	South Africa
50	International Institute for Environment and Development（IIED）	11. 42	United Kingdom of Great Britain and Northern Ireland
51	Club of Madrid	11. 39	Spain
52	ONE Campaign（ONE）	11. 36	United Kingdom of Great Britain and Northern Ireland
53	University of Colorado at Boulder（CU – Boulder）	11. 30	United States of America
54	Chatham House	11. 27	United Kingdom of Great Britain and Northern Ireland
55	Overseas Development Institute（ODI）	11. 22	United Kingdom of Great Britain and Northern Ireland
56	University of Guelph – Global Environmental Change Group（GECG）	11. 20	Canada

续表

排序	气候变化智库名称	得分	注册国家
57	Stockholm Environment Institute (SEI)	11.18	Sweden
58	Resources for the Future	11.14	United States of America
59	International Development Research Centre (IDRC)	11.05	Canada
60	University of Oslo (UiO)	11.05	Norway
61	American Chemical Society (ACS)	11.01	United States of America
62	Center for Policy Research (CPR)	10.94	India
63	International Institute for Strategic Studies (IISS)	10.86	United Kingdom of Great Britain and Northern Ireland
64	University of Tokyo (IR3S)	10.86	Japan
65	University of Regina	10.74	Canada
66	East – West Center (EWC)	10.54	United States of America
67	London School of Economics and Political Science (LSE)	10.52	United Kingdom of Great Britain and Northern Ireland
68	Clean Air Task Force (CATF)	10.48	United States of America
69	University of Amsterdam (UvA)	10.47	Netherlands
70	Tyndall Centre for Climate Change Research	10.46	United Kingdom of Great Britain and Northern Ireland
71	Global Humanitarian Forum (GHF)	10.45	Switzerland
72	Center for International Climate and Environmental Research (CICERO)	10.45	Norway
73	Center for Clean Air Policy (CCAP)	10.43	United States of America
74	University of Iceland	10.42	Iceland
75	Dalhousie University – Marine and Environmental Law Institute	10.41	Canada
76	University Corporation for Atmospheric Research (UCAR)	10.40	United States of America
77	Lund University	10.38	Sweden
78	Environmental Law Institute (ELI)	10.38	United States of America
79	Sustainable Development Institute	10.37	United States of America
80	The McKinsey Global Institute	10.37	United States of America

续表

排序	气候变化智库名称	得分	注册国家
81	International Institute for Sustainable Development（IISD）	10.36	Canada
82	Dickinson College	10.34	United States of America
83	Climate Strategies	10.33	United Kingdom of Great Britain and Northern Ireland
84	Skoll Foundation	10.30	United States of America
85	International Institute for Applied Systems Analysis（IIASA）	10.25	Austria
86	Pomona College	10.24	United States of America
87	Xavier University	10.22	United States of America
88	Northeastern University	10.22	United States of America
89	Grantham Institute for Climate Change	10.21	United Kingdom of Great Britain and Northern Ireland
90	Ecologic Institute	10.20	Germany
91	Science and Environmental Policy Project（SEPP）	10.18	United States of America
92	University of Potsdam	10.17	Germany
93	American Nuclear Society（ANS）	10.16	United States of America
94	Rutgers, The State University of New Jersey（Rutgers）	10.16	United States of America
95	German Marshall Fund of the United States（GMF）	10.16	United States of America
96	College of the Atlantic（COA）	10.15	United States of America
97	Center for Progressive Reform（CPR）	10.15	United States of America
98	Aarhus University	10.14	Denmark
99	Freie Universität Berlin（FUB）	10.14	Germany
100	National Center for Public Policy Research（NCPPR）	10.13	United States of America
101	University of Heidelberg	10.13	Germany
102	Lancaster University	10.12	United Kingdom of Great Britain and Northern Ireland
103	Global Environment Centre（GEC）	10.11	Malaysia

续表

排序	气候变化智库名称	得分	注册国家
104	Met Office Hadley Center	10. 11	United Kingdom of Great Britain and Northern Ireland
105	Victoria University Wellington （VUW）	10. 10	New Zealand
106	World Future Council （WFC）	10. 10	Germany
107	Mediators Beyond Borders （MBB）	10. 10	United States of America
108	Ithaca College	10. 08	United States of America
109	International Polar Foundation （IPF）	10. 08	Belgium
110	University of Western Sydney （UWS） Mr. Andrew Cheetham	10. 08	Australia
111	German Advisory Council on Global Change （WBGU）	10. 08	Germany
112	Bangladesh Centre for Advanced Studies （BCAS）	10. 08	Bangladesh
113	Health and Environment Alliance （HEAL）	10. 08	Belgium
114	Millennium Institute （MI）	10. 07	United States of America
115	The Gold Standard Foundation	10. 07	Switzerland
116	Oxford Institute for Energy Studies （OIES）	10. 07	United Kingdom of Great Britain and Northern Ireland
117	Université Laval （Institut EDS）	10. 07	Canada
118	Center for International Relations （CIR）	10. 07	Poland
119	Centre for European Policy Studies （CEPS）	10. 07	Belgium
120	University of Hamburg （UHH）	10. 07	Germany
121	Institute for Transportation and Development Policy （ITDP）	10. 07	United States of America
122	Global Footprint Network	10. 06	United States of America
123	Umea University	10. 06	Sweden
124	Energy Research Centre of the Netherlands （ECN）	10. 06	Netherlands
125	Joint Global Change Research Institute	10. 06	United States of America
126	University of Technology, Sydney （UTS） Mr. Jeffrey John Francis	10. 05	Australia
127	Korea University （KUCE）	10. 05	Republic of Korea

续表

排序	气候变化智库名称	得分	注册国家
128	New Energy and Industrial Technology Development Organization（NEDO）	10.05	Japan
129	Institute for European Environmental Policy（IEEP）	10.05	United Kingdom of Great Britain and Northern Ireland
130	Association of American Geographers（AAG）	10.05	United States of America
131	National Institute for Environmental Studies（NIES）	10.05	Japan
132	Curtin University of Technology Mr. Garry John Middle	10.04	Australia
133	DePaul University	10.04	United States of America
134	Joint Center for Political and Economic Studies（JCPES）	10.04	United States of America
135	World Vision International（WVI）	10.04	United States of America
136	University of Stuttgart	10.04	Germany
137	German Development Institute（DIE – Bonn）	10.04	Germany
138	International Environmental Law Research Centre（IELRC）	10.04	Switzerland
139	Purdue University – Purdue Climate Change Research Center（PCCRC）	10.04	United States of America
140	Finnish Institute of International Affairs（UPI – FIIA）	10.04	Finland
141	Earthwatch Institute	10.04	United Kingdom of Great Britain and Northern Ireland
142	Technical University Munich（TUM）	10.04	Germany
143	Norwegian University of Science and Technology（NTNU）	10.04	Norway
144	Ateneo de Manila University（ADMU）	10.04	Philippines
145	Centre for International Governance Innovation（CIGI）	10.03	Canada
146	University of Lapland	10.03	Finland
147	Action Against Hunger（ACF）	10.03	United Kingdom of Great Britain and Northern Ireland
148	Scientific Committee on Problems of the Environment（SCOPE）	10.03	France

续表

排序	气候变化智库名称	得分	注册国家
149	Widener University	10.03	United States of America
150	The International Research Institute for Climate and Society	10.03	United States of America
151	Institute for Global Environmental Strategies (IGES)	10.03	Japan
152	Transnational Institute (TNI)	10.03	Netherlands
153	Lewis and Clark College	10.03	United States of America
154	Greenhouse Gas Management Institute (GHGMI)	10.03	United States of America
155	Fridtjof Nansen Institute (FNI)	10.03	Norway
156	Technical University of Denmark (DTU)	10.02	Denmark
157	Centre for European Economic Research (ZEW)	10.02	Germany
158	Food, Agriculture and Natural Resources Policy Analysis Network (FANRPAN)	10.02	South Africa
159	University of Mannheim	10.02	Germany
160	Salve Regina University	10.02	United States of America
161	University of Oxford, Environmental Change Institute (ECI)	10.02	United Kingdom of Great Britain and Northern Ireland
162	The CNA Corporation (CNA)	10.02	United States of America
163	World Medical Association (WMA)	10.02	France
164	Forest Peoples' Programme (FPP)	10.02	United Kingdom of Great Britain and Northern Ireland
165	Sovereignty International	10.02	United States of America
166	Fondazione Eni Enrico Mattei (FEEM)	10.01	Italy
167	Ouranos	10.01	Canada
168	University of Nijmegen (RU)	10.01	Netherlands
169	ParisTech	10.01	France
170	Lutheran World Federation (LWF)	10.01	Switzerland
171	World Alliance of Young Men's Christian Associations (YMCA)	10.01	Switzerland

续表

排序	气候变化智库名称	得分	注册国家
172	National Institute for Geophysics and Volcanology（INGV）	10.01	Italy
173	Carnegie Institution for Washington	10.01	United States of America
174	Université du Québec à Montréal	10.01	Canada
175	Joanneum Research（JR）	10.01	Austria
176	Global Public Policy Institute（GPPi）	10.01	Germany
177	Community Forestry International（CFI）	10.01	United States of America
178	SeaTrust Institute	10.01	United States of America
179	Royal Institute of Technology（KTH）	10.01	Sweden
180	Academy for Educational Development（AED）	10.01	United States of America
181	International Association of Public Transport（UITP）	10.01	Belgium
182	Central Research Institute of Electric Power Industry（CRIEPI）	10.01	Japan
183	International Union of Forest Research Organizations（IUFRO）	10.01	Austria
184	Pusan National University - Marine Research Institute（PNU/MRI）	10.01	Republic of Korea
185	Kyoto University，Institute of Economic Research（KIER）	10.01	Japan
186	Institute for Energy Technology（IFE）	10.01	Norway
187	Moravian College	10.01	United States of America
188	Research Institute of Organic Agriculture（FiBL）	10.01	Switzerland
189	Research Centre Juelich（Jülich）	10.01	Germany
190	Global Forum for Health Research（Global Forum）	10.01	Switzerland
191	Transport Research Foundation（TRF）	10.01	United Kingdom of Great Britain and Northern Ireland
192	International Plant Genetic Resources Institute（Bioversity）	10.01	Italy
193	University of Maastricht，Institute for Transnational Legal Research（METRO）	10.01	Netherlands

续表

排序	气候变化智库名称	得分	注册国家
194	Green Economics Institute（GEI）	10.01	United Kingdom of Great Britain and Northern Ireland
195	Macaulay Land Use Research Institute（MLURI）	10.01	United Kingdom of Great Britain and Northern Ireland
196	Global Industrial and Social Progress Research Institute（GISPRI）	10.01	Japan
197	IVL Swedish Environmental Research Institute Ltd.	10.01	Sweden
198	Centre for Applied Studies in International Negotiations（CASIN）	10.01	Switzerland
199	Brown University – Watson Institute	10.01	United States of America
200	Japan Economic Research Institute（JERI）	10.01	Japan
201	Economic Development Foundation（IKV）	10.01	Turkey
202	Economic Research Institute for Northeast Asia（ERINA）	10.01	Japan
203	Midwest Research Institute/National Renewable Energy Laboratory（MRI/NREL）	10.01	United States of America
204	Overseas Environmental Cooperation Center, Japan（OECC）	10.01	Japan
205	START International, Inc.（START）	10.00	United States of America
206	University of Linköping（LiU）	10.00	Sweden
207	Rideau Institute on International Affairs	10.00	Canada
208	Stockholm University – Institute for International Economic Studies（IIES）	10.00	Sweden
209	International Save the Children Alliance	10.00	United Kingdom of Great Britain and Northern Ireland
210	University of Tampere（TaY）	10.00	Finland
211	Universidad de Barcelona, Instituto de Economía Pública（UB – IEPYC）	10.00	Spain
212	Catholic Institute for International Relations（CIIR）	10.00	United Kingdom of Great Britain and Northern Ireland
213	Oxford Climate Policy	10.00	United Kingdom of Great Britain and Northern Ireland
214	Foundation Open University of Catalonia（FUOC）	10.00	Spain

续表

排序	气候变化智库名称	得分	注册国家
215	Fundación Nueva Cultura del Agua (FNCA)	10.00	Spain
216	Basque Centre for Climate Change (BC3)	10.00	Spain
217	Brahma Kumaris World Spiritual University (BKWSU)	10.00	India
218	National Institute of Public Health and the Environment (RIVM)	10.00	Netherlands
219	Fia Foundation for the Automobile and Society (Fia Foundation)	10.00	United Kingdom of Great Britain and Northern Ireland
220	Centro Agronómico Tropical de Investigación y Enseñanza (CATIE)	10.00	Costa Rica
221	Scientific and Research Center Ecosphere (Ecosphere)	10.00	Ukraine
222	International Organisation of Supreme Audit Institutions (INTOSAI)	10.00	Austria
223	World Federation of United Nations Associations (WFUNA)	10.00	United States of America
224	Association pour la protection de la nature et de l'environnement (APNEK)	10.00	Tunisia
225	International Institute of Geo – Information Science and Earth Observation (ITC)	10.00	Netherlands
226	Centre de coopération internationale en recherche agronomique pour le développement (CIRAD)	10.00	France
227	Joint Implementation Network (JIN)	10.00	Netherlands
228	International Council for Capital Formation (ICCF)	10.00	Belgium
229	Université de Moncton	10.00	Canada
230	Canadian Energy Research Institute (CERI)	10.00	Canada
231	Instituto Torcuato Di Tella (ITDT) Sr. Daniel Perczyk	10.00	Argentina
232	Council of European Energy Regulators (CEER)	10.00	Belgium
233	Mie University	10.00	Japan

续表

排序	气候变化智库名称	得分	注册国家
234	Eberhard Karls Universitat Tubingen (EKU)	10.00	Germany
235	Fondation Mohammed VI pour la protection de l'environnement (FM6E)	10.00	Morocco
236	University of Bayreuth	10.00	Germany
237	Trustees of Tufts College	10.00	United States of America
238	ECONEXUS	10.00	United Kingdom of Great Britain and Northern Ireland
239	Institut du développement durable et des relations internationales (IDDRI)	10.00	France
240	Share The World's Resources (STWR)	10.00	United Kingdom of Great Britain and Northern Ireland
241	Friedrich Schiller University Jena (FSU Jena)	10.00	Germany
242	Institute for Social and Environmental Transition (ISET)	10.00	United States of America
243	International Council on Human Rights Policy (ICHRP)	10.00	Switzerland
244	Fundación Amigos de la Naturaleza (FAN Bolivia)	10.00	Bolivia (Plurinational State of)
245	Adelphi Research (AR)	10.00	Germany
246	Foundation for the Rights of Future Generations (FRFG)	10.00	Germany
247	Oeko – Institut (Institute for Applied Ecology e. V.), Berlin	10.00	Germany
248	Petroleum Technology Research Centre (PTRC)	10.00	Canada
249	Euro – Mediterranean Center for Climate Change (CMCC)	10.00	Italy
250	Foundation DLO (DLO)	10.00	Netherlands
251	Natural Hisotry Museum of the Adirondacks	10.00	United States of America
252	National Spiritual Assembly of the Baha'is of the United States	10.00	United States of America
253	Marmara University (MURCIR)	10.00	Turkey

续表

排序	气候变化智库名称	得分	注册国家
254	Initiatives of Change International (IofC International)	10.00	Switzerland
255	International Society of Biometeorology (ISB)	10.00	United States of America
256	German Committee for Disaster Reduction (DKKV)	10.00	Germany
257	Loss Prevention Council (LPC)	10.00	United Kingdom of Great Britain and Northern Ireland
258	BIOCAP Canada Foundation (BIOCAP)	10.00	Canada
259	Organization for Industrial, Spiritual and Cultural Advancement – International (OISCA – International)	10.00	Japan
260	HafenCity University Hamburg (HCU)	10.00	Germany
261	Fundación Bariloche (FB) Sr. Leonidas Osvaldo Girardin	10.00	Argentina
262	AccountAbility Strategies (AA)	10.00	United Kingdom of Great Britain and Northern Ireland
263	Centre for International Sustainable Development Law (CISDL)	10.00	Canada
264	University of Delaware, Center for Energy and Environmental Policy (CEEP)	10.00	United States of America
265	ProClim – Forum for Climate and Global Change	10.00	Switzerland
266	Global Dynamics Institute (GDI)	10.00	Italy
267	Le Centre québécois du droit de l'environnement (CQDE)	10.00	Canada
268	Global Environment Centre Foundation (GEC)	10.00	Japan
269	Ibon Foundation Inc. (IBON)	10.00	Philippines
270	Colegio de Abogados Especialistas en Derecho Ambiental de Colombia (CAEDAC)	10.00	Colombia
271	Association of Science – Technology Centers, Inc (ASTC)	10.00	United States of America

续表

排序	气候变化智库名称	得分	注册国家
272	Unisféra International Centre	10.00	Canada
273	AHEAD Energy Corporation	10.00	United States of America
274	Sociedad Meteorologica de Cuba (SOMETCUBA)	10.00	Cuba
275	Amazon Institute of People and the Environment (Imazon)	10.00	Brazil
276	ClimateNet	10.00	Germany
277	International Maritime Emission Reduction Scheme (IMERS)	10.00	United Kingdom of Great Britain and Northern Ireland
278	Centre Hélios	10.00	Canada
279	Institution for Transport Policy Studies (ITPS)	10.00	Japan
280	Asian Resource Foundation (ARF)	10.00	Thailand
281	Centre for Socio – Economic Development (CSEND)	10.00	Switzerland
282	Global Marshall Plan Foundation	10.00	Germany
283	Energy Research Austria	10.00	Austria
284	AMPLA Limited	10.00	Australia
285	EcoArts Connections (EAC)	10.00	United States of America
286	Climate Analytics GmbH	10.00	Germany
287	climatepolicy. net e. V.	10.00	Germany
288	The Australia Institute Ltd.	10.00	Australia
289	Feasta Ltd (Feasta)	10.00	Ireland
290	Associacao de Protecao a Ecossistemas Costeiros (APREC)	10.00	Brazil
291	Turkish Association for Energy Economics (EED)	10.00	Turkey
292	Fondation INSEAD (INSEAD)	10.00	United Kingdom of Great Britain and Northern Ireland
293	Lincoln Theological Institute (LTI)	10.00	France
294	Cooperation internationale pour le développement et la solidarité (CIDSE)	10.00	Belgium

续表

排序	气候变化智库名称	得分	注册国家
295	Foundation Environment – Law Society (FURG)	10.00	Belgium
296	Green European Institute AISBL (GEI)	10.00	Germany
297	Strömstad Academy	10.00	Sweden
298	Consortium for Trade and Development (CENTAD)	10.00	India
299	Network for Promotion of Agriculture and Environmental Studies (NETPROAES)	10.00	Ghana
300	CECODHAS – European Liaison Committee for Social Housing (CECODHAS)	10.00	Italy
301	International Volunteering Center for Development Cooperation (CEVI)	10.00	Belgium
302	Freedom from Debt Coalition Inc. (FDC)	10.00	Argentina
303	Fundación e – ciudad (e – c) Sr. Marcelo Sanoner	10.00	Philippines
304	University Luigi Bocconi, Institute of Energy and Environment Economics and Policy (IEFE)	10.00	Italy
305	University of Freiburg, Institute of Forest and Environmental Policy (IFP)	10.00	Germany
306	Association europée ne des expositions scientifique, techniques et industrielles (ECSITE)	10.00	Belgium
307	Action pour la taxation des transactions pour l'aide aux citoyens (ATTAC France)	10.00	France
308	Association pour la promotion de la recherche sur l'economie de carbon (APREC)	10.00	France
309	Université Libre de Bruxelles, Centre d'Etudes Economiques et Sociales de l'Environnement (ULB – CEESE)	10.00	Belgium
310	NATURpur Institute for Climate and Environmental Protection	10.00	Germany
311	The Energy + Environment Foundation	10.00	United States of America
312	Corporate Europe Observatory Foundation (CEO)	10.00	Belgium

续表

排序	气候变化智库名称	得分	注册国家
313	Meridian International Center（MIC）	10.00	United States of America
314	Academia Argentina de Ciencias del Ambiente（AACA）H. E. Mr. Raúl A. Estrada - Oyuela	10.00	Argentina

参考文献

[1] Asia-Pacific Economic Cooperation. http：//www. apec. org/.

[2] Asian Development Bank Institute. Think Tanks：Definitions，development and diversification. http：//www. adb. org/adbi/discussion-paper/2005/09/09/1356. think. tanks/think. tanks. definitions. development. and. diversification.

[3] British Petroleum Company. https：//www. bp. com/.

[4] Cambridge Centre for Climate Change Mitigation Research. http：//www. 4cmr. group. cam. ac. uk/.

[5] Climatic Research Unit. http：//www. cru. uea. ac. uk/.

[6] East-West Center. http：//www. eastwestcenter. org/.

[7] Energy Modeling Forum. https：//emf. stanford. edu/.

[8] Frank Fischey，Gerald J Milley. Handbook of public policy analysis：theory，politics，and methods [M]. Boca Raton：CRC Press，2006.

[9] Global Technology Strategy Program. http：//www. globalchange. umd. edu/gtsp/.

[10] Grantham Institute for Climate Change. https：//www. imperial. ac. uk/grantham/.

[11] Hadley Centre for Climate Change. http：//www. metoffice. gov. uk/.

[12] Harvard Project on Climate Agreements. http：//belfercenter. ksg. harvard. edu/project/56/harvard_project_on_climate_agreements. html.

[13] Heartland Institute. https：//www. heartland. org/.

[14] IEA. CO2 emissions from fuel combustion highlights 2014. International Energy Agency （IEA）. http：//www. iea. org/publications/freepublications/publication/co2-emissions-from-fuel-combustion-highlights－2014. html.

[15] International Institute for Sustainable Development. http：//www. iisd. org/.

[16] International Institute of Applied System Analysis. http：//www. iiasa. ac. at/.

[17] IPCC. Climate change 2013：The physical science basis. Contribution of Working Group I to the Fifth Assessment Report of the Intergovernmental Panel on Climate Change [M]. Cambridge，UK：Cambridge University Press，2013.

[18] McGann J G. 2014 Global go to think tank index report [R]. University of Pennsylvania，2015. http：//repository. upenn. edu/cgi/viewcontent. cgi? ar-

ticle = 1008&context = think_tanks.
[19] McKinsey. http：//www. mckinsey. com/.
[20] MIT Joint Program on the Science and Policy of Global Change. http：//globalchange. mit. edu/.
[21] National Institute for Environmental Studies. https：//www. nies. go. jp/index-e. html.
[22] National Oceanic and Atmospheric Administration. http：//www. noaa. gov/.
[23] Resources For the Future. http：//www. rff. org/.
[24] Ricci D M. The transformation of American politics：The new Washington and the rise of think tanks [M]. New Haven：Yale University Press，1994.
[25] Stockholm Environment Institute. http：//www. sei-international. org/.
[26] The Energy and Resources Institute. http：//www. teriin. org/.
[27] The International Research Institute for Climate and Society. http：//iri. columbia. edu/.
[28] The Potsdam Institute for Climate Impact Research. https：//www. pik-potsdam. de/.
[29] Tyndall Centre for Climate Change Research. http：//www. tyndall. ac. uk/.
[30] U. S. -China Clean Energy Research Center. http：//www. us-china-cerc. org/index. html.
[31] University of Oxford. Think tanks. http：//www. careers. ox. ac. uk/options-and-occupations/sectors-and-occupations/think-tanks/.
[32] Weatherhead Center for International Affairs. http：//wcfia. harvard. edu/.
[33] World Resources Institute. http：//www. wri. org/.
[34] World Wide Fund for Nature. http：//www. wwf. org. uk/.
[35] 国家统计局．中国统计年鉴 2013 [M]．北京：中国统计出版社，2014.
[36] 国家统计局．2014 年国民经济和社会发展统计公报．http：//www. stats. gov. cn/tjsj/zxfb/201502/t20150226_685799. html.
[37] 国家统计局能源统计司．中国能源统计年鉴 2013 [M]．北京：中国统计出版社，2014.
[38] 国务院办公厅．能源发展“十二五”规划．http：//www. gov. cn/zwgk/2013 - 01/23/content_2318554. htm，2013.
[39] 刘宁．智库的历史演进、基本特征及走向 [J]．重庆社会科学，2012 (3)：103 - 109.
[40] 米志付．气候变化综合评估建模方法及其应用研究 [D]．北京理工大

学，2015.
[41] 上海社会科学院智库研究中心 . 2013 年中国智库报告 [M]. 上海：上海社会科学院出版社，2014.
[42] 魏一鸣，范英，韩智勇，吴刚 . 中国能源报告（2006）：战略与政策研究 [M]. 北京：科学出版社，2006.
[43] 魏一鸣，廖华 . 中国能源报告（2010）：能源效率研究 [M]. 北京：科学出版社，2010.
[44] 魏一鸣，廖华，王科，郝宇 . 中国能源报告（2014）：能源贫困研究 [M]. 北京：科学出版社，2014.
[45] 魏一鸣，刘兰翠，范英，吴刚 . 中国能源报告（2008）：碳排放研究 [M]. 北京：科学出版社，2008.
[46] 魏一鸣，吴刚，梁巧梅，廖华 . 中国能源报告（2012）：能源安全研究 [M]. 北京：科学出版社，2012.
[47] 新华社 . 中华人民共和国国民经济和社会发展第十二个五年规划纲要 . http：//www. gov. cn/test/2011 - 03/16/content_1825941. htm，2011.
[48] 新华社 . 中国共产党第十八届中央委员会第三次全体会议公报 . http：//cpc. people. com. cn/n/2013/1112/c64094 - 23519137. html，2013.
[49] 新华社 . 中美气候变化联合声明（全文）. http：//www. gov. cn/xinwen/2014 - 11/13/content_2777663. htm，2014.
[50] 新华社 . 强化应对气候变化行动——中国国家自主贡献 . http：//news. xinhuanet. com/politics/2015 - 06/30/c_1115774759. htm，2015.
[51] 新华网 . 中国首次宣布温室气体减排清晰量化目标 . http：//news. xinhuanet. com/politics/2009 - 11/26/content_12545939. htm，2009.
[52] 新华网 . 习近平：全面推进依法治国也需要深化改革 . http：//news. xinhuanet. com/politics/2014 - 10/27/c_1112998021. htm，2014.
[53] 新华网 . 关于加强中国特色新型智库建设的意见 . http：//news. xinhuanet. com/zgjx/2015 - 01/21/c_133934292. htm，2015.